明远通识文库

通川至海，立一识大

四川大学通识教育读本
编委会

主　任

游劲松

委　员

（按姓氏笔画排序）

王　红	王玉忠	左卫民	石　坚
石　碧	叶　玲	吕红亮	吕建成
李　怡	李为民	李昌龙	肖先勇
张　林	张宏辉	罗懋康	庞国伟
侯宏虹	姚乐野	党跃武	黄宗贤
曹　萍	曹顺庆	梁　斌	詹石窗
	熊　林	霍　巍	

运筹思维

谋 当 下 胜 未 来

一

主　编：徐玖平

副主编：曾自强　姚黎明　卢　毅　李小平

四川大學出版社
SICHUAN UNIVERSITY PRESS

通识教育的"川大方案"

◎ 李言荣

　　大学之道，学以成人。作为大学精神的重要体现，以培养"全人"为目标的通识教育是对"人的自由而全面的发展"的积极回应。自 19 世纪初被正式提出以来，通识教育便以其对人类历史、现实及未来的宏大视野和深切关怀，在现代教育体系中发挥着无可替代的作用。

　　如今，全球正经历新一轮大发展大变革大调整，通识教育自然而然被赋予了更多使命。放眼世界，面对社会分工的日益细碎、专业壁垒的日益高筑，通识教育能否成为砸破学院之"墙"的有力工具？面对经济社会飞速发展中的常与变、全球化背景下的危与机，通识教育能否成为对抗利己主义，挣脱偏见、迷信和教条主义束缚的有力武器？面对大数据算法用"知识碎片"织就的"信息茧房"、人工智能向人类智能发起的重重挑战，通识教育能否成为人类叩开真理之门、确证自我价值的有效法宝？凝望中国，我们正前所未有地靠近世界舞台中心，前所未有地接近实现中华民族伟大复兴，通识教育又该如何助力教育强国建设，培养出一批堪当民族复兴重任的时代新人？

　　这些问题都需要通识教育做出新的回答。为此，我们必须立足当下、面向未来，立足中国、面向世界，重新描绘通识教育的蓝图，给出具有针对性、系统性、实操性和前瞻性的方案。

　　一般而言，通识教育是超越各学科专业教育，针对人的共性、公民的共性、技能的共性和文化的共性知识和能力的教育，是对社会中不同人群的共同认识和价值观的培养。时代新人要成为面向未来的优秀公民和创新人才，就必须具有健全的人格，具有人文情怀和科学精神，具有独立生活、独立思考和独立研究的能力，具有社会责任感和使命担当，具有足以胜任未来挑战的全球竞争力。针对这"五个具有"的能力培养，理应贯穿通识教育始终。基于此，我认为新时代的通识教育应该面向五个维度展开。

第一，厚植家国情怀，强化使命担当。如何培养人是教育的根本问题。时代新人要肩负起中华民族伟大复兴的历史重任，首先要胸怀祖国，情系人民，在伟大民族精神和优秀传统文化的熏陶中潜沉情感、超拔意志、丰博趣味、豁朗胸襟，从而汇聚起实现中华民族伟大复兴的磅礴力量。因此，新时代的通识教育必须聚焦立德树人这一根本任务，为学生点亮领航人生之灯，使其深入领悟人类文明和中华优秀传统文化的精髓，增强民族认同与文化自信。

第二，打好人生底色，奠基全面发展。高品质的通识教育可转化为学生的思维能力、思想格局和精神境界，进而转化为学生直面飞速发展的世界、应对变幻莫测的未来的本领。因此，无论学生将来会读到何种学位、从事何种工作，通识教育都应该聚焦"三观"培养和视野拓展，为学生搭稳登高望远之梯，使其有机会多了解人类文明史，多探究人与自然的关系，这样才有可能培养出德才兼备、软硬实力兼具的人，培养出既有思维深度又不乏视野广度的人，培养出开放阳光又坚韧不拔的人。

第三，提倡独立思考，激发创新能力。当前中国正面临"两个大局"，经济、社会等各领域的高质量发展都有赖于科技创新的支撑、引领、推动。而通识教育的力量正在于激活学生的创新基因，使其提出有益的质疑与反思，享受创新创造的快乐。因此，新时代的通识教育必须聚焦独立思考能力和底层思维方式的训练，为学生打造破冰拓土之船，使其从惯于模仿向敢于质疑再到勇于创新转变。同时，要使其多了解世界科技史，使其产生立于人类历史之巅鸟瞰人类文明演进的壮阔之感，进而生发创新创造的欲望、填补空白的冲动。

第四，打破学科局限，鼓励跨界融合。当今科学领域的专业划分越来越细，既碎片化了人们的创新思想和创造能力，又稀释了科技资源，既不利于创新人才的培养，也不利于"从0到1"的重大原始创新成果的产生。而通识教育就是要跨越学科界限，实现不同学科间的互联互通，凝聚起高于各学科专业知识的科技共识、文化共识和人性共识，直抵事物内在本质。这对于在未来多学科交叉融通解决大问题非常重要。因此，新时代的通识教育应该聚焦学科交叉融合，为学生架起游弋穿梭之桥，引导学生更多地以"他山之石"攻"本山之玉"。其中，信息技术素养的培养是基础中的基础。

第五，构建全球视野，培育世界公民。未来，中国人将越来越频繁地走到世界舞台中央去展示甚至引领。他们既应该怀抱对本国历史的温情与敬意，深刻领悟中华优秀传统文化的精髓，同时又必须站在更高的位置打量世界，洞悉自身在人类文明和世界格局中的地位和价值。因此，新时代的通识教育必须聚焦全球视野的构建和全球胜任力的培养，为学生铺就通往国际舞台之路，使其真正了解世界，不孤陋寡闻，真正了解中国，不妄自菲薄，真正了解人类，不孤芳自赏；不仅关注自我、关注社会、关注国家，还关注世界、关注人类、关注未来。

我相信，以上五方面齐头并进，就能呈现出通识教育的理想图景。但从现实情况来看，我们目前所实施的通识教育还不能充分满足当下及未来对人才的需求，也不足以支撑起民族复兴的重任。其问题主要体现在两个方面：

其一，问题导向不突出，主要表现为当前的通识教育课程体系大多是按预设的知识结构来补充和完善的，其实质仍然是以院系为基础、以学科专业为中心的知识教育，而非以问题为导向、以提高学生综合素养及解决复杂问题的能力为目标的通识教育。换言之，这种通识教育课程体系仅对完善学生知识结构有一定帮助，而对完善学生能力结构和人格结构效果有限。这一问题归根结底是未能彻底回归教育本质。

其二，未来导向不明显，主要表现为没有充分考虑未来全球发展及我国建设社会主义现代化强国对人才的需求，难以培养出在未来具有国际竞争力的人才。其症结之一是对学生独立思考和深度思考能力的培养不够，尤其未能有效激活学生问问题，问好问题，层层剥离后问出有挑战性、有想象力的问题的能力。其症结之二是对学生引领全国乃至引领世界能力的培养不够。这一问题归根结底是未能完全顺应时代潮流。

时代是"出卷人"，我们都是"答卷人"。自百余年前四川省城高等学堂

(四川大学前身之一)首任校长胡峻提出"仰副国家，造就通才"的办学宗旨以来，四川大学便始终以集思想之大成、育国家之栋梁、开学术之先河、促科技之进步、引社会之方向为己任，探索通识成人的大道，为国家民族输送人才。

正如社会所期望，川大英才应该是文科生才华横溢、仪表堂堂，医科生医术精湛、医者仁心，理科生学术深厚、术业专攻，工科生技术过硬、行业引领。但在我看来，川大的育人之道向来不只在于专精，更在于博通，因此从川大走出的大成之才不应仅是各专业领域的精英，而更应是真正"完整的、大写的人"。简而言之，川大英才除了精熟专业技能，还应该有川大人所共有的川大气质、川大味道、川大烙印。

关于这一点，或许可以打一不太恰当的比喻。到过四川的人，大多对四川泡菜赞不绝口。事实上，一坛泡菜的风味，不仅取决于食材，更取决于泡菜水的配方以及发酵的工艺和环境。以之类比，四川大学的通识教育正是要提供一坛既富含"复合维生素"又富含"丰富乳酸菌"的"泡菜水"，让浸润其中的川大学子有一股独特的"川大味道"。

为了配制这样一坛"泡菜水"，四川大学近年来紧紧围绕立德树人根本任务，充分发挥文理工医多学科优势，聚焦"厚通识、宽视野、多交叉"，制定实施了通识教育的"川大方案"。具体而言，就是坚持问题导向和未来导向，以"培育家国情怀、涵养人文底蕴、弘扬科学精神、促进融合创新"为目标，以"世界科技史"和"人类文明史"为四川大学通识教育体系的两大动脉，以"人类演进与社会文明""科学进步与技术革命"和"中华文化（文史哲艺）"为三大先导课程，按"人文与艺术""自然与科技""生命与健康""信息与交叉""责任与视野"五大模块打造100门通识"金课"，并邀请院士、杰出教授等名师大家担任课程模块首席专家，在实现知识传授和能力培养的同时，突出价值引领和品格塑造。

如今呈现在大家面前的这套"四川大学通识教育读本"，即按照通识教育"川大方案"打造的通识读本，也是百门通识"金课"的智慧结晶。按计划，丛书共100部，分属于五大模块。

——"人文与艺术"模块，突出对世界及中华优秀文化的学习，鼓励读者以更加开放的心态学习和借鉴其他文明的优秀成果，了解人类文明演进的过程和现实世界，着力提升自身的人文修养、文化自信和责任担当。

——"自然与科技"模块，突出对全球重大科学发现、科技发展脉络的梳理，以帮助读者更全面、更深入地了解自身所在领域，培养科学精神、科学思维和科学方法，以及创新引领的战略思维、深度思考和独立研究能力。

——"生命与健康"模块，突出对生命科学、医学、生命伦理等领域的学习探索，强化对大自然、对生命的尊重与敬畏，帮助读者保持身心健康、积极、阳光。

——"信息与交叉"模块，突出以"信息+"推动实现"万物互联"和"万物智能"的新场景，使读者形成更宽的专业知识面和多学科的学术视野，进而成为探索科学前沿、创造未来技术的创新人才。

——"责任与视野"模块，着重探讨全球化时代多文明共存背景下人类面临的若干共同议题，鼓励读者不仅要有参与、融入国际事务的能力和胆识，更要有影响和引领全球事务的国际竞争力和领导力。

百部通识读本既相对独立又有机融通，共同构成了四川大学通识教育体系的重要一翼。它们体系精巧、知识丰博，皆出自名师大家之手，是大家著小书的生动范例。它们坚持思想性、知识性、系统性、可读性与趣味性的统一，力求将各学科的基本常识、思维方法以及价值观念简明扼要地呈现给读者，引领读者攀上知识树的顶端，一览人类知识的全景，并竭力揭示各知识之间交汇贯通的路径，以便读者自如穿梭于知识枝叶之间，兼收并蓄，掇菁撷华。

总之，通过这套书，我们不惟希望引领读者走进某一学科殿堂，更希望借此重申通识教育与终身学习的必要，并以具有强烈问题意识和未来意识的通识教育"川大方案"，使每位崇尚智识的读者都有机会获得心灵的满足，保持思想的活力，成就更开放通达的自我。

是为序。

（本文作于 2023 年 1 月，作者系中国工程院院士，时任四川大学校长）

序

　　人类自诞生之初，就一直在当下和未来之间进行角力。我们总在探索，期望选出解题的最佳方案，期望找到未来的最佳路径。优化与决策，正是运筹思维的核心。所谓运筹乃是"一种用于解决现实生活中的复杂问题，优化现有系统的效率，寻找复杂问题中的最佳解决方法"的专门学科。在这个经济活动日益频繁、社会需求日益多元、技术进步日益加快的时代，运筹思维方法变得日益重要。《运筹思维：谋当下胜未来》就是在这种背景下编写的，它向读者展示了如何通过运筹思维处理现实生活中的复杂问题，并引导读者运用运筹思维规划未来的道路。

　　运筹学作为一门系统的决策学科，一直以来都是人们理解复杂问题和进行系统优化的重要工具。《运筹思维：谋当下胜未来》致力于普及这种重要的思维工具，无论你是正在求学的大学生，还是已在打拼的工作者，都能在其中获益良多。本书将引导读者感受运筹思维伴随人类进步的伟大旅程，从中国古代儒家的中庸之道，到现代科学家的系统工程实践，再到未来可能的新兴技术应用。本书以丰富的案例讲解和深度的理论剖析，深入浅出地展示了运筹思维如何应用于多个领域、多个层次，如何成为一个重要的决策工具，读者将逐步了解到运筹这种深层次且富有挑战性的思考方式，并从中学习到如何运用运筹思维来解决现实生活中的复杂问题。

　　本书总计八篇十六章，分为上、下两部。第一、第二、第三篇的内容构成了上部，纵向介绍运筹思维由古至今的发展历程，以及各种理论工具、方法的前世今生，系统涵盖了从古代儒家的均衡思想，到诺奖人物的理论贡献，再到经典运筹的模型应用，融汇中西，贯通古今；下部为第四至八篇，既有从个人、个体出发的微观运筹理论应用介绍，也包含了运筹思维在工程生产、社会规划等宏观领域的应用，通过在横向的各行各业间触类旁通，将应用领域拓展到了现代社会的方方面面。

第一篇"古代思想"，将读者引入历史的长河，跟随古代哲学家探索早期的运筹思维。儒家学派重要思想之一的均衡中庸思想，蕴含着运筹学中博弈的思维。中国古代战国时期兵法思想合纵连横，是一种利用外交手段和联盟关系来增强个体实力的策略，通过学习合纵连横根据不同情况和利益关系做出决策的思维方式，可以帮助读者提高应对复杂局面、解决复杂问题的能力。

第二篇"经典运筹"，将引领读者走进数学家的世界，从"欧拉定理：哥尼斯堡七桥问题之解"到"四色猜想：古德里的地图着色问题"，运筹学的基石理论将被揭示，在提升我们决策技巧的同时，也为我们解锁更深远的思维边界。

第三篇"诺奖人物"，读者将见证近百年来人类思维的巨大转变，一窥当代智者的运筹思维。从单一的目标决策转变到多元的目标决策，从零和博弈到合作共赢，这是一个时代的变革，这也是运筹思维的巨大飞跃。无论是马科维茨的多目标决策，还是纳什均衡的囚徒困境，无不给我们提供了深邃的理论视角和可行的实践思路，以审视问题之源，寻求解题之道。

第四篇"行为运筹"，我们将着重探讨个人决策分析和决策心理这两大主题。现代运筹学在行为科学领域的重要应用，对于我们理解行为逻辑、提升决策能力具有重要价值。

第五篇"生产运筹"，我们将带领读者一探现代工业制造和供应链管理的世界，这是运筹的另一个重要应用领域。从卓越的统筹计划，到经济订货策略，再到库存管理，每一节都以生动的案例展示运筹如何改变我们的世界。

第六篇"系统运筹"中，读者将看到以钱学森为代表的科学家们如何在"两弹一星"的系统工程实践中运用运筹思维，"双碳"目标如何通过系统均衡的多目标路径来实现。

第七篇"算法运筹"中，我们将带领读者进入 21 世纪的互联网世界，那里有大数据的浪潮，有无人车的奔驰，还有深度学习的研究。所有这些，正是运筹思维的场景显现和应用创新。

第八篇"数智运筹"，以"数字乡村：新兴技术助力乡村振兴"和"智慧城市：城市大脑中的运筹学逻辑"两章，展望了运筹学对未来的影响和其机遇。

本书吸收了最新的研究成果，将运筹思维与科技应用、经济活动、社会变迁等广泛议题有机地联系起来，使读者更好地理解运筹思维在我们生活中扮演的角色，以及如何有效调用它来增强我们的决策能力，实现通识读本"跨越学科壁垒，鼓励跨界融合"的理念取向。总的来说，本书有"五个导向"。

一是全局导向。我们始终关注全局，力图将运筹思维在不同领域、不同时代的精华浓缩于其中，赋予读者一个综合的视角。在内容广度上，本书并不仅限于近年来或现代的运筹方法与应用，而是从古代的智慧传统铺展开来，延伸至各个文明发展阶段，使得读者能把握运筹思维发展的演进脉络和历史深度。在内容深度上，本书旨在帮助读者全面切实地理解运筹思维的实质，优化配置资源，实现降本增效。

二是案例导向。理论的讲授需要实践的佐证，多年的教学经验表明，要将抽象的理论知识具象化，最直观有效的方式就是案例教学。因此，本书在各章节里，特别是复杂理论部分，都加入了大量的案例，以期通过案例的讲解，使读者可以更好地理解和掌握看似艰深的理论知识。此外，我们力求用深入浅出、生动活泼的方式剖析案例，尽可能使读者在阅读过程中能简单易懂地领略知识的乐趣，提高学习的兴趣。

三是思考导向。除传统的逻辑思维外，我们更着重以启发式教学引导读者自己思考和探索，从而形成自己独特的运筹思维。读者将在本书的指引下，通过不断的思维训练和课程练习，养成运筹思维，并尝试解决自己在学习和生活中遇到的问题。此外，本书各章中间还设置了思考题和思考延伸，引导读者在自主学习的过程中勤动脑、多思考。

四是实践导向。运筹思维并非只是纸上谈兵式的理论演绎，更重要的是将理论付诸实践。引导读者将运筹思维应用到实际生活当中，学以致用，知行并进，是本书的重要追求。虽然理论知识的积累很重要，但如果没有实践的校验和修正，那么这些知识便只能停留在纸面上，无法真正转化为行动的指南。因此，本书重点提倡实践导向，鼓励读者把从书本上学到的运筹知识和方法应用到现实中。

五是前瞻导向。本书的标题是《运筹思维：谋当下胜未来》。开题名义，当下的运筹帷幄，不仅能决胜千里，还可以赢得未来。我们前瞻未来社会的发展趋势和潜在挑战，从智能算法的解析到数智运筹的探索，分析运筹方法可以发挥的独特功能作用，描绘运筹思维在人工智能、广义大模型等新兴领域的广阔应用场景，开阔读者的视野、拓宽思维的边界。

《运筹思维：谋当下胜未来》旨在激发读者的学习热情，引导读者理解认同并自觉培育运筹思维，帮助读者改善现状，指引未来的方向。希望在阅读本书的过程中，读者能感受到运筹思维无处不在的魅力、无所不及的能力，并对未来充满信心和期待。让我们带着对未来的期待，用运筹思维塑造当下、共赴未来。

徐玖平

2024 年 2 月

四川大学诚懿楼

目　录

第一篇

古代思想

第一章　孔孟之道：儒家学派中庸均衡思想

学习目标

· 了解孔孟之道的历史

· 理解中庸思想的基本理念

· 理解均衡思想与中庸内衡外化思想的联系

· 理解内衡外化失衡的基本原理

· 了解机制设计对形成可持续均衡的作用

中庸均衡思想是儒家学派的重要思想之一，以孔子思想为核心，兼容先秦诸子以及历代思想学派核心进步理念，指导中华民族两千多年以来的国家治理。中庸均衡思想意味着"过犹不及"，蕴含着运筹学中博弈的思维。本讲通过学习中庸均衡思想的运筹之道，帮助读者领悟运筹思维中的内衡外化原理，并将运筹学与生活中的均衡现象联系起来，解决实践中的矛盾冲突问题。

> 不偏之谓中，不易之谓庸。
>
> ——〔北宋〕程颐

一、何为中庸

中庸是儒家学派均衡思想的重要体现，而均衡思想与运筹思维有着较强的关联性。均衡是博弈的一种体现，博弈是运筹学的重要组成部分。通过了解中庸，能够对博弈均衡有一个更好的理解。

（一）中庸的含义

《中庸》原属《礼记》第三十一篇，是儒家学派的经典著作之一，相传为战国时期孔伋（字子思，孔子的嫡孙）所作，主要记述孔子的语录，是论述人生修养境界的一部道德哲学著作。孔子（名丘，字仲尼）是中华文化思想的集大成者，儒家学派的创始人。长久以来，儒家思想对中国乃至世界的政治、文化、生活等多个领域有着十分深远的影响。"中庸"思想正是儒家思想的重要体现。"中庸"主张为人处事要做到不偏不倚，认为过犹不及。《中庸》所讲述的内容主要是关于封建道德以及性情的修养，其中将"中庸"视为道德行为的最高准则，推崇"至诚无息"的理念，"诚"被视为是世界的本体，"博学之，审问之，慎思之，明辨之，笃行之"的学习过程及认知方法也是《中庸》提出的。

《中庸》原文对"中庸"的定义是："喜怒哀乐之未发，谓之中；发而皆中节，谓之和；中也者，天下之大本也；和也者，天下之达道也。"其含义是指：一个人的心里如果没有喜怒哀乐等情绪发生，则这种状态被称作"中"；如果发生喜怒哀乐等情绪时，能够用"中"的状态来对情绪进行控制，则称之为"和"。进一步来说，"中"是形容一个人的心里不受到情绪的波动，能够始终保持平静、安宁、祥和的状态；而"和"则更多地强调对自我的情绪进行控制，将情绪调节在一个合理的度之中。"中庸"所蕴含的"中"与"和"被称为是世界上最高明的道理，同样是将中庸解释为不偏不倚的源头。

"中庸之道"并不是指摒弃个性、走中间路线、不思进取，反而包含了许多有益且丰富的理论和思想，而这些思想中，有相当一部分是可以同运筹学融会贯通的。

（二）中庸与运筹

孔孟之道是指孔子和孟子所建立的思想体系，是中国古代儒家学派的核心内容。孔孟之道强调了人伦关系和个人修养的作用和意义，旨在促进社会和谐，增进个人的道德修养。孔孟之道的核心可总结为：仁、礼、孝道、君臣之道以及教育思想。中庸思想正是孔孟之道核心的重要体现，它强调了个人修养、道德伦理和社会和谐的重要性。运筹思维也包含了均衡、决策以及总体最优的思想，能够推动个人思维的开拓，社会的发展。因此可以看出，中庸思想和运筹思维有着极强的联系，两者都关注平衡、协调、智慧和整体最优。具体来说，两者的联系主要包括三个方面：平衡与协调、智慧与策略以及整体最优与长远考虑，具体说明见表1.1。

表 1.1 中庸思想与运筹思维的联系

特征名称	中庸思想中的体现	运筹思维中的体现	两者的联系
平衡与协调	在任何情况下都应该避免极端和偏颇	关注资源的平衡和决策的协调性	平衡和协调对个人和系统都十分重要
智慧与策略	追求明辨是非、审时度势	通过优化资源分配和解决问题来达到最佳结果	关注智慧和决策能力的培养
整体最优与长远考虑	注重整体利益和长远考虑	追求整体最优和长远利益	强调从整体的角度思考问题

（三）"猜数字"游戏

课堂教学中，我们常以一个"猜数字"游戏来帮助大家更好地理解什么是中庸精神。在数字0到100之间，每个同学任意选择一个数字，与平均数2/3最接近的同学胜出（如图1.1所示）。

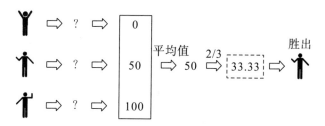

图 1.1 "猜数字"游戏

通过游戏可以看出，最后胜出的人选值一定是趋于中间，不会在两个极端中产生。这个游戏告诉我们，不要走极端。不走极端就是中庸思想的一种重要体现，中庸思想强调了不偏不倚的重要性。这是否意味着，中庸思想要求大家不求卓越、不思进取、委曲求全、平庸消极呢?

二、古今之论

中庸，常被误解为没有原则，甚至是"和稀泥"。其实不然，实际上没有原则、"和稀泥""老好人"，是孔子所说的"乡愿"。"乡愿"出自《论语》阳货篇，特指当时社会上那种是非不分、言行不一、同于流俗、伪善欺世、处处讨好，也不得罪乡里的，以"忠厚老实"为人称道的"老好人"。有的人对"中庸"的理解不够深刻，将"中庸"和"乡愿"弄混淆，才错误地将"中庸"看作"和稀泥"。

孟子是子思（孔伋）门人的学生，与子思并称思孟学派。孟子在继承《中庸》和《易传》的基础之上，对孔子所提出的中庸思想，进行了完善和补充，进一步提出"仁义"思想。"仁"是对中庸思想的进一步发展，是处理人与人之间关系的重要思想。人与人的交往过程中常常存在"度"，如何把握好这个"度"，对缓和人际交往矛盾有着极为重要的作用。

（一）古人论中庸

北宋程颐著有《中庸解义》，他对中庸含义的论述为："不偏之谓中，不易之谓庸。中者，天下之正道，庸者，天下之定理。"

宋朝黎立武在《中庸分章》中对《中庸》进行分析，并给出了极高的评价，书中所诉："中庸之德至矣，而其义微矣。首章以性、命、道、教，明中庸义；以戒惧谨独，明执中之道；以中和，明体用之一贯；以位育，明仁诚之极功。"

北宋思想家周敦颐对中庸进行了更广义的阐释和评论，他认为中庸是道德修养的准则，是个人实现真善美的境界，也是社会实现和谐的基础。

张载是北宋时期的儒学家和思想家，他提出了"格物致知"的观点，并将其与中庸思想联系起来。他认为中庸通过对世界的观察和理解，来获得知识和智慧，进而实现个人的道德修养和社会的和谐。

南宋朱熹将《中庸》从《礼记》中抽出，单独成书，并著有《中庸章句》，对其进行解释："中者，不偏不倚、无过不及之名。庸，平常也。"还对《中庸》第一章评价到："右第一章。子思述所传之意以立言：首明道之本原出于天而不可易，其实体备于己而不可离，次言存养省察之要，终言圣神功化之极。盖欲学者于此反求诸身而自得之，以去夫外诱之私，而充其本然之善。杨氏所谓一篇之本要是也。"

王阳明是明代著名的哲学家和思想家，他对中庸思想进行了重新解读。他认为中庸是内外一体的境界，即人的内心与外部世界的和谐统一，通过心性的明悟来实现道德的追求。

（二）今人论中庸

梁漱溟是中国现代著名的思想家和教育家，他对中庸的研究也有重要贡献。他认为中庸是儒家道德哲学的核心，具有道德规范、修身养性和治国平天下的作用。

徐中舒是现代中国的哲学家，他对中庸进行了深入的研究和发展。他认为中庸是一个不断变化的过程，是一个在世界的多样性和复杂性中保持平衡和协调的境界。

钱穆评价到中庸是儒家思想的核心，是中国传统文化的瑰宝，具有深远的意义。

易中天在《百家讲坛》中谈到：中就是不走极端，庸就是不唱高调。罗振宇在《罗辑思维》这样理解中庸：中庸，是实践世界中刚刚好的平衡点。

"中庸就是既要有一个坚定的内核，又能灵活处理外部的事物。中庸就是对内掌控好自己的内心以达到能随时用理性统率情绪的境界，对外处理好各种事务以达到随时应变恰到好处的水平。"这一理解出自万维钢《精英日课》。

（三）古今之论总结

古今学人都认为，中庸是一种追求平衡、和谐和道德完善的境界。中庸被视为儒家思想的重要组成部分，对于个人修养、社会和谐以及治国平天下都具有重要的指导意义。这些学人在不同的历史背景和思想观念下，对中庸思想进行了进一步的发展和解释。他们强调了中庸的实践性、动态性和个人心性的重要性。这些补充和评论丰富了中庸思想的内涵，使其更具现实意义和适应性。也说明中庸并非代表没有原则以及"和稀泥"，反而它强调的是找到实践中的平衡点，以此来提升自身的修养以及做事的智慧，这与我们的运筹思想本质上是融会贯通的。

三、内衡外化

内衡外化是孔孟之道的一种体现形式，是中庸之道的一种外在转化，它强调内在理念的坚守以及外化行为的变通。通过两个有关内衡外化的案例，大家可以更好地理解什么是内衡外化，了解到它和运筹思维的联系。

（一）"三季人"案例

第一个内衡外化的故事是"三季人"。相传某一天，孔子的一个学生在门外打扫，走过来一个客人询问这个学生："你可认识孔子？"学生感到十分自豪，说："认识，我就是孔老先生的弟子。"询问的人说："那可太好了，你是孔子的学生，那一定也学习了很多知识，我有一个问题，可否请教你？"学生说："可以啊。"心里想这个人大概也不会问出太深奥困难的问题。来者问："一年到底有几季啊？"孔子学生暗自一喜，觉得问题甚是简单，答："一年自然是有四季。"来的客人反驳："不对，一年应该是三季。"学生错愕，坚持说一年肯定是有四季。两个人便争论起来，各不相让，坚持己见。见争论不出结果，两人便打赌，去向孔子当面请教。见到孔子后，二人仍是争执不休，始终坚持己见。孔子听闻二人的争论后说："一年有三季。"来询问的那个客人听后十分得意，欣喜地离开了。孔子的学生感到十分不解，便请教孔子："一年有春夏秋冬四季，为何为三季？"孔子淡然地回答："他如蚱蜢一般，蚱蜢春天生，秋天就死了，从来没见过冬天。你给他说一年有三季，他便会感到满意。你若是告诉他一年有四季，同他争论到晚上都不会有结果，这样做又有何意义呢？他就是个三季人，你吃点小亏，没有什么大碍。"

（二）民权运动案例

第二个内衡外化的案例便是马丁·路德·金与马尔科姆·X 的故事。马丁·路德·金和马尔科姆·X 同为美国民权运动的领袖，但他们的做事风格、做事方法以及后世评价完全不同。马丁·路德·金讲究非暴力抗议，主张用民主方式获得权力，他在受到黑人拥护的同时，还获得了不少白人的支持，被视为美国的民族英雄。而马尔科姆·X 则主张暴力抗议，不但要求黑人平权，且对白人抱有极大敌意，做事十分极端、偏激，领导民权运动的效果远不如马丁·路德·金。马丁·路德·金性情平和，虽然受到种族歧视，感受到自己被区别对待，但并未与白人产生尖锐冲突，在民权运动中，他愿意与支持自己的白人合作。马尔科姆·X 同样从小饱受歧视，在监狱度过12 年，对白人充满了仇恨。最终，马丁·路德·金领导的美国民权运动取得了成功，因为马丁·路德·金提倡的非暴力原则便是一种内衡外化的表现，这恰恰是中庸思想的核心。马丁·路德·金本身是个传教士，是很虔诚的基督徒。有人说你作为传教士怎么能搞街头抗议活动呢，你在制造动乱，这违背了耶稣的教义，但是马丁并不承认这种对基督教教义的教条化解读。他反而还利用基督教教义来为他的运动树立正面形象。这正是外化变通的表现。

图1.2　马丁·路德·金（1929—1968）

（三）案例总结分析

"三季人"的故事很好地体现了内衡外化的思想：内衡心度，外在变通。

做事时心里面要有一个均衡的标准度量，而外在表现时又要懂得变通，灵活处理，不可过分偏激、要保持理性，不能一味受到内心偏好影响，这正是中庸思想的一种体现。从马丁·路德·金与马尔科姆·X的故事中我们可以更进一步地了解内衡外化的思想，对于实施具有相同目标的活动时，在选择总体指导思想时不能够太偏激太极端，要选择适应的，具有可行性和最大效益性的；同时在做事时要灵活变动，充分利用好周围的资源。因此内衡外化不仅是"中庸"思想的一个重要标志，同时与运筹思维也有着很大的相似性，能够运用到解决运筹问题上来。内衡外化讲究做事的平衡性与满意性，说明不能够走极端，要学会均衡，充分考虑到现实中的种种约束，这正是运筹思维中均衡思想的表现。

内衡外化就是要把内心均衡不偏激的思想和精神转化为外在的行为表现。内衡外化强调了中庸思想在实践中的平衡问题，将主观世界中的原则和思想在外在实践中很好地体现出来。举个例子，我们上驾校学习开汽车，先学交通规则，再学汽车的机械原理，这都是主观世界的事，你宏观上会学到很多原则。但是一旦驾驶汽车上了路，只依靠这些原则就不够了，必须要将原则外化到实践中，达到一种满意的均衡。开车直行时，你说是向左打方向盘好，还是向右打方向盘好？都不对，开车实践讲究的是"刚刚好"，不左也不右，这就是中庸的一种体现。再比如，经济学有两个大的流派：凯恩斯主义的"国家干预"，和哈耶克学派的"自由放任"。在主观世界里，在学理上，你可以有自己的偏好，可以坚持自己以为的真理。但是实践中，治国者不会完全偏向其中任何一种，他会力争在特定的情况下给出"刚刚好"的政策。

实践世界中，每一个具体的事都是这样。写字、做手工、打球、创业等等，都是在两个互相矛盾的原则中，找到那个刚刚好的动态平衡点。正如一句西方名言所讲："一个人同时保有两种相反的观念，还能正常行事，这是第一流智慧的标志。"内衡外化正是强调了将主观世界的原则智慧性地用于实践，找到一个合适的度、理想的均衡点，达到"中庸"的效果。主观世界中有着许多绝对的原则，它们彼此可能是相近的，也可能是相斥的，在实践时，需要将其进行权衡，找到一个刚刚好的行动，达到均衡。可以说内衡外化很好地体现出运筹思维中的均衡思想。

四、均衡思想

从运筹学的角度看，内衡外化是博弈均衡思想的一种体现形式——通过内在与外在的博弈，找到合适的平衡点，从而解决多元变化的复杂问题。均衡思想的现实表现正是不偏不倚，通过博弈达到一个均衡的点，这个均衡点不一定是对个人最优的点，但是偏离这个点，个人利益将会产生损失。

博弈论是关于如何用均衡思想做出理性决策的理论工具。基于理性和均衡思想的决策往往并不是我们最想要做出的决策。宋神宗有句话叫"快意事便做不得一件"，说的就是理性决策总是不得已的。决策时既要不超出现有的规则，又要考虑到对手的反应，如此通常便留不下太多选择了。均衡思想的现实体现，就是很可能所有人都不喜欢博弈的最终结果，但是所有人又只能够接受并维护这个局面。博弈论很好地解释了这样的现象，说明了均衡思想的重要性。在博弈论中有三个重要的基本概念，分别是"帕累托最优""压倒性策略"和"纳什均衡"。通过下面几个经典的博弈案例，我们能够更好地掌握均衡思想的内涵。

（一）商家扎堆现象

商家扎堆现象是指在现实生活中，同一类商家总爱聚集在一起，扎堆出现。偏一点的地方常常一家店都没有，而在热门地段却有特别多同样的店，一个十字路口就有四五家咖啡店。从消费者的角度，我们希望咖啡店能够分散一点，在街道的各个位置都有分布，我们希望产品有更多的差异化。那为什么商家非得扎堆呢？用博弈论思考，这并不是商家盲目从众、互相模仿的结果，而是他们不得已的选择。在博弈中，任何博弈方一定要充分考虑到竞争对手会选择什么策略，必须在理性条件下做决策。

我们以景区卖饮料为例子。设想有一个比较长的小吃街，你要在小吃街上摆个摊卖饮料，应该把摊位放在哪里呢？如果整个街上只有你一家饮料摊，那你摆在任何位置都可以。但是考虑到将来可能会有竞争对手也在这条街上摆摊，你就应该把饮料摊位摆在中间！这是因为如果你摆摊的位置比如说偏右，竞争对手来了只要往中间区域一摆，他辐射的势力范围就绝对大于你。如图 1.3 所示，如果你将位置选择在 V，除非竞争对手将摊位位置选择在−V 左边，否则他的势力范围都会超过你。理智情况下，竞争对手往往会选择−V 到 V 的位置，使自己更具有竞争优势。

图 1.3　摊位位置选择

为了避免上述情况，理智的先来者会将摊位摆在中间位置，使自己在博弈中不处于劣势。那如果新来了一个竞争者，他应该把饮料店开在哪儿呢？如果他的位置靠右，的确能够独占他右边的市场，但是那也就等于把从中间开始算，左边超过一半的小吃街都拱手让给先来者了。所以没办法，他也只能把摊位放在中间，只有这样才能跟先来者平等竞争。这就解释了为什么扎堆现象会出现。

可是我们想想，如果两家事先商量好，分散开，比如在小吃街示意图上 1/4 和 3/4 这两个位置分别摆摊，即第一家选择 V 的位置，第二家就选择−V 的位置，其实还是两家平等赚钱，而且还能确保消费者购买饮料的走动距离最短，这样多好呢！从扎堆到分散的这个改进，两个商家的利益都没有受损，而消费者的境遇更好了，所以可以称得上是"帕累托改进"。维尔弗雷多·帕累托（Vilfredo Pareto）是一位意大利经济学家，帕累托改进的意思是：某个改进能在不伤害任何一个人利益的同时，使得至少一个人的境遇变得更好。如果一个局面已经好到没有帕累托改进的余地了，这个局面就叫"帕累托最优"。这样看来，扎堆显然不是帕累托最优，分散才是帕累托最优。那为什么博弈的结果不是帕累托最优呢？

因为在这场博弈中，帕累托最优是个"不稳定"的局面，很难保持均衡。就算开始的时候两家商量好了分散摆摊，将来也可能会有一家偷偷地向中间转移。这一行为不是帕累托改进，因为会伤害对手和消费者的利益，但是这么做却对转移者自己更有利。即使假设两个商家都很有诚信，没有悄悄移动位置，但是新竞争者的加入，依然会打破原先的均衡局面，使得之前两个商家都处于博弈的劣势局面。虽然我们都喜欢帕累托最优，但是博弈论告诉我们只有稳定的局面才能长久存在。所以均衡思想在博弈中的体现就是长期稳定，使自身不处于博弈的劣势局面。

（二）囚徒困境

作为经典的博弈论问题，"囚徒困境"也能够很好地说明均衡思想。一个偷窃案中，有两个小偷被警察抓住了，但是警察手里并没有过硬的证据，只能指望口供。警察开出的条件是：如果两个人都招供，那就都判刑 3 年；如果有一个人招供，另一个人不招供，那么招供的人就算立功，可以无罪释放，而不招供的人就要严惩，判刑 5 年；如果两个人都不招供，因为证据有限，所以两个人都判刑 1 年。警察不给两人串供的机会，每人都是单独受审（见表 1.2）。

表 1.2　囚徒困境问题

	囚徒 2 招供	囚徒 2 不招供
囚徒 1 招供	−3，−3	0，−5
囚徒 1 不招供	−5，0	−1，−1

矩阵第一行和第一列是两个人采取的策略，中间是各种策略组合带给两人的回报。一眼就能看出来，最好的结果是两个人都不招供，然后都被判一年。但是博弈论要求我们每次做判断都要考虑对方，针对对方可能做出的决策调整自己的决策，以免陷入博弈的劣势。对于囚徒 1 来说，如果对方招供了，他就只能招供，因为不招供会判 5 年，招供只判 3 年。可是如果对方不招供，他还是应该招供——因为他招供就是立功，可以直接走人。也就是说，不管对方是招供还是不招供，囚徒 1 最好的策略都是招供。

这就引出了我们要说的第二个概念，叫作"压倒性策略"（Dominant Strategy）。也就是说，某个策略可以压倒其他一切策略，不管对手怎么做，这个策略对你来说都是最好的。反过来，不招供，对囚徒 1 来说则是一个

"被压倒性策略"（Dominated Strategy），也就是不管别人怎么做，选择该策略都是对他不利的。作为理性的人，当博弈中的压倒性策略出现时，必须要选择压倒性策略，才能在博弈中不陷入劣势。反之，不管在何种情况下，选择被压倒性策略都会损失自身利益。

（三）纳什均衡

在囚徒困境问题中，囚徒 1 的压倒性策略是招供，囚徒 2 当然也是如此。结果就是两个人都被判刑 3 年。这个结果虽然不是帕累托最优，但却是"稳定"的，任何一方都绝对不会单方面改变策略。这就引出了第三个最重要的概念：纳什均衡。纳什均衡的意思就是这么一种局面，在这个策略组合里，没有任何一方愿意单方面改变自己的策略。

换句话说就是不管我们喜不喜欢，这个局面我们认了。我俩谁都不会单方面改变自己的策略。关键词是"单方面"。咱俩都不招供会更好，可是要变必须得一起变，我自己不可能先变。因为人人都不愿意先变，这个局面就不会发生改变。前面说的扎堆摆摊就是纳什均衡的一种现实体现。纳什均衡告诉我们评价一个局面不能只看它是不是对整体最好，它必须得让每个参与者都不愿意单方面改变才行。

用均衡思想可以得到一个理性的结论：在博弈论中，大家喜欢帕累托最优，但是要寻找纳什均衡。比如你要跟别人签个协议，如果你希望这个协议能被各方遵守，那它就必须得是一个纳什均衡。一个制度哪怕再好，如果不是纳什均衡就不会被遵守。一个制度哪怕再不好，如果是纳什均衡就会长久存在。秦国人的策略也能够很好地反映出均衡思想。战国时期的"战争"和"高压统治"这两个局面，其实都是纳什均衡。我们想想当时秦国面临的博弈局面。如果秦国的邻国都在厉兵秣马，那秦国应该怎么办？难道秦国真能像孟子说的那样用王道去感化别人吗？秦国的"压倒性策略"是也只能是备战，甚至有时候还应该先下手为强，主动发动战争。单方面改变策略是不可行的，因为各国各战的局面是一种纳什均衡。这个互相残杀局面的终结不是靠谁改变策略，而是靠秦国把策略用到极致，用最高水平的暴力完成的。秦统一六国后，"压倒性策略"也就变了，即专制强权的策略——凡是臣服于我的，都可以安居乐业，谁敢反对我，我就对他坚决打击。而被统治者则面临一种多人的囚徒困境，也叫"人质困境"——如果大家联合起来就一定能推翻统治者，可问题是谁带头呢？强权会枪打出头鸟，谁带头谁先死，没有人愿意单方面采取行动，这又是一个纳什均衡。结合现在所学回想一下秦朝之所以灭亡，可能不是因为什么严刑峻法，而是因为秦朝对自己的统治力过分乐观。博弈论告诉我们专制强权的主要威胁来自内部，可是秦朝把军队主力都部署到外面，居然来不及剿灭内部的起义军！显然，后世的统治者吸取了秦朝的教训，武装力量重点都是对内的。

本节最后，我们再来回顾一下本章最开始的"猜数字"游戏，让大家更好地理解博弈论与均衡思想的关系。这个游戏本质上是一个逐底竞争博弈，可以用李雅普诺夫函数来描述该博弈中参与者的均衡策略。李雅普诺夫函数即：给定一个离散时间动态系统，它的转移规则由 $x_{t+1} = G(x_t)$ 组成。对于实值函数 $F(x_t)$，如果对于所有的 x_t，都有 $F(x_t) \geqslant M$，而且存在一个 $A > 0$，那么下式成立，这个实值函数 $F(x_t)$ 是李雅普诺夫函数：

$$F(x_{t+1}) \leqslant F(x_t) - A \tag{1.1}$$

如果 $G(x_t) \neq x_t$，对于 $G(x)$，$F(x)$ 是一个李雅普诺夫函数，那么从任何 x_0 开始，必定存在一个 t^*，使得 $G(x_{t^*}) = x_{t^*}$，即该系统在有限时间内达到均衡。

现在可以应用这一均衡思想来分析"猜数字"游戏的最优均衡策略。第一轮：极端地考虑，如果所有人都选 100，则平均数的 2/3 为 66.7。但显然不可能大家都选 100，所以选择数字一定小于 66.7。第二轮：如果博弈参与者都按第一轮进行理性思考，则每个人都会选小于 66.7 的数，因此，所有数字平均数的 2/3 应该比 44.44 还要小。第三轮：可以将以上思考过程继续下去，则应该选择比 44.44 的 2/3，即 29.6 还要小的数。但大部分的人只会思考到第二轮，只有极少数人会思考到第三轮及以上，因此猜 40 左右的数字是较优的策略。

五、可续机制

内衡外化是中庸思想的体现形式，从运筹的角度来看就是均衡思想的表现，而均衡思想的落实则需要可续机制来保障。亚当·斯密曾说，当每个人追逐个人利益时，市场会通过一只"看不见的手"，达到国家富裕的目的。约翰·纳什却通过博弈论证明，当每个人都追求个人利益最优时，集体利益未必会达到最优。市场中，"看不见的手"就是用来保障市场的均衡，避免极端情况的发生。这体现出了运筹中的均衡思想，以及可续机制的重要性。

（一）可再生资源开采模型

当个人只考虑短期利益最大化，不考虑长远利益的情况下，可能会出现个人利益与集体利益发生冲突的情况，典型的例子便是"公地悲剧"。1968年，加勒特·哈定（Garrett Hardin）在《科学》（*Science*）上发表了一篇文章，题为"The Tragedy of the Commons"（公地悲剧）。公地悲剧本质上源于个人利益与集体利益的不兼容，短期利益与长期利益的不均衡。公地是一项许多人共同拥有的资源和财产，每个拥有者都具有公地的使用权，而且没有阻止其他拥有者使用的权力。在这种情况下，为了自身利益短期最大化，公地的每个拥有者都倾向于对公地进行最大程度的使用，而不会去考虑公地可续问题，这便会造成公地资源的枯竭。森林的过度砍伐，水产资源的过度捕捞，空气、河流的严重污染，都是"公地悲剧"的现实体现。站在"中庸"的角度来看，"公地悲剧"是完全丧失理性，十分极端，严重不符合均衡思想的。均衡思想的现实体现，需要依靠合理的可续机制来保障。

为了化解个人利益与集体利益之间的冲突，实现短期利益与长期利益的均衡，需要考虑到资源的可续性问题，其在运筹学中的表现形式为可再生资源开采模型。这个模型的核心思想即：为了实现利益的长期可续化，要求本阶段剩余资源的增长能够满足下一阶段的使用。假设，第 t 期为当前阶段，本阶段的可再生资源数量为 $R(t)$，消耗掉的资源数为 $C(t)$，那么剩余的资源数为 $R(t)-C(t)$，该阶段的资源增长率为 g。那么下一个阶段，即第 $t+$

1 期的资源数量由以下差分方程给出：

$$R(t+1) = (1+g)[R(t) - C(t)] \qquad (1.2)$$

由公式 1.2 可以推出，均衡消费水平 $C^* = \dfrac{g}{(1+g)}R$，这就是每一阶段资源消耗量的临界点。当每个节点的资源消耗量控制在均衡消费水平以内，就可以保持资源的长期可续利用，以达到可持续均衡。

（二）公共项目决策问题

公共项目决策问题与可再生资源开采模型有着一定的相似性，两者都是通过设计可续机制，实现资源的均衡利用。不同之处在于，可再生资源开采模型更加侧重于短期利益与长期利益的均衡，而公共项目决策问题则强调个人与公共项目的博弈均衡。

在公共项目决策问题的模型中，每个人向公共项目赋予的货币价值用 V 来表示，第一个人投入的货币价值为 V_1，第二个人投入的货币价值为 V_2…… 第 n 个人投入的货币价值为 V_n。当项目一共有 n 个个体时，所有人投入的货币总价值为 $V_1 + V_2 + \cdots + V_n$，该公共项目的成本为 C。只有当投入的总货币价值超过成本时，即在 $C < V_1 + V_2 + \cdots + V_n$ 的情况下，这个项目才能够被启动。

在运筹学中，公共项目决策问题的可续机制主要有两种：多数投票平均分担机制以及枢轴机制。这两种机制在设计上有着各自的优势和不足，下面我们将逐一来介绍。

多数投票平均分担机制：每个人分别投票表示赞成或反对启动某个公共项目。如果多数人投票支持该项目，那么该项目启动，并且每个人平均承担启动费用，也即每个人都被平摊 $\dfrac{C}{n}$ 的成本。多数投票平均分担机制保障了预算的平衡和激励相容，在多数人同意启动公共项目的情况下，直接将总预算平摊到每个人的头上，避免了资金总量不足的问题。但是它很可能会违背效率条件和自愿参与的条件，因为多数人同意并不代表每个人都同意，而非自愿承担启动费用的群体中，很可能不乏强烈反对者，他们很有可能不配合项目的推动，从而导致公共项目的实施效率降低。因此，虽然多数投票平均分担机制能满足预算平衡条件和激励相容要求，却不一定能满足效率条件和自愿参与原则。

枢轴机制：每个个体的出资量由自己决定，只有当总出资量高于成本时，项目才会启动。个人 i 对应的出资用 $\hat{V_i}$ 表示，则项目的启动条件表示为：

$$\hat{V_1} + \hat{V_2} + \cdots + \hat{V_n} = \sum_1^n \hat{V_i} \geqslant C, i \in (1,2,\cdots,n) \tag{1.3}$$

如果总资金低于成本，则项目无法启动，那么个人 i 不用缴税；当总资金超过成本，个人 i 就要缴纳 $C - (\sum_1^n \hat{V_i} - \hat{V_i})$ 数额的税收。这个机制是激励相容的、有效率的，而且个人行为也是符合理性的。它还表示了占优策略的有效结果。但是，这个机制可能会违背预算平衡条件，因为每个人都不愿意个人出太多的资金，从而容易导致预估值的总资金低于总成本，导致项目不能启动；或者是一部分人的估值太高，导致他们需要出更多的资金，而另外一部分人不需要承担任何成本，也能够享受到公共项目带来的利益。枢轴机制本质上也是一种博弈均衡，多方需要衡量公共项目是否对其有利，为了这部分效益又愿意投入多少的资金，使得公共项目给自己带来的利益和自己的投入达到一个均衡。在这个过程中，还需要考虑其他博弈方的行为，找到一个合适的均衡点，资金投入过多会导致自身利益的损耗，陷入博弈中的劣势；资金投入过少又导致公共项目不能启动，从而丧失得到公共权利的机会。

总结来说，中庸所蕴含的均衡思想，可以表述为内衡外化。内衡是追求个人利益的均衡，外化是处理个人利益与集体利益的矛盾。当个人利益与集体利益发生冲突时，二者有可能会失衡，需要通过机制设计，化解内外冲突，形成可持续的均衡。

测试

案例讨论

第二章　合纵连横： 不完全信息的动态博弈

学习目标

· 了解合纵连横的历史

· 理解合纵连横中博弈思想的基本理念

· 理解合纵连横中博弈模型的主要概念

· 理解合纵连横博弈案例的基本内容

· 了解博弈分析的基本原理

合纵连横是一种政治和军事战略，源于中国战国时期的兵法思想，意味着各个弱小的国家或团体应该通过合作来应对共同的敌人。它是一种利用外交手段和联盟关系来增强个体实力的策略。本讲通过学习合纵连横根据不同的情况和利益关系做出决策，帮助读者提高分析和评估复杂问题的能力。而在运筹学中，常常需要处理复杂的决策问题和优化模型。学习合纵连横可以培养分析和解决复杂问题的能力。

　　知彼知己者，百战不殆；不知彼而知己，一胜一负；不知彼，不知己，每战必殆。

——〔齐〕孙武

一、历史背景

战国时期是中国历史上一个动荡不安、列强争霸的时期。各个国家互相争斗，争夺领土、资源、权力和生存空间。这个时期看似是一片混乱，但也孕育了许多有影响力的思想和政治策略。

(一) 苏秦合纵攻秦

苏秦是中国战国时期的一位重要政治家和外交家，他提出了"合纵攻秦"这一政治策略。秦国是战国时期领土最大、实力最强的国家之一。苏秦认识到，各个国家面临的最大问题是无法团结起来对抗秦国。为了化解这一局面，他提出了"合纵攻秦"的策略。

苏秦的"合纵攻秦"可以分为两个部分来理解。首先是"合纵"，即各个国家之间进行联盟，共同面对强大的秦国。苏秦认识到各个国家单独对抗秦国的力量是有限的，只有通过联合才能够形成对秦国的有效威胁。他通过外交手段，帮助一些弱小国家与其他大国建立联系，以实现"合纵"的目标。其次是"攻秦"，即利用联合力量来对抗秦国。苏秦认为，秦国之所以能够称霸，是因为其他国家之间没有有效的合作，只有通过联合起来才能够对抗实力强大的秦国。他希望各个国家能够共同行动，采取联合兵力和策略，进行集中攻击，以削弱秦国的实力和影响力。

苏秦的"合纵攻秦"策略在一定程度上取得了成功。他成功地促成了几个国家之间的联盟，形成了一股对秦国具有威胁的力量。虽然这个联盟并没有最终击败秦国，但它在一定程度上遏制了秦国的扩张，并对中国历史产生了深远的影响。

通过苏秦的"合纵攻秦"策略，我们可以看到在动态博弈中，通过联合和合作，实力弱小的一方也能够对抗实力强大的对手。不完全信息下的动态博弈，需要各方根据对手的行动和情报来做出决策，而通过构建合理的信息渠道和合作关系，各方可以共同应对挑战并获得更好的结果。

(二) 张仪拆散齐楚

与苏秦同时期的张仪也是一位重要政治家和外交家，他提出了著名的"连横"策略。这个策略的目标是通过建立外交关系和联盟，将秦国与六国中一个国家的利益串联起来，以实现相互支持和合作，从而达到稳定局势、增强国力的目的。在战国时期，齐国和楚国是两个实力雄厚的国家，它们之间存在复杂的政治关系和竞争。张仪认识到，如果齐楚两国能够联合起来，形成对其他国家的强大威胁，就能够在战国纷争中占据优势地位。因此，他想方设法通过外交手段拆散齐楚。

张仪首先采取了亲近的策略，通过外交手段游说齐王，以展示自己的诚意，并试图与齐国建立牢固的联盟关系。同时，他也与其他国家进行联络，传达赵国的立场和利益，并就建立联盟进行协商。通过这些努力，他成功地在韩国、燕国等国家中建立起声望和影响力。接着，张仪开始采取分化瓦解的策略，他利用齐国内部的政治纷争，找到了曹沮这样的齐国内部势力，与其勾结并利用其对齐王的影响力。张仪通过曹沮的帮助，成功挑拨离间了齐楚两国之间的关系。通过这一系列的外交手段和策略，张仪最终成功地拆散了齐楚的联盟，削弱了它们的实力和影响力。

张仪的"连横"策略展示了在不完全信息的动态博弈中，如何通过建立外交关系和联盟实现国家的利益和目标。他的成功经验告诉我们，在面对复杂的政治局势和竞争时，寻找合适的外交策略和合作伙伴是实现长期稳定和国力增强的重要途径。张仪以其独特的外交手段和策略，成功地实施了"连横"政策，拆散了齐楚的联盟。他的贡献为中国历史留下了重要的政治思想和外交策略，对于我们在不完全信息的动态博弈中寻求解决方案和智慧具有一定的借鉴意义。

（三）秦齐对抗策略

在战国时期，秦国和齐国之间的对抗可以被视为一种不完全信息的动态博弈。双方面临着信息不对称的情况，彼此并不完全了解对方的动向、意图和实力。在这样的背景下，双方采取了一系列策略来应对和影响对方，以获得更有利的局势。

首先，双方都运用了信息收集和情报战略。他们密切关注对方的动态，并努力获取关于对方实力、意图和盟友的情报。通过收集和分析信息，双方可以更好地了解对方的实力和意图，以便做出对策和决策。其次，秦国和齐国都采取了不透明和模糊的策略。他们故意保持一定的信息不透明性，以增加对方的不确定性和猜测。这可以让对方无法准确判断自己的实力和动向，从而影响对方的决策和行动。同时，双方还通过外交手段进行信息传递和互动。他们派遣使者进行交涉和谈判，以传递自己的立场和利益，并试图获取对方的信息和意图。通过外交互动，双方可以逐渐揭示对方的底线和意愿，以便做出更明智的决策。

在这样的不完全信息的环境中，双方还采取了试探和反击的策略。他们通过小规模的行动和试探，观察对方的反应和回应，以获得更多关于对方意图和实力的信息。一旦对方表露出脆弱或破绽，另一方便会迅速调整自己的策略和行动，以获得更大的优势。

（四）齐楚联盟瓦解

在中国历史上，战国是一个充满剧烈政治斗争和外交角力的时期。齐楚联盟的瓦解是该时期的一个重要事件，对于战国时期的政治格局产生了重大影响。

战国时期，齐国和楚国都是实力强大的国家，曾联合起来共同对抗秦国。这个联盟的主要目的是达到对等威慑秦国，维护各自的利益和地位。然而，由于各种原因，这个联盟最终瓦解了。

导致齐楚联盟瓦解的原因有多方面。首先，齐楚两个国家之间一直存在着潜在的竞争和矛盾。诸侯国之间的竞争日益激烈，各国希望维护自身的利益和地位。为了削弱齐楚联盟的影响力，一些国家故意传播虚假信息或通过秘密交流来操纵联盟内部的情况，使得双方对彼此的意图和行动产生误解和猜测。尽管它们可以暂时共同对抗秦国，但是双方对于地盘和势力范围的争夺一直存在。这种竞争和矛盾在联盟期间逐渐加剧，最终导致双方不再愿意继续维持联盟关系。其次，外部势力对于联盟的干扰也对其瓦解起了一定作用。其他诸侯国家和秦国等都希望削弱齐楚联盟，以维持自身的利益和地位。它们利用各种手段在齐楚两国之间制造纷争和矛盾，以加剧联盟的不稳定性。这些干扰和干预最终瓦解了齐楚联盟。最后，齐楚联盟内部政治因素也对联盟的瓦解起到推波助澜的作用。齐国和楚国都存在着内部政治的动荡和冲突。两国内部的权力斗争和政治纷争削弱了联盟的稳定性和一致性。诸侯国之间争权夺利的游戏使得联盟关系岌岌可危。

（五）六国合纵联盟破裂

在中国战国时期，六国合纵联盟是一个由韩国、魏国、燕国、赵国、楚国和齐国组成的联盟，旨在共同对抗强大的秦国。然而，六国合纵联盟在短时间内破裂了，对于战国时期的政治格局产生了重大影响。

六国合纵联盟的破裂有多个原因。首先，联盟内部存在着国家间的矛盾和竞争。尽管六国在面对秦国时实现了一定的联合，但联盟内部在权力和利益分配问题上存在着分歧和摩擦。一些国家担心自己在联盟中贡献过多却得不到相应的回报，或者担心自身地位受到其他国家的削弱。这些矛盾和竞争最终导致了联盟的瓦解。其次，外部势力对于联盟的干扰和破坏也起到了一定作用。秦国积极地采取政治和军事手段来削弱六国合纵联盟。它通过使用分化和挑拨的策略操纵联盟，挑起其内部的纷争和不和，以便进一步削弱联盟的实力和影响力。外部势力的干扰和破坏使得六国合纵越来越难以维持。

最后，六国合纵联盟的破裂也与不完全信息的动态博弈有关。各诸侯国面临着信息不对称的情况，无法全面了解联盟内部的动向和每个诸侯国的意图。这种信息不对称性导致了误解的增加和信任的破裂，使得各诸侯国很难取得共识和协调行动。在这种不完全信息的环境下，六国合纵联盟逐渐失去了其稳定性和一致性。

二、信息战略

（一）完全信息战略

完全信息战略是在博弈论和决策理论中的一个重要概念，它假设所有参与者在决策过程中具有完全准确的信息。在完全信息战略下，每个参与者都了解其他参与者的动作选择、偏好和目标，并能够充分预测其行为。完全信息战略在决策和博弈中具有重要作用。它假设参与者在制定决策时拥有准确、全面的信息，能够充分了解其他参与者的动作选择、目标和偏好。在这种理想情况下，完全信息战略对参与者的决策和行动产生了积极的影响。

首先，完全信息战略使参与者能够做出最优决策。凭借完全信息，他们可以深入了解其他参与者的策略和利益，从而针对性地制定自己的战略。全面了解其他参与者的行为和目标，能更加精确地评估不同策略的后果，并最大限度地优化自己的决策。正因为具备完全信息，参与者之间的合作得以促进。彼此了解对方的意图、要求和约束条件时，各方能够更有效地沟通和协作，建立合作的信任，避免误解和冲突。当每个参与者都明确其他人的期望和目标时，他们能够更好地协调行动，实现共同利益的最大化。完全信息战略在降低决策不确定性和风险方面也发挥着关键作用。参与者可以全面评估可能的结果和风险，并采取相应的应对措施。他们能够对各种情景进行充分的分析和预测，以减少不确定性的影响，降低决策带来的风险。然而，在现实世界中，完全信息战略很难实现。信息的获取和传递常常会受到限制，具有不准确性，存在信息不对称和谎言等问题。因此，决策者需要学会在信息有限的情况下做出最优决策，并充分考虑信息不完全带来的影响。在动态博弈中，灵活性、适应性和对局势变化的敏感性也是取得成功的关键因素。

综上所述，完全信息战略为参与者提供了准确、全面的信息基础，使他们能够做出最优的决策，并在博弈和合作中实现良好的结果。尽管在现实生活中完全信息很难实现，但认识到信息的不完全性，并采取相应的战略来处理不确定性，仍然是决策者应该考虑的重要因素之一。

（二）非对称信息

信息不对称是指在博弈或交易过程中，参与者之间拥有不同的信息或信息的分配不均等的情况。

通常情况下，理性的主体会根据自身的利益和可用信息做出决策。然而，在信息不对称的情况下，一方可能具有更多、更准确或更完整的信息；而另一方则只能依靠有限、不准确或不完整的信息做出决策。

信息不对称可以发生在各种情境中，例如市场交易、博弈理论、谈判以及金融交易等。在这些情况下，信息不对称可能导致以下影响：

（1）隐瞒信息。拥有更多信息或有利信息的一方可能会选择隐瞒或保留关键信息，以获取更有利的交易条件或博弈结果。

（2）逆向选择。信息不对称可能导致逆向选择问题，即不具备信息优势的一方难以获得更符合其利益的交易伙伴，从而造成市场效率降低。

（3）鸿沟加剧。信息不对称可能导致更大的财富和权力鸿沟，因为拥有更多信息的一方可以从信息不完全中获得更多利益。

在现实中，博弈各方的信息不对称具有普遍性。信息不对称的存在会引发各种机会主义行为，从而阻碍互惠互利局势的实现。非对称信息博弈的基本模型见表2.1。

表 2.1　非对称信息博弈的五种基本模型

隐蔽内容 发生时间	隐蔽行动	隐蔽信息
事前	—	逆向选择模型、信号传递模型、 信号甄别模型
事后	隐蔽行动的道德风险模型	隐蔽信息的道德风险模型

因此，在战国时期的政治和军事竞争中，参与者们会利用各种手段和策略来获取信息优势，改变对局势的评估和对手的策略选择，他们通过隐藏真实意图和利用伪装，实现了信息的非对称性，并在一些战略上取得了优势。

（三）合纵信息战术

合纵信息战术是中国历史上战国时期的六国合纵联盟所运用的信息战术。在六国合纵联盟中，各国利用信息共享和协调行动来对抗共同的敌人，以取得优势。

首先，合纵信息战术的关键是信息共享和协作。各国通过建立情报网络和信息交流渠道，实现信息共享和沟通，从而获得对敌方情报更全面和准确的了解。在六国合纵联盟中，各国通过情报的收集、分析和共享，能够有效地监视秦国的军力分布、战略意图和弱点，并据此制定相应的战略计划。其次，合纵信息战术依赖于联盟成员之间的协同行动。各国共同实施军事行动和战略计划，并通过联合训练、指挥与控制的协调来提高协同作战能力。六国合纵联盟通过信息共享和协调行动，能够形成攻守兼备的态势，增强联盟的整体实力，对抗衡秦国产生了重要影响。同时，合纵信息战术还注重秘密行动和情报的获取。联盟成员可以派遣情报哨位和间谍等人员，深入敌方内部，获取更多的情报和敌方意图的信息。通过这些秘密情报的获取，联盟成员能够更快地了解敌方的动向和决策，从而更好地制定战略和应对敌方行动。

总的来说，合纵信息战术在历史上的六国合纵联盟中得到了成功的应用。通过信息共享、协同行动和情报获取，联盟成员能够充分利用各自的优势，形成统一的战略和行动。在现代战争中，合纵信息战术仍然具有重要的指导意义，可以帮助国家或联盟在信息化战争中取得优势，实现战略目标。

（四）连横声誉机制

在合纵连横的不完全信息动态博弈中，连横声誉机制是一种重要的策略工具。该机制通过建立信任、合作和信息共享的关系，实现各方在不同情境下的协同行动。

连横声誉机制可以减轻信息不完全性带来的不确定性。在博弈中，参与者难以完全了解其他参与者的信息和意图。通过建立合作关系和信任，参与者可以共享信息和经验，从而降低决策的风险。连横声誉机制可以提高参与者的合作意愿和行动效率。参与者面临风险和不确定性，容易产生猜忌和怀疑。通过建立声誉，参与者获得其他参与者的信任，减少合作的成本和阻碍。声誉的建立可以使参与者更有动力去履行承诺、共享信息和资源，提高合作的效率。参与者的声誉可以影响其他参与者的决策行为。一个具有良好声誉的参与者将受到其他参与者的认可和尊重，进而影响他们的决策。这种影响可以带来协同效应，促使其他参与者更倾向于与声誉良好的参与者合作，实现更大的合纵联盟效应。

综上所述，连横声誉机制可以在不完全信息动态博弈中调动参与者的合作意愿和行动效率。通过建立信任、合作和信息共享的关系，减轻信息不完全性带来的不确定性。参与者通过建立良好的声誉，影响其他参与者的决策行为，促进合纵连横的协同效应。运筹学的方法可以帮助建立模型和应用优化方法，进一步推动连横声誉机制在合纵连横中的应用和发展。

三、博弈策略

（一）合纵攻秦的动态博弈

苏秦通过说服其他诸侯国参与合纵联盟，实现了多个诸侯国的合作与协作。这是一个动态博弈的起始点，因为每个诸侯国都必须权衡自身的利益与风险，并决定是否加入合纵联盟。在苏秦的领导下，合纵联盟的成员国不仅需要相互合作，还需要协商如何分配战果和权力。这种博弈涉及联盟内部的政治和利益平衡，以及如何防止自私行为损害整体利益。同时，合纵联盟也需要对抗秦国的战略和行动。秦国作为战国时期最强大的诸侯国之一，拥有强大的军队和高度的中央集权制度。合纵联盟需要制定出有效的对策和战略，以应对秦国的进攻或反击。在这个博弈过程中，各个参与方的动态行为将对整个局势产生重大影响。例如，某个诸侯国可能会选择背叛联盟而与秦国达成协议，或者某个诸侯国可能寻求独自与秦国和解。这些变化会导致博弈的重新平衡，并为其他诸侯国提供新的选择。

总而言之，苏秦提出的合纵攻秦战略是一个复杂的动态博弈过程。它涉及多个参与方的行动选择、利益平衡以及对抗秦国的策略。这个战略的成功与否取决于各个诸侯国的决策和行动，并受到外界因素的影响。

（二）离间齐楚的严格优势

严格优势是一种概念，用于描述在某个问题或决策中，某个选项或方案相对于其他选项或方案具有绝对的或明显的优势。严格优势可以是在效益、成本、资源利用等方面的优势。在战国时期，张仪是秦国的一位外交家和战略家。他利用齐楚两国之间的严格优势差异，成功地进行了离间策略。

齐楚两国在战国时期是两个强大的诸侯国，但在某些方面存在着明显的严格优势差异。齐国强调军事实力和战略进攻，楚国则注重政治稳定和内政发展。张仪利用了这种优势差异，将两国之间的矛盾和分歧加以利用，通过外交手段进行离间，以削弱敌对势力。张仪首先与齐王建立联系，并传递了一条消息给楚国国君楚怀王。他告诉齐宣王，楚怀王对齐国抱有敌意，并计划进攻齐国。与此同时，他又告诉楚怀王，齐国对楚国抱有怀疑和敌意，并在秘密筹备进攻楚国。这样，他制造了一种相互猜忌和对立的氛围，增加了两国之间的紧张局势。

结果，齐宣王和楚怀王都相信了张仪的信息，导致两国之间的关系急剧恶化。离间计谋使齐楚联盟破裂，两国开始相互对抗。这为秦国创造了机会，进一步削弱了齐楚的势力，从而在战国时期获得了更大的影响力。

这个历史事件显示了严格优势差异如何被善于外交和战略的人利用，以达到削弱敌对势力的目的。通过利用各国的严格优势差异，可以改变国家间的关系并产生重要的影响。

（三）秦齐对抗的零和博弈

战国时期，秦齐两国之间的对抗可以被视为一种典型的零和博弈情况，其中秦国和齐国之间的竞争和对抗导致了明显的利益互斥和对立。以下是对该博弈局势的进一步分析和关键因素的阐述：

（1）领土争夺和扩张欲望。秦国和齐国都有领土扩张的愿望，争夺相同的地区资源和利益。在这种情况下，两国之间的竞争是不可避免的，追求自身利益的同时也必然会侵害对方的利益。

（2）实力对比的不平衡。战国时期，秦国是一个强大的诸侯国，拥有强大的军事力量和统一的经济资源，相比之下，齐国相对较弱。因此，在秦齐两国的对抗中，秦国更容易通过军事手段取得优势，对齐国施加压力并削弱其实力。

（3）外部势力的影响。战国时期，各诸侯国之间往往存在着外部势力的干预和影响。对于秦齐两国的对抗而言，其他诸侯国的选择和态度也会对双方产生影响。如果一个国家站在秦国一边，那将进一步削弱齐国的实力和减少对其的支持，增加齐国在零和博弈中的劣势。

（4）利益冲突的无法调和。秦齐两国的利益在某些方面是不可调和的。例如，它们在领土争夺、贸易路线、军事防御等方面可能存在互相排斥的利益。在这种情况下，双方很难通过妥协和合作来解决利益冲突，而更容易选择竞争和对抗。

（四）联盟瓦解的重复博弈

在齐楚联盟中，两国都追求自身的利益最大化，而这往往涉及领土、资源以及势力范围的争夺。由于两国相邻并且具有相似的领土扩张野心，它们之间的利益冲突很快变得明显，形成了博弈的基础。两国作为战国时期的重要的诸侯国，拥有相对强大的国力。然而，两国之间的力量对比并不平衡，楚国相较于齐国在军事实力上相对较强。这种力量对比的不平衡影响到两国的博弈策略和行动选择。

在重复博弈中，齐国和楚国都采取了不同的策略来应对对方的行动。这些策略包括外交交涉、军事进攻、联盟形成等。两国会根据自身利益和对方的行为作出决策，以尽可能保护自身的利益。重复博弈的特点使得齐楚两国之间的竞争成为一个持久循环的过程。随着多轮博弈的进行，双方通过观察对方的行为和结果来调整自己的策略。这种持久循环使得齐楚两国之间的博弈逐渐复杂化，对于双方的决策带来了更多的挑战。由于博弈中涉及的利益冲突、力量对比和持久循环，齐楚联盟的稳定性面临威胁。随着时间的推移，双方之间的矛盾逐渐加剧，联盟逐渐瓦解。最终，齐国和楚国选择单独行动，以追求各自利益的最大化。

战国时期齐楚联盟瓦解中的重复博弈表现为齐国和楚国之间的利益冲突、策略选择和力量对比。这些因素共同影响了双方在博弈中的行为和决策，最终导致了联盟的瓦解。

（五）合纵破裂贝叶斯均衡

六国合纵破裂是战国时期的一个重要事件，涉及各个诸侯国之间的联盟和博弈。在分析六国合纵破裂中的贝叶斯均衡时，我们可以考虑以下几个方面：

（1）信息不完全。在六国合纵期间，各个诸侯国之间的信息交流相对有限，存在信息的不对称和不完全性。每个诸侯国只能根据自己所观察到的信息来推测其他诸侯国的策略和行动。这导致贝叶斯博弈中的信息不完全性问题，各个诸侯国需要通过观测其他诸侯国的行为来不断更新自己的理念和策略。

（2）策略选择与信念形成。各个诸侯国在合纵期间会根据自身利益和对手行动的预期选择策略。由于信息的限制和不完性，各个诸侯国会形成关于其他诸侯国策略和行动的理念。这些理念会影响到贝叶斯均衡中的策略选择和行动。

（3）信任与背叛。在六国合纵破裂的过程中，信任与背叛是重要的因素。参与者需要决定是否相信其他诸侯国会履行承诺，或者是否选择背叛合纵联盟以追求自身利益。这种信任与背叛的博弈会对贝叶斯均衡产生影响，影响着参与者的策略选择和行为。

贝叶斯均衡是指参与者基于信息不完全性下的最优策略组合。在六国合纵破裂的情境中，贝叶斯均衡可以指各个诸侯国根据观测到的信息和理念选择的最优策略组合，使得它们在给定对手策略的情况下，无法通过改变自己的策略来进一步提高自身的利益。

四、模型概念

（一）信号传递

在博弈论中，信号传递模型用于描述参与者之间通过发送和接收信号来传递信息的情况。参与者可以根据接收到的信号来做出决策，从而影响博弈的结果。下面是一个基本的信号传递公式模型的描述：

假设有两个参与者，分别为参与者 A 和参与者 B。参与者 A 发送一个信号给参与者 B，该信号可以携带特定的信息，从而影响参与者 B 的决策。参与者 B 根据接收到的信号来做出决策，并根据决策结果获得相应的收益。

信号传递模型的公式可以表示为：

$$D = f(S) \tag{2-1}$$

其中，S 表示参与者 A 发送的信号，D 表示参与者 B 根据接收到的信号做出的决策，$f(\cdot)$ 表示决策函数。决策函数 $f(\cdot)$ 可以根据具体的情境来定义，它将信号 S 映射到决策 D 上。

同时，还可以定义收益函数 $U(D)$ 来表示参与者 B 在做出决策 D 后获得的收益。收益函数可以根据博弈的具体目标来设定，它可能与参与者 B 的决策以及其他参与者的行为有关。

在信号传递模型中，参与者 A 的目标通常是通过发送信号来影响参与者 B 的决策，从而使自己能够获得最大化的收益。参与者 B 则根据接收到的信号来做出对自己最有利的决策，从而最大化自己的收益。

需要注意的是，具体的信号传递模型的形式和参数设定，以及决策和收益函数的定义，会因具体的博弈情境而有所不同。在实际应用中，可以根据具体的需求和情境来建立适合的信号传递模型，并进行相应的分析和预测。

战国时期是中国历史上一个动荡、分裂的时期，各国之间互相竞争和斗争。信号传递在战国时期不完全信息博弈中发挥了重要的作用。以下是一些与信号传递相关的历史事件和策略：

（1）夸张的维持。有时，诸侯国会故意夸大其实力、意图和资源，通过宣传和军事行动来传递信号，以牵制、威慑或误导其他诸侯国。例如，秦国在战国初期通过展示大规模修筑的长城和强大的军事力量来传递强烈的军事威慑信号。

（2）威胁与反威胁。有时，诸侯国会通过发布威胁性的声明或行动来传递信号，以达到其意图和目标。例如，齐国和楚国在战国时期经常通过军事进攻和边境紧张局势来传递对其他诸侯国的威胁信号，以争夺资源和利益。

（3）联盟和联络。诸侯国之间形成联盟和进行外交活动也是一种信号传递的手段。通过建立联盟关系、召开会议、派遣使节等方式，诸侯国可以传递出与其他诸侯国合作的意愿，或通过与其他诸侯国进行联络来获取更多信息。

（4）情报活动。情报活动在战国时期也很常见，各诸侯国通过派遣间谍、刺客、使者等人员来收集情报和传递信息。这些情报活动有助于了解其他诸侯国的意图、军事计划和内部情况，以在博弈中取得优势。

需要强调的是，战国时期的信号传递是在一种复杂的政治和军事环境中进行的，其中包含了复杂的历史背景和不同诸侯国之间的动态关系。因此，在分析战国时期的信号传递时，需要考虑到具体的历史背景、文化因素和个别诸侯国的策略选择。

（二）声誉效应

声誉效应是指一个个体、组织或品牌因其过去的行为表现或社会评价而获得信任和好评，从而在未来的交往或交易中受益的现象。它是一种社会心理现象，在商业、政治、学术等领域都有广泛应用。声誉效应可以对个体或组织的社会地位、影响力和利益产生积极的影响。

而声誉机制是一种在博弈论中常用的策略设定机制，用于激励个体通过维护良好的声誉来获得更好的回报。它可以用于各种博弈情境，包括序贯博弈。在声誉机制中，每个参与者的决策可能会影响其声誉值，并且其他参与者会根据声誉值来做出决策。

在声誉机制中，可以使用以下公式模型来描述声誉值的计算方式：

$$R_i(t) = \alpha R_i(t-1) + \beta P_i(t) \tag{2-2}$$

其中，$R_i(t)$ 表示参与者 i 在时刻 t 的声誉值，α 和 β 分别是代表参与者对自身声誉和他人行为的重视程度的参数，$P_i(t)$ 表示参与者 i 在时刻 t 的行为表现（如合作或背叛），其取值为 0（背叛）或 1（合作）。

该声誉机制公式模型的含义是，参与者在时刻 t 的声誉值是根据前一时刻的声誉值和当前的行为表现进行更新的。α 表示参与者对自身的声誉重视程度，它决定了声誉值的持续性，较大的 α 值意味着较高的持续性。β 表示参与者对他人的行为表现的重视程度，它决定了当前行为对声誉值的影响，较大的 β 值意味着较高的敏感性。

然而，声誉效应机制的发挥会受到以下因素的影响：

（1）交易次数。当交易双方进行博弈时，交易者对声誉的重视程度会随着交易频率和次数的增加而提高。当交易次数很少时，违背声誉要求的欺骗和舞弊行为更容易发生，因为这类行径的收益可能超过相关成本。反之，交易次数越多，声誉机制的效果就越显著。

（2）信息传递。在交易双方的博弈中，交易者对声誉的重视程度受到信息传递速度和范围的影响。快速而广泛的信息传递使交易者更加重视声誉。信息对交易者行为起到关键的约束作用，如果违约行为可以被其他交易者迅速发现，违约者的失信机会就越少，给他人造成的损害也越少。现代媒介的广泛应用大大提高了信息传播的速度，扩大了其传播范围，强化了声誉机制的作用效果。

（3）交易稳定性。交易者与交易对象的长期重复交易次数和时间直接影响声誉机制的效果。长期连续与同一对象进行交往，交易者对该交易对象的了解越充分。只有在这种情况下，双方的交易才能有效降低协商和签约成本，声誉机制的效果才能得到充分体现。

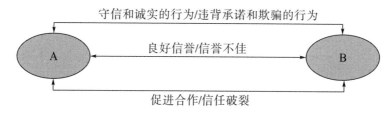

图 2.1　声誉效应作用机制

在战国时期的不完全信息博弈中，声誉效应起到了决定性的作用。诸侯国及其统治者在政治、外交和军事上都努力建立和维护良好的声誉，以在博弈中获得优势。下面以齐国和楚国为例进行说明：

齐国的声誉主要建立在外交和平衡上。孟尝君作为齐国重要的政治家和外交家，以其聪明智慧和出色的外交策略而著称。他努力维护齐国良好的声誉，通过外交手段与其他诸侯国建立合作关系，从而在博弈中取得优势并保持自身地位。

楚国的声誉主要建立在其激进的外交策略上。楚国采取了主动进攻和制造边境紧张局势的手段，通过威胁和震慑来传递声誉。这种声誉使得其他诸侯国不敢轻易挑战楚国，使其在七国中保持较强的竞争优势。

（三）序贯博弈

序贯博弈（Sequential Game）是博弈论中的一种形式，其中玩家按照顺序进行决策。在序贯博弈中，一个玩家的行动会直接影响到其他玩家的可选行动和策略选择。与之相对的是同时博弈（Simultaneous Game），其中所有玩家同时进行决策，彼此不了解对方的选择。

在序贯博弈中，玩家的决策是按照时间顺序依次进行的，每个玩家在做出决策时可以考虑之前玩家的决策和可能的结果。这个时间序列反映了信息的逐步显露以及对局势的逐渐了解。

序贯博弈中最常见的形式是顺序博弈（Perfect Sequential Equilibrium）。在顺序博弈中，每个玩家都知道之前玩家的决策，并且在做出决策时可以考虑到这些信息。玩家将根据先前的决策和可能的结果来选择策略，以实现自己的最佳利益。

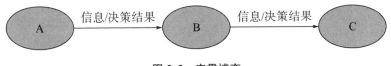

图 2.2　序贯博弈

从序贯博弈的角度来看，战国时期的合纵连横可以被看作是一个持续的博弈过程。每个诸侯国会根据之前的博弈结果和其他诸侯国的行动，来制定自己的策略和决策。

例如，当某个诸侯国决定加入合纵连横时，它会先观察其他诸侯国的反应和行动。如果其他诸侯国也加入联盟，那么它可以选择继续保持联盟关系并与其他诸侯国合作。然而，如果其他诸侯国选择保持中立或者与敌对势力结盟，那么这个诸侯国可能会重新评估自己的策略，并决定是否继续坚持合纵连横。

此外，各诸侯国在博弈中也会根据信息的逐步显露来进行调整和反应。他们可能通过间谍、秘密交流或间接的消息传递来了解其他诸侯国的动向和意图，从而更好地制定自己的策略。

（四）群体选择

群体选择是指一群个体或组织在面对某种选择时，集体共同决策并采取行动的过程。在群体选择中，参与决策的个体可能具有不同的观点、偏好和利益，因此需要通过协商、讨论和权衡来达成共识。

群体选择可以是协作的，也可以是竞争的。在协作的群体选择中，个体倾向于合作、共同努力，以实现共同的目标和利益。协作的群体选择主要体现在组织内部的团队决策、合作项目的选择等方面。

另一方面，在竞争的群体选择中，个体或组织之间存在竞争性的利益冲突，它们可能根据自身利益、竞争能力和资源来做出选择。竞争的群体选择主要体现在市场竞争、政治竞选、资源争夺等方面。

在合纵连横的群体选择中，各诸侯国根据自身利益和战略考虑，决定是否加入联盟并与其他国家合作。这涉及诸侯国之间的博弈和权衡。首先，诸侯国需要评估自身的军事实力、资源和地位，以确定是否需要寻求联盟来增强自身的抵抗力。如果一个诸侯国面临强大的敌对势力，可能会意识到自己单独抵抗的困难，并选择寻求合纵联盟的路径。其次，在寻求合作联盟时，诸侯国必须平衡自身的利益与联盟关系中的权力平衡。虽然合纵连横能够提供共同的安全保障和资源支持，但每个诸侯国也会追求在联盟中的最佳地位和利益。因此，诸侯国需要评估其他诸侯国的实力、信誉和动机，以选择适合自己的合作伙伴。

在合纵连横的群体选择中，各诸侯国通过协商、谈判和交换以建立共同的目标和利益。这可能涉及一系列的权衡和让步，以确保每个国家在联盟中都能够获得一定的利益。此外，合纵连横的群体选择还涉及镇压内部反对力量和处理内部利益冲突的问题。每个诸侯国内部都有不同的利益集团和派系，它们对联盟策略的采纳可能持不同的态度。因此，诸侯国国君需要通过政治策略和斡旋来确保内部的稳定和一致。

总的来说，战国时期的合纵连横是一种群体选择的策略，诸侯国通过评估自身利益、与其他诸侯国的博弈、协商和权衡，决定是否加入联盟以及如何与其他诸侯国合作，以追求个体和集体的最大利益。这需要平衡诸侯国之间的利益与联盟目标之间的权衡，同时处理内部和外部的利益冲突。

测试　　　　　　　　　案例讨论

第二篇

经典运筹

第三章 欧拉定理： 哥尼斯堡七桥问题之解

学习目标

· 了解哥尼斯堡七桥问题

· 了解图论基础内容

· 理解欧拉定理内容方法

· 运用欧拉定理解决基本问题

哥尼斯堡七桥问题是一个源自 18 世纪的数学难题：一个人要如何不重复、不遗漏地一次性走完哥尼斯堡市的七座桥。大数学家欧拉通过对该问题的思考，发现该问题无解，并提出了著名的欧拉定理。欧拉定理是运筹学中的经典理论之一，它为我们提供了解决类似哥尼斯堡七桥问题等图论问题的基本方法和思路。在本章学习中，通过深入研究和理解欧拉定理的本质和背后的原理，我们可以更好地掌握图论和运筹学的知识，并应用于实际问题的解决中。

虽然不允许我们看透自然界本质的秘密，从而认识现象的真实原因，但仍可能发生这样的情形：一定的虚构假设足以解释许多现象。

——［瑞士］莱昂哈德·欧拉

一、哥尼斯堡七桥问题

哥尼斯堡七桥问题是一道著名的数学问题，源于 18 世纪普鲁士哥尼斯堡的七座桥的布局。这个问题被认为是图论和运筹学的奠基，对于现代数学和科学的发展具有重要影响。

（一）问题背景

如今，俄罗斯有个城市叫加里宁格勒，位于波兰和立陶宛之间，普雷戈利亚河流经这座城市并汇入波罗的海。在 18 世纪，这座城市在数学史上非常有名，当年它还不叫加里宁格勒，而是叫作哥尼斯堡，是普鲁士的首府。

哥尼斯堡是一座古老而又迷人的城市，坐落在普鲁士东部的大河之畔。它拥有深厚的历史底蕴和独特的地理特征。哥尼斯堡被普雷戈利亚河分割成两半，河水如同城市生活的脉搏一般流淌，为这座城市赋予了别样的生机与活力。这座城市曾是普鲁士的重镇，其地理位置独特之处在于，河流贯穿整个城市，同时又在其上划分出多个岛屿。这一众岛屿中最为著名的，当属于城市中央的基因岛与克宁斯堡岛。而这两座岛屿之间，则由围绕普雷格尔河上的七座桥梁连接着。这七座桥梁的布局巧妙而复杂，宛如戈利亚艺术品般镶嵌在城市的地理脉络中。这座城市因这七座桥梁而闻名于世，也因这些桥梁而诞生了一个备受瞩目的数学问题——哥尼斯堡七桥问题。

每一座桥梁都是城市的重要纽带，连接着不同的区域，串联着岛屿和城市其他地区的人流与物流。这些桥梁不仅是交通的要道，更是城市历史与文化的见证者。同时，城市的地理结构也催生了"七桥问题"，即如何一次性地走遍哥尼斯堡连接两个岛屿的七座桥，而不重复经过任何一座桥，最终回到起点。这个问题看似简单，却是当时数学家和居民们的智力挑战，也最终导致了对数学界的一次重大启发。

欧拉，作为当时备受尊敬的数学家，用一种全新的抽象思维方式，将这个现实生活中的问题转化成了数学领域的抽象模型，从而找到了问题的解决方法。通过建立抽象模型，欧拉将问题转化为图论中的一个问题——寻找一条路径，经过图中所有的边一次且仅一次，即欧拉路径。他不再将注意力集中在哥尼斯堡的具体桥梁上，而是将其抽象为一个数学模型，如图 3.1 所示。

欧拉通过对哥尼斯堡七桥问题的深入研究和观察用图论的方法解决了这一难题，他证明了不存在这样一条路径，能够一次性经过所有的七座桥梁，而不重复经过任何一座桥。同时他还证明了在一个连通图中，如果存在一条路径，经过每个边一次且仅一次，那么这个图一定是欧拉图。这一创新性的解决方案开启了图论研究的先河，成为图论领域发展的开端。

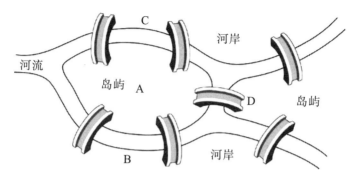

图 3.1　哥尼斯堡七桥问题

（二）重要影响

随着时间的推移，哥尼斯堡七桥问题不仅成为数学研究的经典案例，还极大地推动了科学和工程学领域中优化问题的研究。这个问题不仅引领了图论的发展，而且对运筹学和应用数学的研究产生了深远的影响，为解决现实世界的复杂问题提供了宝贵的方法和启示。

（1）图论的奠基问题。哥尼斯堡七桥问题的意义在于欧拉不仅解决了一个具体的数学难题，而且引入了图的顶点和边等基本概念，通过将问题抽象为图模型，成功地将一个实际问题转化为数学问题，从而奠定了图论这一数学分支的基础。这种方法为后来的科学研究提供了一种全新的视角和工具，使得图论成为现代数学和运筹学不可或缺的一部分。

（2）数学建模和优化问题。通过解决哥尼斯堡七桥问题，数学建模研究方法展示了其在实际问题中的重要应用，尤其是在交通网络和物流系统的设计和优化方面。想象一下，一个现代城市的交通网络，其复杂度远超哥尼斯堡的七座桥，但基本的问题相同：如何设计一条既高效又经济的路线覆盖所有必要的连接点？正是这种基于图论的思维方式，帮助城市规划师和工程师设计出能够顺畅处理数以百万计日常通勤的交通系统。

（3）运筹学的发展。在 19 世纪末，随着工业化的进程加快，复杂的工业系统和扩张的铁路网络需要更高效的管理和优化策略。在这种背景下，运筹学作为一门学科开始形成，其核心是如何在资源有限的条件下做出最优决策。欧拉解决哥尼斯堡七桥问题的方法为这一新兴学科提供了重要的理论基础。通过解决这个问题，人们开始关注如何优化交通网络和城市规划，从而推动了运筹学的发展。

二、欧拉与图论基础

（一）欧拉其人

莱昂哈德·欧拉（Leonhard Paul Euler，1707—1783），瑞士数学家、自然科学家。欧拉作为 18 世纪最杰出的数学家之一，他的工作跨越了数学、物理和工程等多个领域。欧拉在数学和科学史上留下了深远的影响，被誉为现代数学的奠基人之一。

图 3.2 欧拉（1707—1783）

欧拉出生于瑞士巴塞尔，在早年展现了卓越的数学才能。他在巴塞尔大学接受了严格的数学和物理学训练，并展现出非凡的天赋。随后，欧拉在数学领域取得了众多重要的成就。

他的贡献横跨数学各个领域。在解析几何、无穷级数和数论等方面，欧拉都有着重要贡献。特别是在解析几何领域，他为其发展做出了巨大贡献。举例来说，欧拉公式便是他在解析几何领域的一项杰出成就。在这个公式中，欧拉将自然对数和虚数结合了起来，刻画了复数与三角函数之间深刻的关系，这个简洁而优雅的公式为数学和物理领域带来了重大的启发并得到广泛应用，因此被誉为"数学中的天桥"。

欧拉还以解决哥尼斯堡七桥问题而著称，他的研究奠定了图论研究的基础。通过将七桥问题抽象为图论中的概念，他提出了欧拉定理，阐述了欧拉路径和欧拉回路的概念。例如，证明了一个图中存在欧拉路径的充分必要条件是这个图中恰好有两个节点的度数是奇数。这个定理为图论的发展提供了重要的理论基础，对网络分析和计算机科学等领域产生了深远的影响。除了数学研究外，欧拉还对物理学和工程学做出了重要贡献。他在流体力学、振动理论和光学等领域有深入的研究，并发展出了欧拉方法，这是一种用于解决复杂物理问题的数学方法。

欧拉的研究成果对数学和其他学科的发展产生了深远的影响。他的工作为现代数学的建立和发展奠定了基础，同时也对数学、物理和工程学的教育产生了重要影响。他被广泛认为是数学史上最伟大的数学家之一，他的成就使他成为数学界的传奇人物。

（二）图论基础导引

图论作为一个重要的数学分支，研究的是由节点（顶点）和连接节点的边（或弧）所构成的图结构，这些图可以是简单的图形，如直线、曲线等，也可以是复杂的网络，如计算机网络、交通网络等。在探索哥尼斯堡七桥问题和证明欧拉定理时，图论的基本概念和相关术语起着关键的作用。

当我们涉足图论时，首先要理解的是图这一概念。图（Graph）是由节点（Vertex）和连接节点的边（Edge）构成的数学结构。它们可用于模拟和描述各种关系，从简单的几何形状到复杂的网络系统。例如，当我们考虑一个社交网络，其中每个用户可以被视为一个节点，而他们之间的互相关注或交流可以被视为连接这些节点的边。此外，图分为两大类：有向图

（Directed Graph）和无向图（Undirected Graph）。有向图中的边具有方向性，类似于单行道，表示从一个节点到另一个节点的方向。无向图中的边则没有方向性，类似于双行道，表示节点之间的双向连接。例如，一条街道地图可以被表示为无向图，因为道路通常是双向的。

在图中，顶点的度数（Degree）指的是与该顶点相连的边的数量。对于有向图，顶点的度数包括入度（In Degree）和出度（Out Degree），分别表示汇聚于该节点的边的数量和离开该节点的边的数量。举个例子，想象一个城市的地铁路线图，每个站点可以被视为一个节点，站点间的连接线代表列车行驶的方向和路线。路径（Path）是图中的一个重要概念，它指的是顶点序列，其中相邻的两个顶点由边直接连接。路径的长度是指路径中边的数量。考虑一辆货车从仓库出发经过多个地点递送货物的路径，这个路径可以被视为图中的一个实例。连通图（Connected Graph）指的是图中任意两个节点之间都存在路径的图。如果图不是连通的，那么可以将其分割成多个连通子图（Connected Subgraph）。举例来说，考虑一个互联网拓扑图，如果某个地区的网络由于故障而与其他地区失去联系，那么整个互联网拓扑图将分割成多个连通子图。

欧拉图和哈密顿图是图论中的两个重要概念。欧拉图是指存在一条路径，经过每个边恰好一次，并回到起点的图。换言之，这条路径覆盖了图中的所有边，且每条边都只经过一次。哈密顿图则是指存在一条路径，经过每个顶点恰好一次，并回到起点的图。这两个概念常常用于解决路径规划和网络优化问题。举个例子，想象一名邮递员需要在一个城市的各个街区间递送包裹，欧拉图和哈密顿图可以帮助其规划最优的递送路线。

除此之外，图还有一些其他重要的概念。比如，连通分量（Connected Component）指的是无向图中的最大连通子图，即由互相连通的节点组成的子图。生成树（Spanning Tree）是一个连通图的特殊子图，包含了图中所有节点但边数比原图少一个，同时保持图的连通性。图论的这些基本概念和术语在理解和解决实际问题中起着关键作用。它们不仅帮助我们理解和分析复杂系统的结构和关系，还为优化算法、网络设计以及路径规划等领域提供了重要的数学工具和思维模型。通过学习图论的概念和方法，我们能够更好地理解和解决日常生活和各个领域中的复杂问题。

三、七桥问题的欧拉解法

（一）哥尼斯堡七桥问题

在哥尼斯堡，这个位于普鲁士的城市，七座桥梁连接着由陆地和多个小岛组成的城市。这些桥梁的状况各不相同，交织在城市的水道之间，成为城市居民和游客行走的必经之路。然而，这些桥梁也引发了一个令人着迷的数学问题：哥尼斯堡七桥问题。

我们来看一下这个问题的规则和要求：首先，每座岛屿就像图论中的节点一样；而连接这些岛屿的桥梁则类似于图中的边。要求沿着每座桥且只经过一次，访问所有岛屿，而路径的起点和终点可以是任意岛屿。这条路径可以是闭合的（回到起点）或者开放的（不回到起点），但有一个重要的限制条件：每座桥只能经过一次，不能重复经过。此外，路径可以经过已访问过的岛屿，但不能经过已经走过的桥梁。

哥尼斯堡七桥问题的挑战在于找到一条满足规则和要求的路径。这个问题的解决涉及图论的概念和方法，特别是欧拉定理的应用。欧拉定理指出，在连通图中，存在欧拉路径的充要条件是有且仅有两个顶点的度数为奇数，其余顶点的度数均为偶数。因此，对于哥尼斯堡七桥问题，我们需要分析桥梁的连接方式和节点的度数，以确定是否存在满足要求的路径。

（二）欧拉的解决办法

一般人碰到这种问题，最容易想到的方法是找出各种可能的过桥路线，并对每条路线进行逐一检验。然而欧拉则认为这样做一方面太过烦琐，容易遗漏部分路线；另一方面，逐一检验法只能适用于这个具体的问题，没有普遍意义。因此欧拉在解决哥尼斯堡七桥问题时采用了一种全新的方法，通过图论的抽象和推理来解决这一问题，同时也为图论的发展奠定了基础。

1735 年 8 月，欧拉向圣彼得堡科学院提交了一篇关于位置几何的论文，他既解决了这个具体的七桥问题，又提出了给定任意数量陆地和任意数量桥的解决办法。欧拉将哥尼斯堡七桥问题中的地理情境抽象为一个图。他将每个岛屿陆地视为图的顶点，将桥梁视为图的边。如图 3.3 所示，得到节点 A、B、C、D 和连边 1、2、3、4、5、6、7，通过这种抽象，欧拉将问题转化为在图上寻找一条路径的问题。

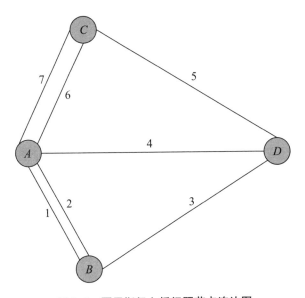

图 3.3　哥尼斯堡七桥问题节点连边图

以从节点 A 出发为例，无论经过哪一条边到达到节点 B，记作路径 "AB"，到达节点 B 后再通过任意一条边到达节点 D，记作路径 "ABD"，依此类推，要想不重复地走完这七座桥，相当于通过桥梁在岛屿陆地间进行 7 次跨越，从而将 4 个节点进行重复排列 8 次，最终得到一个长度为 8 的字符串。由于节点 A 有 5 条连边，节点 B、C、D 有 3 条连边，因此在跨越这七座桥的过程中，有的岛屿陆地的节点会多次出现。欧拉通过多次试验发现，当经过岛屿陆地的桥数为奇数时，在字符串的表示过程中，节点出现的次数等于连边的数量加 1 的和再除以 2；当经过岛屿陆地的桥数为偶数时，则需要考虑该岛屿节点是出发节点还是目的节点。如果是出发节点，则在字符串的表示过程中，节点出现的次数是连边数量的一半加1，否则是连边数量的一半。由此可知，在这个七桥问题中，岛屿陆地节点 A、B、C、D 分别出现的次数为3、2、2、2，任意一条路径会形成一个长度为 $3+2+2+2=9$ 的字符串，这与最初希望的长度为8的字符串不相符，因此不可能存在不重复地走完七座桥的路径。

欧拉的成就不仅是解决了哥尼斯堡七桥问题，更在于他将这一问题的解决方法推广到了更一般化的领域。他不满足于仅限于解决这个具体的问题，而是想要找到一种方法，可以应对更为普遍和广泛的情形。于是，他对这个方法进行了推广，以解决任意数量岛屿陆地和桥数量的问题，其具体结果见表3.1。

表 3.1 经过奇（偶）数座桥的岛屿陆地 X（Y）出现次数

经过岛屿陆地 X 桥数	节点 X 出现次数	经过岛屿陆地 Y 桥数	节点 Y 出现次数	
			Y 为出发节点	Y 为目的节点
1	1	—	—	—
3	2	2	2	1
5	3	4	3	2
7	4	6	4	3
9	5	8	5	4
…	…	…	…	…
$2n-1$	n	$2n$	$n+1$	n

由表3.1可知，根据经过岛屿陆地的桥数，将每个岛屿节点出现的次数相加，就可得到相应的字符串长度，若该长度恰好比桥数多1，则存在不重复地通过所有桥的路径，否则就不存在这样的路径。同时根据此表，欧拉还指出对于任一由 m 座桥相连的岛屿陆地，将经过每个岛屿陆地的桥数相加得到 $2m$ 为偶数，因此经过桥数为奇数的岛屿陆地数不能为奇数，只有当每个岛屿陆地都连接偶数座桥或者经过桥数为奇数的岛屿陆地数为2时才能找到不重复通过所有桥的路径。

（三）总结欧拉的方法

数学家欧拉在解决哥尼斯堡七桥问题时，展现了他独特的数学思维和严谨的推理能力。他通过一系列深入的分析，将这个实际地理问题转化为图论中的抽象问题，为长期困扰哥尼斯堡居民的七桥问题找到了答案，并且创立了一个全新的数学分支——图论与几何拓扑。我们尝试将欧拉的详细思考过程和解决哥尼斯堡七桥问题的方法总结为以下几个步骤：

（1）抽象为图。欧拉第一个突破是将问题抽象成图论的框架。他将城市的地理结构抽象成了数学上的图，其中每座桥对应于图中的边，每个岛屿则成为图中的顶点，通过这种抽象，欧拉将问题转化为在图上寻找一条路径的问题。这种抽象的方法不仅解决了哥尼斯堡七桥问题，更为未来类似问题的解决提供了新思路。

（2）分析节点的度数。欧拉注意到解决哥尼斯堡七桥问题的关键在于理解节点（岛屿）的度数分布。他观察到，每座桥都会与两个节点相连，因此每个节点的度数与其相连的桥的数量有关。欧拉开始计算每个节点的度数，并仔细观察度数的奇偶性。

（3）度数的奇偶性。这是欧拉的关键发现之一。他观察到了节点度数的奇偶性与解决欧拉路径存在与否息息相关。欧拉推理并证明了一个重要的结论：连通图中存在欧拉路径的充要条件是有且仅有两个顶点的度数为奇数，其余顶点的度数均为偶数。这个推论成了欧拉路径存在性的充分必要条件。

（4）应用欧拉定理。基于欧拉定理的结论，欧拉开始分析哥尼斯堡七桥问题中各个节点的度数。他发现在这个问题中，每个节点的度数都是奇数。根据欧拉定理，这意味着无法找到一条满足条件的欧拉路径，从而证明了哥尼斯堡七桥问题无解。

欧拉的这一思考过程在当时是一次重大的数学突破，也开创了图论这一数学分支。他的解决方法不仅解决了哥尼斯堡七桥问题，更为图论和拓扑学的发展奠定了坚实的基础。欧拉的成就影响深远，激励着后来的数学家们持续探索和发展图论这一数学分支。除此之外，哥尼斯堡七桥问题的解决过程也激发了更多的数学思考。类似的问题开始被人们关注，欧拉的方法也成了解决类似路径问题的指导原则。图论作为数学中一个重要的分支，不断发展，它不仅在数学中有着广泛的应用，也渗透到计算机科学、网络分析、物流规划等众多现实领域，对人类社会产生了深远影响。欧拉凭借在解决哥尼斯堡七桥问题中所展现的深刻思考和推理方式成为数学家们的楷模，也为后来的数学发展指明了方向。他的贡献不仅仅是解决了一个看似简单的问题，更是开启了数学新分支的大门，为图论和数学的发展铺平了道路。

四、欧拉定理及其应用

（一）欧拉定理

欧拉定理是图论中的一个经典定理，它解决了一大类图的问题——欧拉路径和欧拉回路的存在性。这两个概念听上去有点像迷宫游戏的规则，但其实它们可以解释很多实际生活中的情景。

欧拉路径就是一条穿过图的每条边，且每条边只经过一次的路径。现在假设你在一个城市游览，想要经过所有的街道，但是每条街道又只能走一次。这就像一个欧拉路径的问题，只是图中的边换成了街道，你需要找到一条路线，走遍每条边，但又不能走重复的边。对于存在欧拉路径的图来说，它得满足两个条件：第一，图得是连通的，也就是说，图中的每个节点都能和其他节点通过路径相连。第二，有且只有两个节点的度数是奇数，其他所有节点的度数都得是偶数。换句话说，如果一个连通图中有且只有两个奇度顶点，其他顶点度数均为偶数，并且图是连通的，那么该图就存在欧拉路径。

那么欧拉回路呢？它比欧拉路径稍微有点意思，是指一条通过图的每条边一次且仅一次，最终回到起始顶点的闭合路径。就好比你在城市里游览，每条街道只走一次，最终回到出发的地点。对于一个连通图来说，存在欧拉回路必须要满足的条件是图中所有顶点的度数均为偶数。换句话说，如果一个连通图的所有顶点度数均为偶数，那么该图就存在欧拉回路。

欧拉定理很重要的地方在于它提供了一种方法来判断一个图是否有这些

特殊的路径或回路。如果一个图符合了上面提到的条件，就可以确定它有欧拉路径或欧拉回路。这个定理并不是只在图论中有用，它还在很多实际场景中发挥着作用。比如，它可以帮助规划交通线路，设计电路板，甚至解决计算机网络中的问题。它为图论研究和实际问题解决提供了重要的思路和方法。

（二）欧拉定理的应用

欧拉定理，看似是一个复杂的数学概念，但它却在我们生活的很多方面扮演着非常重要的角色。这个定理在实际应用中涉及很多领域，例如在计算机网络设计、城市规划、物流管理等领域可以找到它的身影。下面是欧拉定理的一些常见应用。

（1）一笔画问题。"一笔画问题"看似简单，但实际上是一个富有趣味和挑战性的数学问题。它在地图设计、游戏谜题和图论研究中扮演着重要的角色。这个问题的核心在于在一个图中找到一条路径，使得路径能够经过每一条边一次且仅一次，最终又回到起点。让我们想象一个具体的情景：你手里拿着一张绘有各种形状和复杂连接的图纸。现在的任务是，拿起笔，只用一笔就要从起点出发，沿着各个线段行进，覆盖所有的线段，并且在终点结束，不能抬笔也不能重复行走。这就是"一笔画问题"的核心。

这个问题在地图设计中也有实际应用。比如，如果你是一名城市规划师，你需要绘制一张地图，要求在保证每条路都被标注到的同时，让这个图看起来美观又实用。或者，想象一下，你是一个游戏设计师，你希望设计一款谜题游戏，让玩家在一笔之内完成线路的连接，又不让游戏太简单或者太难，这就需要巧妙地利用"一笔画问题"的思想。而在图论中，"一笔画问题"是欧拉路径和欧拉回路的特殊情况。当我们面对一个复杂的图时，需要确定是否存在一条路径或回路，这条路径或回路能够经过所有的边，又不会重复经过。这种问题不仅有理论意义，还在实际生活中产生了很多有趣的应用。

（2）中国邮递员问题。中国邮递员问题是一个实际生活中非常有趣而又具有挑战性的数学问题。它源于一个简单而又现实的场景：一名邮递员需要在负责的区域内递送信件，而他想要规划一条最短的路线，让他能够走遍每一条街道一次，并最终回到出发地点。该问题是由中国数学家管梅谷首先提出而得名的，通过引入路权，丰富了欧拉回路的应用与拓展。

在实际生活中，中国邮递员问题的应用十分广泛。比如，在城市物流中，物流公司需要在城市各个区域递送货物，而寻找最优的路径规划可以节省时间和成本。类似地，在电路板设计中，电路元件需要被连接并确保信号通畅，而邮递员问题提供了优化布线的思路。更有趣的是，在社交网络中也存在着类似邮递员问题的情景。

一个社交媒体平台的算法需要将用户的帖子按照某种顺序展示给其他用户，而这种展示顺序也需要考虑到尽可能快地将该用户的帖子展示给所有其它用户，这就像是一个快递员要把包裹都递送一遍。总体而言，中国邮递员问题的实际应用不仅仅局限于邮递员的日常工作，更是在路线规划、物流管理和网络信息传输等领域有着深远的意义。这个问题不仅激发了数学家们的思考，也推动了路线规划和优化技术的发展。

（3）交通规划。欧拉定理在交通规划中具有重要作用，尤其是在设计交通网络和优化交通流量方面。想象一下，一座城市的道路系统就像一个巨大的图，道路是连接城市不同地区的边，路口和交叉口则是图中的节点。欧拉定理为设计和管理这样的城市道路系统提供了一些指导。

首先，欧拉定理能够帮助我们优化交通流量。在一个理想的城市交通网络中，如果每个路口的度数都是偶数，那么就有可能存在欧拉回路，即在不重复经过某条道路的前提下，有覆盖所有道路的最短路径。这种设计可以最大程度上减少拥堵，提高车辆的流动性。其次，欧拉定理也能用于城市道路规划。当设计一个新的道路系统时，可以根据欧拉定理来规划交叉口和路线，以确保交通网络的连通性和高效性。例如，在设计一个新的城市区域时，规划师们可以考虑道路的连通性，以确保所有区域都能便捷地互相连接。最后，欧拉定理还能帮助解决交通规划中的问题。例如，一些城市可能存在部分度数为奇数的路口，这可能会导致交通网络的不完整。通过识别这些节点，并进行改进和优化，可以提高整个交通系统的效率和稳定性。

总之，通过运用欧拉定理，我们可以更好地规划城市道路系统，优化交通流量，提高交通网络的效率和可靠性。

（4）网络设计。欧拉定理为构建高效、稳定和可靠的网络提供了重要的理论支持。通过应用欧拉定理，我们能够优化网络结构、提高数据传输的效率、改善信息传递的路径，并确保网络系统的可靠性，为不同类型的网络设计和管理提供了重要的指导原则。在计算机网络设计中，欧拉定理可以用于确定网络中的通信路径。通过将网络建模为图，可以使用欧拉路径或欧拉回路来确保所有的节点和边都被访问一次且仅一次，以提高网络的效率和可靠性。

首先，欧拉定理可以指导构建高效的通信网络。在通信网络中，节点代表通信设备，而边则表示通信路径。应用欧拉定理，若所有节点的度数都是偶数，则存在欧拉回路，这有助于设计一种在不重复传输数据的前提下，遍历所有路径的最优通信路线，有利于数据传输的高效性和稳定性。其次，计算机网络的设计也可受益于欧拉定理。考虑一个互联网系统，各个服务器或节点之间通过路由连接，构成了一个复杂的网络结构。应用欧拉定理，可以分析网络中的连接方式，确保数据传输的完整性和安全性，避免信息传递的死胡同，提高网络的鲁棒性。最后，欧拉定理也能为社交网络设计提供指导。社交网络中的用户可以视为网络中的节点，而用户之间的关系则构成了连接这些节点的边。利用欧拉定理，可以分析用户之间的连接模式，寻找信息传播和交流的最佳路径，提高社交网络的互联性和可扩展性。

总而言之，欧拉定理的应用横跨众多领域。它不仅为解决路径、连通性和优化相关的实际问题提供了解决方案，同时也为工程、计算机科学、生物学、社交网络分析等领域的研究和应用提供了重要的理论基础。

测试

案例分析

第四章 四色猜想： 古德里的地图着色问题

学习目标

· 了解四色猜想的内容和发展历史

· 了解图论的基本知识

· 了解图论的一些经典案例

· 理解将实际问题抽象为图形求解的思想

　　四色猜想问题最早由古德里提出，被认为是世界近代三大数学难题之一，它的基本描述为：给定一张地图，是否可以用四种颜色来涂色它的各个区域，使得相邻的区域颜色不同。该问题在 1852 年被提出来，在 1976 年被证明——在二维平面上的任何地图，它的任何两个相邻地区之间都可以由四种颜色中的一种来区分。可以借助运筹学中图论的知识对四色定理进行初步的探讨，以增加大家对于复杂问题的图形化描述、表达和规律探索的通识认知。

　　　　　　　提出问题往往比解决问题更重要。

　　　　　　　　　　　　　　　　　　　　——［美］阿尔伯特·爱因斯坦

一、四色猜想发展历史

　　如果让你给图 4.1 的复杂图形着色，保证相邻的区域颜色不同以示区分，那么你最少需要多少种颜色才能完成任务呢？

图 4.1　四色拼图

在 1852 年，古德里毕业于伦敦大学，随后加入了一个科研机构。在此期间，他在地图着色方面的工作引发了他对一种现象的兴趣：似乎所有地图都能仅用四种颜色来着色，即可确保相邻国家颜色的不同。这引发了他的好奇心：这个现象是否能通过数学方式严格证明？他和正在大学学习的弟弟决定共同探究这一问题。尽管他们为此用掉了大量稿纸，但研究始终未取得实质性进展。

随后，于 1852 年 10 月 23 日，他的弟弟向他的老师、知名数学家德·摩尔根（Augustus De Morgan）求助以解决这一难题。摩尔根无法找到解决方案，因此转而向他数学界的朋友哈密顿爵士寻求帮助。尽管哈密顿对此进行了深入研究，但直到他 1865 年去世，这个问题依然悬而未决。

到了 1872 年，当时英国最知名的数学家凯利（Arthur Cayley）向伦敦数学学会正式提出了这个问题。四色猜想因此成为全球数学界的焦点，吸引了许多顶尖数学家参与。在 1878 年至 1880 年间，知名的律师兼数学家肯普（Alfred Kempe）和泰特（Peter Guthrie Tait）分别提交了自己的论文，声称成功证明了四色定理，从而在学界引起了广泛认可。

肯普在他的证明中首先定义了正规地图与非正规地图的概念。他指出，如果一张地图不是由一个国家包围其他国家或超过三个国家在一点相遇，则为正规地图，否则即为非正规地图，而非正规地图所需的颜色种类通常不会超过正规地图。他的论证基于归谬法，即如果存在一张正规的五色地图，那么就会有一张国家数量最少的极小正规五色地图。如果这样的地图中有一个国家邻国数量少于六个，那就意味着存在着一个更小的五色地图，从而排除了正规五色地图的可能性。尽管肯普最初被认为成功证明了四色问题，但后来他的理论被证明是错误的。

尽管如此，肯普的工作提出了"构形"和"可约性"两个重要概念，为后续的研究奠定了基础。他证明了在每张正规地图中，至少有一个国家与二至五个邻国相邻，不存在每个国家都有六个或更多邻国的情况。此外，他还提出了"可约性"这一概念，指出五色地图中若有一个国家仅与四个邻国相邻，那么就可以生成一个国家数量减少的五色地图。随后，数学家们根据这些概念发展出了检查构形是否可约的方法，并将其用于证明四色问题。但证明大型构形的可约性依然是一个复杂的过程。

直到 1890 年，年仅 29 岁的牛津大学学生赫伍德（Percy Heawood）凭借精确的计算揭示了肯普证明中的漏洞。他指出，肯普关于极小五色地图的论断存在缺陷。不久后，泰特的证明也被证明是错误的。人们发现他们实际上只证明了一个较弱的命题——五色定理，即地图着色只需要五种颜色。随着时间的推移，尽管许多数学家竭尽全力研究，但未取得明显成果。这个看似简单的问题渐渐被认为与费马猜想①一样难解。进入 20 世纪，数学家们在四色猜想的证明上基本遵循了肯普的思路。例如，1913 年，美国哈佛大学的著名数学家伯克霍夫（George Birkholf）采用了肯普的想法并结合自己的新思路，证明了某些大型构形是可约的。1939 年，美国数学家富兰克林（Philip Franklin）证明了 22 国以下的地图都可以仅用四种颜色来着色，而1950 年和 1960 年分别有人将这一数字推进到了 35 国和 39 国。

从 1950 年起，希尔（Henry Hill）和他的学生丢莱（Karl Dürre）开始

---

① 费马猜想：由 17 世纪法国数学家皮埃尔·德·费马提出，声称方程 $x^n + y^n = z^n$（$n > 2$）不存在正整数解。历经三百多年，直到 1995 年，这一著名难题才由英国数学家安德鲁·怀尔斯给出了证明。

研究如何利用计算机来验证各种类型的图形。当时，计算机技术刚刚起步，他们的这一想法颇为超前。到 1972 年，黑肯与阿佩尔对希尔的方法进行了重要改进，并于 1976 年认为问题已经可以通过计算机来证明。他们在伊利诺伊大学的 IBM360 计算机上分析了 1482 种不同情况，历时 1200 小时进行了 100 亿次判断，最终证明了四色定理。这一成就不仅解决了长达一个多世纪的数学难题，还开启了数学史上新思维的篇章。在四色问题研究过程中，诞生了许多新的数学理论和计算技巧。

数学家们将四色猜想抽象为图论问题，将不规则区域视为点，相邻区域之间用线连接。使用序号代表颜色给点编号，确保相连点的编号不同。这种图形的特点是点与点之间的连线在非顶点处不交叉，因为如果两个区域相邻，则必定可以找到一条不经过其他区域的直接连线。

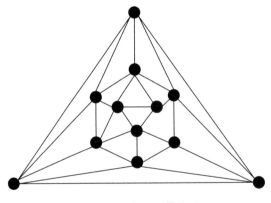

图 4.2　四色问题等价图

四色定理在地图着色、时间表安排、电路布线、任务和资源分配中有着广泛的应用。

（1）地图着色。四色定理最直接的应用是在地图着色方面。地图着色是一种在地理学、城市规划和区域划分等领域广泛应用的技术。通过解决四色问题，我们可以确保在给定的地图上，相邻区域使用不同的颜色进行标记，这在地图的可视化和辨识性方面非常有用。

（2）时间表安排。四色问题的解决也可以应用于时间表的安排。例如，在学校课程表的制定过程中，需要确保任何两个相邻的课程或活动在同一时间段内不冲突。通过将不同的课程或活动视为地图上的区域，并使用四色问题的解决方案，可以确保时间表的合理性和有效性。

（3）电路布线。电路布线是电子工程中的一个重要问题。在设计电路板时，需要将不同的电子元件放置在不同的位置，并通过导线将它们连接起来。通过将电路板视为地图，元件视为区域，可以使用四色问题的解决方法来确保导线不会交叉，从而简化电路布线的过程。

（4）任务分配。四色问题的解决方法还可以应用于任务分配问题。例如，在工作分配或项目管理中，需要将不同的任务分配给不同的人员或团队，并确保没有两个相邻的任务由同一个人员或团队负责。通过将任务和人员视为地图上的区域，可以使用四色问题的解决方案来优化任务分配的效率和公平性。

（5）资源分配。四色问题的解决方法还可以应用于资源分配问题。例如，在物流管理中，需要将不同的资源（如货车、仓库等）分配给不同的区域，并确保相邻区域的资源不重叠或冲突。通过将资源和区域视为地图上的区域，可以使用四色问题的解决方案来优化资源的利用和分配。

总之，四色问题的提出激发了人们对于组合优化问题的兴趣。它被认为是组合优化问题中的一个经典案例，启发了研究者对于其他类似问题的研究，如地图着色问题、时间表优化问题等。四色问题的解决涉及对地图结构的深入理解和分析，推动了图论的发展。图论在运筹学中有着广泛的应用，如在网络流问题、路径优化问题等方面。四色问题的解决是数学领域的一个重大成就，它提升了人们对于数学和运筹学的认识和兴趣。这个问题的解决表明了数学在解决现实问题中的重要性，激励了更多人投身于数学和运筹学的研究和应用。接下来将介绍图论基本知识。

二、图论基本知识

可能大家没有发现，生活中处处充满了图论的问题。比如大家日常生活中乘坐的地铁。每一个地铁站都是地铁网络图中的一个节点，各个地铁站之间的边组成了地铁线路。而在地铁线路中每两站之间的距离和需要花费的时间等组成了其对应边的权重。比如从四川大学的望江校区（川大望江校区站）坐地铁去华西校区（华西坝站）上课。我们当然可以绕一圈再去，但是如果要选时间最短的路径的话，我们会从川大望江校区站出发乘坐 8 号线到倪家桥，再从倪家桥乘坐 1 号线到华西坝。这就组成了一个图论中的有向图。这就是图论在交通网络中的一个简单应用，即可以用来优化交通网络设计，提高交通效率和便利性。

图（Graph）是用于研究对象和实体之间成对关系的数学结构。图论是离散数学的一个分支，在计算机科学、化学、语言学、运筹学、社会学等领域有多种应用。比如社交网络就是每个人作为一个节点互相连接组成的大规模图形结构，图论可以用来分析社交网络中的关系，了解人们之间的联系、互动和信息传播等行为；电路设计中常常需要考虑电子元件之间的连通性和信号传输路径，这些都可以用图论来建模和分析。图论可以帮助电路设计者了解电路的性能、调试问题并优化设计；图论也在化学领域有着重要的应用，分子和化学反应可以看作是一个图形结构，原子通过键相连来形成分子。图论可以用来分析分子的拓扑结构，探究分子的性质、反应机制和生物学效应；图论也是计算机科学中的一个重要分支，应用广泛。比如在编译器设计中，图论可以用来优化代码生成和调度；在计算机网络中，图论可以用来分析网络拓扑和路由；在图像处理中，图论可以用来分割和识别图像；在通信领域，通信公司通常使用图论来优化基站的数量和位置，以确保最大的覆盖范围。总之，图论是一个广泛应用的学科，它可以用来研究和优化各种复杂的结构和关系。

下面介绍一下图论的基础知识，图分为无向图和有向图。无向图 $G = (V，E)$，V 是节点集合，E 是边集合。E 由 V 中的元素对组成（无序对）。

如图 4.3 所示，$V = \{v_1, v_2, v_3, v_4, v_5\}$，$E = \{(v_1, v_3)(v_3, v_4)(v_4, v_4)(v_4, v_5)\}$。$v_1, v_2, v_3, v_4, v_5$ 代表图中对应的 5 个节点。E 集合中的元素分别代表图中的各条边。比如（v_1, v_3）表示从 v_1 到 v_3 的边。（v_4, v_4）叫作环。像 v_2 这样不存在路径与其他节点相连的节点称为孤立点。

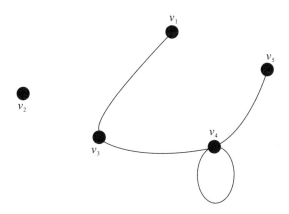

图 4.3　无向图

　　无环无重边的图称为简单图，图 4.4 就是一个简单图，各条边上的数字代表权重，这种图又称作赋权图。与一个节点相连的其他节点叫作此节点的邻居，比如节点 2，节点 3，节点 4 叫作节点 1 的邻居。节点的邻居数叫作节点的度，比如节点 1 的度为 3，节点 4 的度为 4。从一个节点出发不经过重复的节点到达另一个节点的路线叫作两节点间的路径。两节点间长度最短的路径叫作最短路径，有时候最短路径不止一条。从节点 1 到节点 2 有路径则称节点 1 和节点 2 连通，如果图中任意两个节点都连通，则该图为连通图。

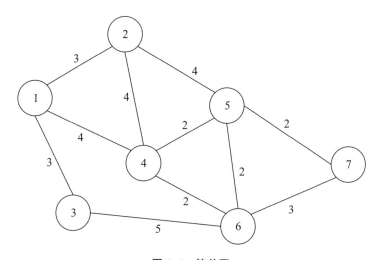

图 4.4　简单图

如图 4.5 中所有的节点和边都包含在原图 4.4 中，则称图 4.5 是图 4.4 的一个子图。保证连通的情况下边数最小的子图叫作极小连通子图。包含原图中所有节点的极小连通子图叫作生成树。原图有 N 个节点，那么生成树有 $N-1$ 条边。图 4.5 为图 4.4 的生成树。所谓最小生成树是指所有生成树中权重之和最小的生成树。最小生成树在铺设光缆，自来水管道，搭建基站等领域有着广泛的应用。

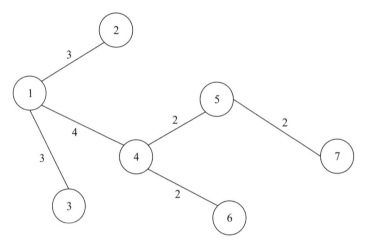

图 4.5 子图

下面通过管网铺设问题举例，介绍一下用避圈法求得图的最小生成树。

某小区需要建设自来水管网（如图 4.6 所示），已知从 A 点接入，图中各点表示居民楼，各条边的数字表示各楼之间的距离，问如何修建自来水管网，使所修建的自来水管网最短，以达到节省物料成本的目的。

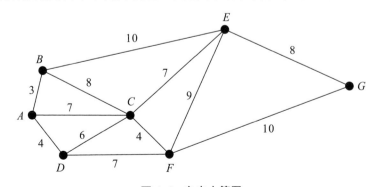

图 4.6 自来水管网

题中要求所修建的自来水管道最短，其实就是找图 4.6 的权重之和最小的生成树。下面利用避圈法求图 4.6 的最小生成树。

第一步先把图 4.6 中的各条边按权重非降序排列，见下表 4.1。

表 4.1　边权重非降序排列表

序号	边	权重
1	AB	3
2	AD	4
3	CF	4
4	CD	6
5	AC	7
6	CE	7
7	DF	7
8	BC	8
9	EG	8
10	EF	9
11	BE	10
12	GF	10

第二步，按照权重非降序为生成树添加边，所添加的边不能与原有的边形成圈，直到添加到 6 条边形成连通图为止。

首先添加最小权重边 AB 如图 4.7（1），无圈产生，保留 AB。按顺序添加 AD，CF，CD 均无圈产生。接下来添加 AC，图中产生了圈，则应该舍弃 AC 如图 4.7（3）。接下来按照上表的权重非降序继续添加，产生圈的就舍弃，不产生圈就保留，直到生成树中有 6 条边，这样就找到了最小生成树（如图 4.8 所示）。

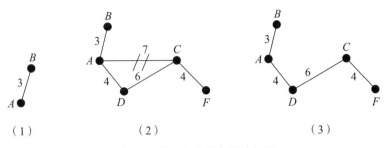

（1）　　　　　　（2）　　　　　　（3）

图 4.7　最小生成树求解过程图

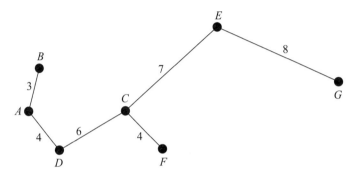

图 4.8　最小生成树

按照最小生成树铺设自来水管网可以使所修建的自来水管网最短，以节省物料成本。

任意两点之间都有边相连的图称为完全图。将非完全图补成完全图，所补的部分称为原图的补图。图 4.9（a）是一个完全图，图 4.9（b）（c）为非完全图，且图 4.9（b）（c）互为补图。

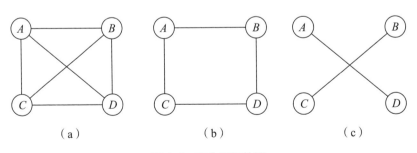

（a）　　　　　　（b）　　　　　　（c）

图 4.9　完全图和补图

下面用考试安排问题举例，介绍一下补图在现实生活中的应用。

在一个班级中，学生们共选修了六门不同的课程：A、B、C、D、E

和 F。在这些课程中，有学生同时报名了 A、C 和 D 课程；另一些学生同时报名了 B、C 和 F 课程；还有学生选择了 B 和 E 课程；以及有学生选择了 A 和 B 课程。为了安排期末考试，计划在六天内完成所有课程的考试，每天安排一门课的考试。为了确保学生的学习压力不过大，考试安排需要考虑到每位学生的课程选择，使得没有学生需要连续两天进行考试。因此，需要制定一个既公平又合理的考试时间表，确保满足这一要求。

用点表示课程，共同被选修的课程之间用边相连，如图 4.10 所示。

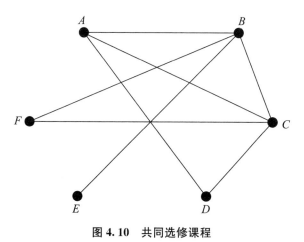

图 4.10　共同选修课程

根据题意，相邻节点对应课程不能连续考试，不相邻节点对应课程允许连续考试。因此，我们要作出上图的补图，如图 4.11。

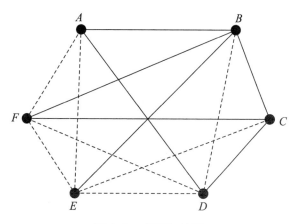

图 4.11　原图与补图

图 4.11 中虚线即为图 4.10 的补图，在补图中寻找一条通过所有节点有且仅有一次的路线就是一个符合要求的考试课程表。

$C \rightarrow E \rightarrow A \rightarrow F \rightarrow D \rightarrow B$ 即为所求。反之 $B \rightarrow D \rightarrow F \rightarrow A \rightarrow E \rightarrow C$ 亦可。

三、最短路问题

在现代社会中，我们经常面临着需要在各种网络中寻找最短路径的问题。无论是导航系统中寻找最短驾驶路线，还是网络路由中选择最短路径传输数据，解决最短路径问题都具有重要的实际意义。

最短路径问题是图论中的一个经典问题，它涉及在带有边权重的图中找到两个顶点之间的最短路径。这个问题在各个领域中都有广泛的应用，例如交通规划、通信网络、物流配送、设备更新等。

在最短路径问题中，我们需要确定从一个起始顶点到目标顶点的最短路径。路径的长度可以根据具体情况来定义，可以是路径上各边权重的总和，也可以是路径上的最大边权重。根据具体需求，我们可以使用不同的算法来解决不同类型的最短路径问题。

在解决最短路径问题的过程中，Dijkstra 算法是一种经典而又高效的方法。由荷兰计算机科学家狄克斯特拉（Edsger W. Dijkstra）于 1956 年提出，该算法以他的名字命名，成为图论和网络算法领域中的里程碑之一。

Dijkstra 算法的主要目标是找到从给定起点到其他所有顶点的最短路径。它基于一种贪心的策略，逐步扩展已经找到最短路径的顶点集合，直到覆盖所有的顶点。这个算法是基于图的概念，将问题转化为图的模型，以便于理解和求解。

最常见的两个最短路径问题是单源最短路径问题和全源最短路径问题。单源最短路径问题是指在给定图中找到从一个起始顶点到所有其他顶点的最短路径。全源最短路径问题则要求找到图中任意两个顶点之间的最短路径。解决最短路径问题的方法有很多种，其中最著名且广泛使用的算法之一就是 Dijkstra 算法。除了 Dijkstra 算法之外，还有其他一些经典的最短路径算法，如贝尔曼－福特算法、Floyd 算法等。每个算法都有其独特的优势和适用场景，因此在解决最短路径问题时，我们需要根据具体情况选择适合的算法。Dijkstra 算法的基本思想是通过逐步扩展最短路径集合来找到从起始顶点到目标顶点的最短路径。该算法利用了一个重要的性质，即如果从起始顶点 v_s 到顶点 v_n 的最短路径包含顶点序列 $\{v_s, v_1, \cdots, v_{n-1}, v_n\}$，那么从起始顶点 v_s 到顶点 v_{n-1} 的最短路径必定是包含顶点序列 $\{v_s, v_1, \cdots, v_{n-1}\}$。这个性质的意义在于，如果我们已经找到了从起始顶点 v_s 到顶点 v_{n-1} 的最短路径，那么在这个路径的基础上，只需要再添加一条边 (v_{n-1}, v_n) 就可以得到从起始顶点 v_s 到顶点 v_n 的最短路径。因此，通过不断地扩展已知最短路径的顶点集合，我们可以逐步构建起始顶点 v_s 到顶点 v_n 的最短路径。这种基于子问题的思想是 Dijkstra 算法的关键，它使得算法能够逐步逼近最短路径，并在每一步中都选择当前距离起始顶点距离最短的顶点进行扩展。通过更新这些扩展顶点的距离值，我们可以不断优化已知路径并逐步确定最短路径的顶点集合，最终得到起始顶点 v_s 到顶点 v_n 的最短路径。这种思想的好处在于，我们不需要一次性计算所有的最短路径，而是通过局部最优选择逐步构建路径。这使得 Dijkstra 算法具有高效性和可扩展性，并且可以应用于解决大型网络中的最短路径问题。同时，这个性质也为算法的正确性提供了理论基础，确保了算法能够找到正确的最短路径解。

下面以一个具体的案例展现一个完整的应用 Dijkstra 算法求最短路的过程。

周末一家人开车到成都大熊猫繁育研究基地游玩，把车停到了南门（点 S）进入熊猫基地游玩，参观了熊猫太阳产房（点 3）、熊猫月亮产房（点 4）、熊猫别墅（点 2）、熊猫活动场（点 1）最后走到了西门（点 W），此时大家又累又饿想尽快走回南门取车。图 4.12 中各条边上的数字表示的是这一家人经过各边需要花费的时间。找出这一家人从点 W 到点 S 费时最少的路径，并算出所需花费的最短时间。

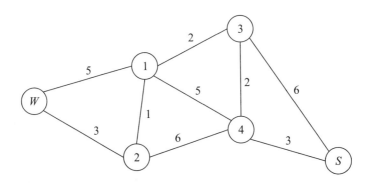

图 4.12 熊猫基地网络拓扑图

Dijkstra 算法的思路在本示例中体现为逐步找出点 W 到所有点 W 到点 S 路径中间点（点 1、点 2、点 3、点 4）的最短耗时，最后找出点 W 到点 S 的最短耗时。

首先点 W 到点 W 本身的最短耗时为 0，此时我们永久地找到了点 W 到点 W 的最短耗时，所以对点 W 进行 P（Permanent）标号，标号值为 0。点 W 的邻居节点为点 1 和点 2，我们暂时地找到了点 W 到点 1 的最短耗时，所以对点 1 进行 T（Temporary）标号，如图 4.12 所示标号值为 5。我们也暂时找到了点 W 到点 2 的最短耗时，所以对点 2 进行 T 标号，如图 4.12 所示，标号值为 3。因为点 W 到点 1 的时间为 5，所以点 W 途径点 1 到达点 2 的所有路径耗时一定大于 5。而点 W 直接到点 2 耗时为 3＜5，所以此时我们永久找到了点 W 到点 2 的最短耗时路线即为 $W-2$，对点 2 进行 P 标号，标号值为 3。点 2 的邻居节点为点 1 和点 4，路线 $W-2-1$ 耗时为 3＋1＝4，小于 1 的 T 标号值 5。而且点 W 途径点 2 再通过其他点最终到达点 1 的耗时也一定会大于 4。此时我们永久找到了点 W 到点 1 的最短耗时路线 $W-2-1$，并对点 1 进行 P 标号，标号值为 4。按照这个方法迭代确定点 3 和点 4 的 P 标号值，最终算出点 S 的 P 标号值，即为点 W 到点 S 的最短耗时。

找到了最短耗时路径如图 4.13，即按此路径行走，这一家人能以最短时间到达南大门取车（点 S）。

$$W \longrightarrow 2 \longrightarrow 1 \longrightarrow 3 \longrightarrow 4 \longrightarrow S$$

图 4.13 最短耗时路径图

测试

拓展思考

第三篇

诺奖人物

第五章 投资组合：马科维茨的多目标决策

学习目标

· 了解马科维茨及其投资组合理论

· 了解多目标决策法的基本知识

· 理解解决多目标决策问题的基本思想

· 学习通过多目标决策法解决实际问题

1609 年，荷兰海上贸易的空前繁荣吸引了大量的资本投入，从而导致大量股票发行和交易的需求产生，世界上最早的股票交易市场由此诞生，开启了证券投资热潮。投资的收益往往和风险成正比，高收益往往伴随着高风险，而投资者却总期望自己所选择的投资方式能够同时实现较高收益和较低风险两个目标。从本质上来讲，证券投资问题是以收益和风险等为目标函数的多目标决策问题，在本讲中，我们将从马科维茨的投资组合理论入手，深入解析多目标决策问题的概念及其重要性，读者将在学习中对多目标决策问题有更深入的了解。此外，我们还会详细介绍多目标决策问题的解决方法以及具体应用，帮助读者在日常生活和工作中做出最优决策，从而提升生活质量和工作效率。

不要把鸡蛋放同一个篮子里！

——［美］詹姆士·托宾

一、马科维茨及其投资组合理论

（一）马科维茨简介

哈里·马科维茨（Harry Markowitz）于 1927 年 8 月 24 日出生在美国伊利诺伊州的芝加哥市，是著名经济学家，美国艺术与科学院院士，诺贝尔经济学奖得主。他的父母都是犹太移民，父亲是一位音乐家，母亲则是一名教师。他从小在家庭中受到了良好的教育，并且对数学产生了浓厚的兴趣。

图 5.1　哈里·马科维茨（1927—2023）

马科维茨在 1947 年从芝加哥大学经济系毕业，获得学士学位。随后，他在芝加哥大学继续深造，分别于 1950 年和 1952 年获得经济学硕士和博士学位。他的导师包括著名经济学家米尔顿·弗里德曼和数学家伦纳德·萨维奇。在他们的指导下，马科维茨深入研究了经济学和数学的交叉领域，这为他后来提出投资组合理论打下了坚实的基础。

获得博士学位后，马科维茨于 1952 年开始在兰德公司工作。他在这里的主要工作是使用 SIMSCRIPT 语言建立大型物流模拟模型，这是他首次将自己的理论应用到实际问题中。此外，他还致力于发展一种专有版本的

SIMSCRIPT，使得研究人员能够重用计算机代码，而不是每次分析都编写新代码。

1963 年至 1968 年，他担任了联合分析研究中心公司的董事长。随后，他成为套利管理公司的董事长，直到 1972 年。这段时间内，他的研究方向逐渐转向了投资管理和金融领域。从 1972 年到 1974 年，他在宾夕法尼亚大学沃顿商学院任教。之后，他加入 IBM 公司，在该公司担任研究员直到 1983 年。在此期间，他的主要研究成果是投资组合理论。马科维茨还曾在纽约市立大学巴鲁克学院任金融学教授，并于 1987 年成为美国艺术与科学院院士。1990 年，他获得了诺贝尔经济学奖，这是对他一生学术成就的最高认可，获奖原因是因为他"发展了现代投资理论，特别是开创了资产组合理论"。从 1990 年到 2000 年，马科维茨担任大和证券信托公司的研究主任。此后，他继续在加利福尼亚大学洛杉矶分校管理学院从事研究工作。

马科维茨一生著作颇丰，有专著及合著 7 本，重要理论文章 30 余篇，研究范围涉及金融微观分析及数学、计算机在金融经济学方面的应用，其研究被誉为"华尔街的第一次革命"。

（二）投资组合理论

1952 年，马科维茨发表论文《证券组合选择》，首次提出投资组合理论，该理论包括两个重要内容：投资组合有效边界模型和均值-方差分析，通过投资组合理论，马科维茨开启了现代投资组合理论研究。

众所周知，最佳投资方案应实现收益最大且风险最小，但收益和风险本身是相互冲突的，一般不可能同时达到最优。在多目标决策思维下，我们选择风险小的股票，那一般收益就会较小；选择收益大的股票，一般就要承担较大的风险。马科维茨的投资组合理论正是为了解决这一问题而提出的。他认为，投资者可以通过分散投资来降低风险，同时通过优化投资组合来达到收益和风险的平衡，因此，建立投资组合的多目标优化模型能够实现收益和风险两者之间的相对均衡。多目标优化模型更好地体现了投资组合问题的本质，这就为利用多目标优化理论与方法研究证券投资问题提供了新的视角。

当然，除了描述风险、收益目标，我们也可以考虑选股能力、绩效持续性、资产运作能力、换手率变化、成交量变化等多个其他目标。目前多目标优化已广泛地应用于许多领域。可以这么说，只要是在两个或多个相互冲突的目标之间需要进行权衡，并作出最优决策的时候，都可以进行运用多目标优化进行决策。比如在购房时降低预算的同时使交通更方便；或在购车时使车辆的维修及保养成本最小化的同时，让车辆性能最大化；再比如，在选购衣服时我们可以将质量、价格、颜色、款式、品牌等作为行为目标，运用多目标优化加以决策。

二、多目标决策法简介

相信大家已经知道证券投资问题可以通过多目标决策法来解决，但对于多目标决策法是什么，如何应用仍然存在疑问。因此，本节我们将会带领大家进一步认识多目标决策问题，了解多目标决策法的概念及其发展历程、多目标决策的基本思想、多目标决策法实践过程遵循的行为准则以及多目标决策的应用场景。

（一）认识多目标决策

在一个遥远的山村，村子的中心有一座高山，山下有一条蜿蜒的小河。村子的居民以农耕和畜牧为生，他们的生活平静而安宁。然而，他们每年都面临一个问题，那就是山洪暴发。每次雨季，山洪都会冲毁河上的小桥，切断他们与外界的联系，影响他们的生活。

村主任阿明常年为山洪的问题所困扰，他意识到他们需要一个持久的解决方案。他明白，他们面临的不仅仅是如何重新建立桥梁的问题，而是一个涉及多个目标的多目标决策问题。

这些目标包括：确保桥梁的坚固耐用、减少对村庄资源的消耗、保护环境，以及尽可能低的建设成本。为了解决这个问题，阿明召集了村里的智者、工匠和村民们，召开了一次会议。他们经过热烈的讨论，最终提出了一项综合解决方案：采用可持续的建筑材料，比如木材和石头，结合当地的劳动力和技术，来建造一座坚固且成本效益高的新桥。

这个方案得到了全体村民的赞同。他们分工合作，有的负责采集石头，有的负责砍伐木材，有的负责设计和规划。工匠们则用他们的技艺和智慧，将各种材料巧妙地组合在一起，建成了一座既美观又实用的新桥。几个月后，新桥建成。村民们举行了盛大的庆祝活动，感谢所有付出努力的人。新桥不仅成功地解决了他们与外界的联系问题，也成为村庄的新地标和骄傲。从此以后，每当面临复杂的多目标决策问题时，村民们都会集思广益，综合考虑各个目标，以期找到最优的解决方案。

这个小故事中的建桥问题就是一个典型的多目标决策问题，生活中类似这样涉及多个目标的问题还有很多。那么"多目标决策"这样一个名词术语，又是如何出现的呢？接下来让我们了解一下其发展历程。

（二）概念及发展历程

多目标决策是指一个决策问题拥有多个相互矛盾、不可比较的目标，决策者需要同时考虑这些目标，然后作出最优决策的理论和方法。它是于1970年后迅速发展起来的管理科学的一个新的分支。它涉及数学、经济学、管理学等多个领域，对于解决实际问题具有重要的指导意义。

多目标决策与单目标决策有所不同，单目标决策只关注一个主要目标，如成本最低、效益最大等，而忽略其他次要或冲突的目标。相比之下，多目标决策需要全面考虑多个相互冲突或不可比较的目标，并试图找到一个整体最优解，实现了系统中多个目标的协调发展。

1776年，亚当·斯密在其著作《国富论》中首次提及"均衡"这一概念，同时将其引入到经济学中。1874年，里昂·瓦尔拉斯（Léon Walras）在其著作《纯粹经济学要义》中首次提出"一般均衡理论"，均衡分析理论就此诞生。目前，学界公认的最先提出多目标决策问题的学者是维尔弗雷多·帕累托，1896年，他在研究资源配置时提出在多个目标（如公平和效率）下寻找最优解的概念以及帕累托最优原则，这是目前可追溯的关于多目标决策学科的最早内容，并且对后续多目标决策学科的繁荣发展产生了重大影响。1944年，奥斯卡·摩根斯坦（Oskar Morgenstern）和约翰·冯·诺依曼（John von Neumann）共同研究了多目标决策问题产生的实际背景，他们从对策论的角度给出了多个利益相互矛盾的决策问题。由此可见，这一时期的学者们的研究大多还处于理论分析和推导的层面，并未涉及实际应用。

第二次世界大战之后，多目标决策学科可谓真正进入了繁荣发展时期。此时，为了满足战后世界各国快速恢复经济和发展社会的需求，计算机科学和管理科学迈入了新的发展阶段，多目标决策学科的相关内容也顺势而生。1951年，佳林·库普曼斯（Tjalling C. Koopmans）在研究生产、分配活动时获得了多目标优化问题的有效解；同年，塔克（A. W. Tucker）和库恩（H. W. Kuhn）根据数学规划的理论，提出了向量最优的概念，为多目标数学规划学科的产生与发展做出了重大贡献；1954年，罗拉尔·德布鲁（Gerard Debreu）在其著作中给出了帕累托最优的数学定义，并阐述了最优解的一些性质；1963年，扎德（Zadeh）提出了模糊集理论，为多目标决策问题中的不确定性处理提供了有力工具。同时期，学者们还研究了多目标决策问题的求解方法，如加权法、层次分析法、目标规划法等，这些方法为多目标决策问题的实际应用提供了有效的途径。此外，多目标决策与其他学科的交叉研究也取得了重要成果。例如，经济学中的博弈论、计算机科学中的优化算法等，都为多目标决策学科的发展提供了新的思路和方法。

随着理论体系的不断完善，多目标决策学科的应用领域也得到了不断拓展。20世纪70年代以后，多目标决策理论在环境保护、城市规划、生产管理等领域得到了广泛应用。此外，随着大数据、人工智能等技术的快速发展，多目标决策学科在数据驱动下的智能决策中也发挥了重要作用。例如，利用机器学习算法对多目标决策问题进行建模和求解，可以提高决策效率和准确性。

随着多目标决策问题的复杂性和实际需求的不断增加，算法与技术创新成为推动学科发展的重要动力。近年来，多目标优化算法取得了显著进展。例如，进化算法、粒子群优化算法等群体智能算法在多目标优化问题中表现出了良好的性能。这些算法能够在复杂的搜索空间中寻找多个最优解，为多目标决策提供了有效的求解工具。同时，随着云计算、边缘计算等技术的发展，多目标决策问题的求解也变得更加高效和便捷。利用这些技术，可以将大规模的多目标决策问题分解为多个子问题并行处理，提高求解速度和精度，此外，还有一些新兴技术如深度学习、强化学习等也在多目标决策领域展现出了巨大的潜力。这些技术可以通过学习历史数据和经验来改进决策策略，进一步提高多目标决策的性能和实用性。

总之，多目标决策学科经历了一个从萌芽到成熟、从理论到实践的发展过程。在未来，随着科技的不断进步和应用的不断拓展，多目标决策学科将继续保持活力。多目标决策模型作为一个工具，在解决经济管理、交通运输、环境保护、军事策略、公共政策等各种领域的问题时，越来越凸显出其强大的应用力量。

（三）基本思想

多目标决策的基本思想首先体现在目标的多元性上。在现实世界中，许多决策问题都涉及多个目标，而不仅仅是一个单一的目标。这些目标可能涉及经济效益、环境影响、社会效益等多个方面，每个目标都有其重要性和优先级。因此，多目标决策的基本思想要求在决策过程中充分考虑这些多元目标，并寻求各目标之间的平衡。

在多目标决策中，各个目标的权重是不同的，决策者需要根据自己的偏好和价值观为各个目标分配相应的权重。权重分配是多目标决策中的重要环节，它反映了决策者对各目标的重视程度。通过合理地分配权重，可以强调某些特定的目标，并在决策过程中优先考虑这些目标。权重的确定可以采用多种方法，例如专家打分法、层次分析法等。

在多目标决策中，决策者需要根据自己的偏好对各个方案进行比较和排序。偏好关系是多目标决策中的重要概念，它反映了决策者对不同方案在不同目标上的优劣性评价。通过建立偏好关系，可以综合考虑各方案的优缺点，并分析它们在不同目标上的得失。在此基础上，可以进一步进行方案的综合评价和选择。

理想解是多目标决策中的另一个重要概念，它是指所有目标都达到最优值的解。然而，在现实世界中，理想解往往是不存在的。因此，负理想解的概念也被引入到多目标决策中。负理想解是指所有目标都达到最劣值的解，通过对各方案与理想解和负理想解的相对优劣性进行比较，可以更直观地评价各方案的优劣程度。

综合评价是多目标决策中的核心环节，它要求综合考虑各目标的权重和各方案在不同目标上的表现，对各方案进行综合评价。综合评价的方法有很多种，包括加权和法、线性规划法、多属性效用函数法等。通过综合评价，可以形成各方案之间的相对排序，并选择最优的方案实施。

（四）实践原则

在社会经济系统的研究控制过程中，我们所面临的系统决策问题常常是多目标的，例如我们在生物医学领域研发药物时，既要考虑药物的疗效最好，又要使药物副作用和生产成本尽可能低。这些目标之间相互作用和甚至矛盾，使决策过程变得相当复杂，决策者往往难以做出决策。为了合理解决多个目标之间的矛盾关系，在多目标决策实践中，决策者也应遵循一定的行为准则，主要包括：

（1）在满足决策需要的前提下，尽可能减少目标个数。如剔除从属性目标，同时将类似目标合并为同一目标，或把那些要求达到最低标准而不要求达到最优的次要目标转化为约束条件；此外也可以通过相同度量求和、求平均值或构建综合目标函数的方法，用综合指标来代替单项指标。

（2）按照目标的重要性，决定目标的取舍。因此，就要将目标的重要程度排列出一个顺序，并赋予其相应权重，以便在决策时有所遵循。

（3）在多目标决策问题中，同时满足所有目标几乎是不可能的，尤其是相互冲突的目标，应以总目标为基准对其进行协调，全面考虑各目标，以实现统筹兼顾。

（五）应用场景

多目标决策方法现已广泛地应用于工艺设计、配方配比、水资源利用、环境管理、能源开发、生物医学、经济管理等领域，以下是一些多目标决策的具体应用场景：

（1）企业管理。在企业管理中，多目标决策被广泛应用于战略规划、市场营销、人力资源管理等方面。例如，在制定市场营销策略时，企业需要考虑销售额、市场占有率和品牌形象等多个目标之间的平衡。

（2）城市规划。城市规划是多目标决策的一个重要应用领域。在城市规划中，需要考虑经济发展、城市美观、交通便利、环境保护等多个目标之间的平衡。例如，在制定交通规划时，需要权衡道路建设、公共交通、停车设施等多个目标之间的关系。

（3）环境保护。环境保护是多目标决策的一个重要应用领域。在环境保护中，需要考虑多个目标之间的平衡，如经济发展、资源利用、生态保护等。例如，在制定能源政策时，需要考虑能源供应的稳定性、能源使用的经济性和环保性等多个目标之间的关系。

（4）智能交通管理。智能交通系统需要综合考虑交通安全、交通流量、通行效率、出行时间等多个目标。通过使用多目标决策方法，规划者可以将这些因素转化为数学模型并通过计算和分析来确定最优的路网布局方案，制定最优的交通流量控制策略、智能信号控制方案等，这有助于减少交通拥堵和事故的发生，提高交通效率和安全性。

（5）健康医疗管理。在健康医疗领域，多目标决策可以用于制定个性化的治疗方案和资源分配方案。例如，在癌症治疗中，可以根据患者的具体情况，选择最优的治疗方案，以达到最佳的治疗效果和最小的副作用。

（6）能源和资源管理。在能源和资源管理中，多目标决策可以用于制定最优的资源利用方案和能源转型方案。例如，在可再生能源项目中，可以通过多目标决策方法，选择最优的能源项目和技术方案，以实现能源的可持续发展。

（7）人工智能和机器学习。人工智能和机器学习技术的发展为多目标决策提供了新的工具和方法。通过与机器学习相结合，多目标决策可以用于解决更加复杂和大规模的问题，例如自动驾驶、智能制造等领域的优化和控制问题。

三、求解多目标决策问题

求解多目标决策问题，需要借助多目标规划的思想，多目标规划是数学规划的一个分支，其研究多于一个的目标函数在给定区域上的最优化，又称多目标最优化，通常记为 MOP（Multi－Objective Programming）。

（一）问题模型

任何多目标规划问题，都由两个基本部分组成：

（1）两个以上的目标函数；

（2）若干个约束条件。

对于多目标规划问题，可以将其数学模型一般地描写为如下形式：

$$\boldsymbol{Z} = F(\boldsymbol{X}) = \begin{cases} \max(\min)f_1(\boldsymbol{X}) \\ \max(\min)f_2(\boldsymbol{X}) \\ \cdots \\ \max(\min)f_k(\boldsymbol{X}) \end{cases} \tag{5-1}$$

$$\text{s. t. } \varphi(\boldsymbol{X}) = \begin{cases} \varphi_1(\boldsymbol{X}) \\ \varphi_2(\boldsymbol{X}) \\ \cdots \\ \varphi_m(\boldsymbol{X}) \end{cases} \leqslant \boldsymbol{G} = \begin{cases} g_1 \\ g_2 \\ \cdots \\ g_m \end{cases} \tag{5-2}$$

$$\varphi_i(\boldsymbol{x}) \leqslant g_i, i = 1, 2, \cdots, m$$

其中 $f_i(\boldsymbol{X})$ 表示第 i 个目标函数，$\boldsymbol{X}$ 是决策变量的向量；$\max(\min)$ 表示最大化（最小化）操作；$F(\boldsymbol{X})$ 表示目标函数的向量形式；$\boldsymbol{Z}$ 表示优化的目标，它是所有目标函数 $f_i(\boldsymbol{X})$ 的组合。s. t. 是 "subject to" 的缩写，意为 "受约束于"，用来引入约束条件；$\varphi(\boldsymbol{X})$ 表示约束函数向量，它包含了所有 m 个约束条件；$\boldsymbol{G}$ 表示一个 m 维的常数向量，它与约束函数 $\varphi(\boldsymbol{X})$ 一起定义了约束条件。

缩写形式：

$$\max(\min)\boldsymbol{Z} = F(\boldsymbol{X}) \qquad\qquad (5-3)$$

$$\text{s. t. } \varphi(\boldsymbol{X}) \leqslant \boldsymbol{G} \qquad\qquad (5-4)$$

有 n 个决策变量，k 个目标函数，m 个约束方程，则：

$$\boldsymbol{Z} = F(\boldsymbol{X}) \text{ 是 } k \text{ 维函数向量；}$$

$$\varphi(\boldsymbol{X}) \text{ 是 } m \text{ 维函数向量；}$$

$$\boldsymbol{G} \text{ 是 } m \text{ 维常数向量。}$$

多目标规划问题的求解不能只追求一个目标的最优化（最大或最小），而不顾其他目标，对于上述多目标规划问题，求解就意味着需要做出如下的复合选择：

每一个目标函数取什么值，原问题可以得到最满意的解决？

每一个决策变量取什么值，原问题可以得到最满意的解决？

在此，我们引入对多目标规划的劣解和非劣解的介绍：

在图 5.2 中，$\max(f_1, f_2)$，就方案①和方案②来说，方案①的目标值 f_2 比方案②大，但其目标值 f_1 比方案②小，因此无法确定这两个方案的优与劣。在各个方案之间，显然：方案④比方案①好，方案⑤比方案④好，方案⑥比方案③好，方案⑦比方案③好……对于方案⑤、方案⑥、方案⑦，则无法确定其优劣，而且又没有比它们更好的其他方案，所以它们就被称为多目标规划问题的非劣解或有效解，其余方案都称为劣解。所有非劣解构成的集合称为非劣解集。当目标函数处于冲突状态时，就不会存在使所有目标函数同时达到最大或最小值的最优解，于是我们只能寻求非劣解（又称非支配解或帕累托解）。

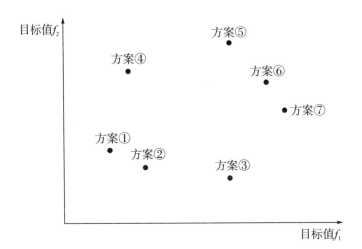

图 5.2　多目标规划的劣解和非劣解

（二）具体方法

求解多目标决策问题的主流方法，其实就像我们在日常生活中做选择时，需要综合考虑多个因素并找到平衡点一样。这些方法帮助我们更科学更系统地权衡各个目标，从而作出更合理的决策。下面，本节将为读者简单介绍几种主流的多目标决策方法。

（1）化多为少法。化多为少法的思路是将多个需要同时考虑的目标合并成一个或两个主要目标，然后针对这个或这些目标进行决策。比如，在购物时，你可能会考虑价格、质量和外观等多个因素。使用单一目标法，你可以将这些因素综合成"性价比"的目标，然后基于这个目标来做出决策。

（2）分层序列法。分层序列法的思路是将多个需要同时考虑的目标的重要性进行排序。首先解决最重要的目标，然后在保证前一个目标满足的条件下，再去解决下一个目标。比如，在选择工作时，我们可能首先考虑的是薪资，其次是工作环境，最后是工作内容。分层序列法即先找到薪资满意的工作，再在这些工作中找到工作环境满意的，最后在这些工作中找到工作内容满意的。

（3）直接求非劣解法。直接求非劣解法的思路是找出多目标决策问题所有可能的解决方案，然后根据预设的评价标准，从中选择一个最满意的解。

这就像在挑选旅行目的地时，我们可能会列出多个备选项，然后综合考虑天气、景点、交通等多个因素，最后选择一个综合评分最高的地方。

（4）目标规划法。目标规划法的思路是先为每个目标设定一个期望值，然后找到最接近这些期望值的解决方案。比如，在规划家庭预算时，我们可能会为食品、住房、娱乐等各项开支分别设定预算目标，然后调整各项开支，使实际支出尽可能接近这些目标。

上述这些方法并不是孤立的，在面对复杂的多目标决策问题的求解时，它们往往需要相互结合使用。在实际应用中，我们可以根据多目标决策问题的具体特点和需求，选择适合的方法进行求解。同时，这些方法也需要结合具体的数据和信息进行分析和计算，以得出更加准确和可靠的决策结果。

总的来说，多目标决策问题就像一场复杂的拼图游戏，我们需要运用各种方法和技巧，将各个目标合理地拼接在一起，形成一幅完整的决策画面。通过这些主流的多目标决策方法，我们可以更加科学、系统地解决这类问题，提高决策的质量和效果。

测试

案例分析

第六章　囚徒困境：纳什均衡与非合作博弈

学习目标

· 理解囚徒困境的意义

· 列举现实中囚徒困境的例子

· 了解博弈论历史上的著名人物

· 了解博弈的基本要素和核心概念

· 了解走出囚徒困境的几种方法

囚徒困境是非合作博弈中一个经典例子，广泛存在于日常生活、国际谈判、市场竞争、军事冲突中。通过本章的学习，读者对于囚徒困境的成因、表现形式，解除方法，以及非合作博弈论的基本知识应有大致的了解。对于现实中人与人、企业与企业、国家与国家之间纷杂的关系，博弈论及囚徒困境的相关理论能够帮助读者更好地看清本质并给出解决之道。

> 要想在现代社会做一个有文化的人，你必须对博弈论有一个大致的了解。
>
> ——［美］保罗·萨缪尔森

你看过电影《前任3：再见前任》吗？

在电影里，韩庚饰演的男主角孟云和于文文饰演的女主角林佳是一对多年的情侣。两人感情笃厚，却因为一点小的矛盾陷于冷战。他们谁也不愿意首先向对方服软，一系列阴差阳错，使两人最终没能有情人终成眷属，令人唏嘘。

如果你是男主角或是女主角，你会怎样做？通过征集，我们得到如下几种回答。

1. 女生 A：当"林佳"，绝对不首先低头！

女生 A 是 95 后，硕士学历，事业单位工作，收入稳定，父亲是公务员，母亲是医生。在父母的支持下，加上自己的积蓄，她在某新一线城市，全款购买了一辆二十万左右的小车，按揭购买了一套 70 平方米的套二，目前有一个恋爱三年的男友。她认为，虽然很爱自己的男朋友，也有结婚的意愿，但是如果出了矛盾对方不肯服软，以后结婚了，更容易起摩擦。爱情虽然重要，但自己的尊严和独立更重要。

2. 女生 B："林佳"是傲气，最后得到了什么？一生的遗憾！

女生 B 是 00 后，二本大学本科毕业，毕业后换过两次工作，目前在某家小企业上班，住在单位的为员工租赁的集体宿舍内，单身。女生 B 自幼丧父，与母亲相依为命。女生 B 认为，只要不是大的、原则性错误，为了一点鸡毛蒜皮的事，实在没有必要与男方闹得鸡飞狗跳，在这种情况下，自己率先说点软话也不会损失什么。她还认为，夫妻没有隔夜的仇，只要相信对方心里有自己，自己主动一点也没有什么，情侣间应该讲情不应该讲理。

3. 男生 C：男人就该有男人的样，大丈夫何患无妻？

男生 C 是一名来自农村的大专生，毕业后留在城市里，做过电话销售、房产中介，目前开了一家代理公司，年收入 50 万左右，已婚。他认为，男人就应该把重心放在事业上，事业有了什么都好说。如果女性希望自己的伴侣更成功，就应该做贤内助，而不是绊脚石。男性打拼事业本来就很累，为一点鸡毛蒜皮的事情，还要费时费力地去哄，去服软，这样的女人不要也罢。他说他的妻子就是一个很安静的人，不像"林佳"那样"作"。

4. 男生 D：如果真的爱她，尊严就不算什么。

男生 D 目前是一名大二的学生。在他的高中时代，父母希望他能全力以赴地学习，对异性交往方面管得很严。时间一久，他看到女生就会脸红，更不要提和女生愉快地交谈了。可是随着年龄的增长，他也有了"少年维特之烦恼"，看着有的男女同学在校园里牵着手，他也希望有一场美丽的校园恋爱。在他的眼里，大多数女生，尤其是面容姣好的女生都是充满柔情的，"林佳"正是他偏好的那一型。他觉得，"林佳"是个好女孩，值得呵护，虽然是有点"作"，但瑕不掩瑜。男生脸皮厚一点，认个错，又如何呢？又不会掉二两肉。四川的"耙耳朵"不是过得挺自在的吗？

在观众看来，只要孟云、林佳两个人各退一步，完全能够避免电影里的结局。但是两人出于自己的"面子"，不肯退让，结果只能是分道扬镳，留给观众无限唏嘘。"孟云"和"林佳"的问题实际上是一个"囚徒困境"。"囚徒困境"是博弈论中的一个经典案例。本章将对博弈的发展历史、基本概念做简单的介绍，较为详细地分析"囚徒困境"出现的原因和带来的后果，并列出若干现实中"囚徒困境"的例子，最后给出破除"囚徒困境"的思路。希望通过这一讲，读者能够对"囚徒困境"有较为深刻的理解，能够识别社会经济和日常生活中形形色色的"囚徒困境"并给出可行的破解方法。

一、个体理性和集体理性

亚当·斯密在其著作《国富论》中有这样的描述，"我们所需要的食物不是出自屠宰业者、酿酒业者、面包业者的恩惠，而是仅仅出自他们自己利益的考虑；我们不要求他们有利他心，只要他们有利己心；我们无需感谢他们的善心，因为这种活动对他们也是有利的"。这些话表明个人理性（利己）会自发地生成社会理性（利他）。看似矛盾的个人理性和社会理性，是被什么力量统一的呢？亚当·斯密把这种神秘的力量称之为"看不见的手"。亚当·斯密的思想成为市场经济制度的基石，被数百年来的自由经济主义者奉为圭臬。

不可否认，依据亚当·斯密思想建立起的市场经济制度在世界范围取得了巨大的成功，但这就能说亚当·斯密的理论是完美的吗？从个体理性到集体理性的自发过程是普遍成立吗？

人类历史一次又一次告诉我们，理论并不是永恒和普遍成立的。随着实践经验的不断丰富，新的认知超出旧理论的边界，这时就需要理论的更新。从"地心说"到"日心说"，从牛顿经典力学到爱因斯坦相对论，无不反映出认知与理论的动态更新过程。1950 年，兰德公司的顾问艾伯特·塔克（Albert Tucker）在向斯坦福大学心理学研究生做的一次关于博弈论介绍的演讲中，提出了著名的囚徒困境问题，该问题对个体理性到集体理性的自发性提出了严重质疑。

二、囚徒困境的模型

囚徒困境问题从提出至今，已经超过 70 年。人们曾在不同的场合，用不尽相同的方式表述这个问题，但是其基本思想都是一致的。

两人因为盗窃被抓进看守所，这里把他们称为囚徒甲和囚徒乙，为防止串供，他们并被分置在不同的房间。警察怀疑他们还犯有更严重的罪行，但没有证据可以证实，除非他们中至少有一个人供认，否则只能以盗窃罪对他们进行判罚。囚徒甲和囚徒乙都有坦白或抵赖两种选择。如果两人都坦白，那么两人将被判入狱 3 年；如果 1 人坦白，1 人抵赖，坦白者将功抵罪立即获释，抵赖者罪加一等，判入狱 5 年；如果两人都选择抵赖，那么警察仅能以盗窃罪判两人半年刑期。这个问题的模型如图 6.1 所示：

		囚徒乙	
		抵赖	坦白
囚徒甲	抵赖	（0.5 年，0.5 年）	（5 年，0 年）
	坦白	（0 年，5 年）	（3 年，3 年）

图 6.1 囚徒困境

显然，符合集体理性的决策是两人同时抵赖。但问题是，结果会是如此吗？我们对两个人分别进行分析，不难想象囚徒甲会进行如下思考：

（1）如果乙选择抵赖，那么我也应该选择坦白，这样的话我就能够马上被放走。

（2）如果乙选择坦白，那么我更应该选择坦白，这样大家都被判3年；否则的话，他被放走，我就得坐5年牢。

基于这样的思考，只要囚徒甲具有个体理性，无论乙做什么选择，他就一定会选择坦白。基于同样的推理，囚徒乙也会选择坦白。这样的话，这个问题最后的结果会是两个人都选择坦白，最后都被判处3年，而图6.1中右上角两人只各被判0.5年的结果显然要好于这个结果。囚徒困境的例子清楚地表明，从个体理性出发做出的决策并不一定导致集体理性。

囚徒困境在现实中的一个例子就是"公地悲剧"。公地悲剧是人们对公共资源掠夺式使用的一个形象比喻，在现实中存在不少这方面的例子。例如，在长江禁渔之前，长江流域的渔业资源未受到严格保护，大家在长江捕鱼并不会受到什么惩罚。在人口较少、捕鱼技术相对落后的年代，每年被捕捞的鱼的数量少于鱼类自身繁殖的速度，尚未触发公地悲剧的条件。随着人口增加和高效捕鱼技术的加持，鱼类繁殖速度赶不上捕捞速度。捕鱼的人明明知道不可竭泽而渔的道理，但由于陷入囚徒困境，所有人都会进行掠夺式的捕捞，电鱼、毒鱼现象屡禁不止，导致长江渔业资源急剧退化。

囚徒困境另一个著名的例子是欧佩克石油定产问题。欧佩克是石油输出国组织的中文简称，是亚、非、拉石油生产国为协调成员国石油政策、反对西方石油垄断资本的剥削和控制而建立的国际组织，1960年在伊拉克首都巴格达成立。欧佩克基本运行机制是通过协调产量稳定石油价格，增加成员国的收益。但是历史上欧佩克成员国之间的产量协定多次被打破。这是因为当欧佩克限定石油产量时，非欧佩克产油国可以扩大生产，占领欧佩克空缺的市场。欧佩克通过限产提升油价的行为实际上是让其他产油国占了便宜。此时，欧佩克成员国陷入囚徒困境，只能纷纷增产，限产协议自然瓦解。

三、博弈论简史

关于博弈论的起源，学界一般认为以1944年冯·诺依曼和摩根斯坦合著的《博弈论和经济行为》出版为标志。该书给出了研究博弈论的一般框架、概念术语和表述方法。然而，当时的博弈论研究还处于发展概念和框架体系的初级阶段，没有形成统一的研究范式，研究者仅限于数学家，研究的对象是少数类型的合作博弈和零和博弈，与经济问题没有什么关系。

现代非合作博弈论的形成应归功于约翰·纳什（John Nash）的两篇经典论文，1950年发表的《n人博弈中的均衡点》和1951年发表的《非合作博弈》。在这两篇论文中，纳什提出了非合作博弈理论中最重要的概念——纳什均衡。纳什均衡的概念和证明纳什均衡存在的纳什定理，将博弈论扩展到非零和博弈，最终成为非合作博弈理论的基石。由于纳什均衡是经典经济学模型古诺模型和伯特兰模型的一般化，因此约翰·纳什的工作大大促进了博弈论从数学界走进经济学界。

图6.2 约翰·纳什（1928—2015）

严谨的数学基础，对经济现象强大的解释能力，吸引了一大批学者投入博弈论的研究中，出现了不少博弈论研究的大师。莱茵哈德·泽尔腾（Reinhard Selten）在1965年发表《一个具有需求惯性的寡头博弈模型》，给出了子博弈精炼均衡的正式定义；1975年发表《扩展式博弈精炼均衡概念的重新考察》，提出著名的"颤抖手均衡"的概念。泽尔腾的工作对于动态博弈的研究具有巨大的推动作用。约翰·海萨尼（John Harsanyi）在

1967 年和 1968 年发表《贝叶斯参与人完成的不完全信息博弈》，提出了一种如何将一个具有不完全信息的博弈转换成一个具有完全（但不完美）信息博弈的方法。通过这种转换方法，不完全信息博弈被转换成一个等价的完全信息博弈，从而可以对原来的不完全信息博弈进行研究。目前，这种名为"海萨尼转换"的方法，已经成为处理不完全信息博弈的标准方法。这样，由于海萨尼的这一篇论文，博弈理论在分析不完全信息博弈时的困难得到了解决，不完全信息博弈被纳入博弈理论的分析框架之中，极大地拓展了博弈理论的分析范围和应用范围。由于在非合作博弈论研究中的杰出工作，纳什、泽尔腾、海萨尼分享了 1994 年的诺贝尔经济学奖。

除了经济领域，博弈论还被应用于社会学领域，分析社会交互作用。在 20 世纪 50 年代美苏核军备竞赛的背景下，托马斯·谢林（Thomas Schelling）的著作《冲突的战略》将博弈论作为统一的分析框架应用于社会学问题，该书首次定义了威慑、强制性威胁与承诺等概念。谢林运用博弈论对核军控、有组织犯罪的控制、种族隔离、环境保护等问题做出了深刻的、富有洞察力的分析。罗伯特·约翰·奥曼（Robert John Aumann）的重复博弈理论已经成为社会科学中分析长期合作关系的普遍理论框架。从相互竞争的企业如何获取更高的价格水平，牧场主如何分配牧场、灌溉系统，到国家参与环保协定、解决领土纷争等等，都成为博弈论的应用领域。谢林和奥曼的工作为经济学和社会学架设了一座桥梁，两人分享了 2005 年的诺贝尔经济学奖，获奖理由是"他们通过对博弈论的分析加深了我们对冲突与合作的理解"。

博弈论在诺贝尔经济学奖的舞台屡有斩获，声名日隆。博弈论的蓬勃发展与时代发展密不可分。现代经济规模越来越大，竞争与合作转换，结盟与分化交织，基于个体理性的决策越来越力不从心，决策主体之间的"博弈性"越来越强。基于博弈视角的决策研究，对于不同类型决策主体的行为具有更好的指导作用。合作与冲突是人类社会的固有因素，随着人类社会的演进，合作与冲突的规模将不断增大，结构日趋复杂，博弈论势必将与人类社会一道，不断走向深化。

四、博弈问题的基本要素

要对博弈论有一个基本的认识，需要了解构成博弈问题的基本要素。

（一）局中人（Players）

局中人（也可称为博弈方）是参与决策的人员，在囚徒困境的问题中，囚徒甲和囚徒乙是两个局中人。需要指出的是，只有在局中人的数量达到两个以上时，一个问题才能被称为博弈；仅有一个局中人的问题是传统的优化问题。不过，如果把"自然"① 看作一个局中人的话，优化问题也可以视为一类特殊的博弈问题。根据局中人数量的多少，可以将博弈分为两人博弈和多人博弈，囚徒困境是典型的两人博弈问题。

由于博弈方之间的关系多样，多人博弈的分析过程比两人博弈复杂得多。《三国演义》中，魏蜀吴之间形成了一个三方博弈。在三国之中，刘备所在的蜀国最为弱小，为什么能与其他两国成鼎立之势呢？我们可以从诸葛亮的《隆中对》中一探究竟。《隆中对》写道："今操已拥百万之众，挟天子而令诸侯，此诚不可与争锋。孙权据有江东，已历三世，国险而民附，贤能为之用，此可以为援而不可图也……若跨有荆、益，保其岩阻，西和诸戎，南抚夷越，外结好孙权，内修政理；天下有变，则命一上将将荆州之军以向宛、洛，将军身率益州之众出于秦川……诚如是，则霸业可成，汉室可兴矣。"诸葛亮制定的基本方略就是占据荆、益，联孙抗曹，实际上孙刘联盟抗拒曹操就是三国的基本格局。蜀国之所以能在魏、吴两个强大邻居的包夹下生存下来，是因为它对于三个国家实力有清醒的认识：魏国最强、吴国次强、蜀国最弱。只有与次强的吴国联合，蜀国才能与魏国抗衡，这几乎是唯一的生存之道。事实上，在孙刘联盟瓦解后，两个国家不可避免地被北方

---

① 在博弈论中，"自然"是一个虚拟参与者，代表在博弈开始前决定参与者类型（如策略或偏好）的随机过程。它使得不完全信息博弈转换为不完美信息博弈，便于分析参与者在不确定性下的策略选择。

吞并。

博弈论对于局中人的能力是有要求的，即所谓理性要求，这是为了保证博弈分析具有可预测性。理性有两个重要的内涵，一是认知理性，即对自己的利益有完全的了解；二是行为理性，即能够完美地计算出何种行为可以最大化其效用。局中人是理性的，并不意味着他就一定是自私的，他可能是敏感的、高尚的、怪异的，理性只是表示局中人有一致的价值体系，并严格遵循这个价值体系行动。如果自以为他人会遵守和自己一样的价值体系，那么预测的结果就会与实际情况有很大的出入。《史记·项羽本纪》中记载项羽用刘邦父亲的性命威胁刘邦，将其父放在砧板上，准备烹了他。按照项羽的价值体系，刘邦应该会低头，没有想到刘邦说"我和你都面朝北方听命于怀王，说过'结为兄弟'的话，我的父亲就是你的父亲，你一定要烹杀自己的父亲，就请分给我一杯肉羹"。刘邦和项羽都是理性的，只是他们的价值体系不一样，这导致了项羽的威胁失败。

通常，每个局中人并不真正了解其他局中人的价值体系，这是现实中许多博弈存在不完全或不对称信息的部分原因。此时，试图了解对方的价值观，并向对方隐藏或传达自己的价值观就成了局中人重要的任务。

（二）策略（Strategies）

策略是博弈方可以选择的行为或经济活动的水平、量值等。在囚徒困境的例子中，坦白和抵赖是两个囚徒策略。在著名的田忌赛马故事中，田忌和齐王对上、中、下3个等级的马出场顺序排序，可以得到6种不同策略。在关于产量决策的古诺模型中，理论上的双方的决策变量是连续的，策略数量是无穷多个。

无论是囚徒困境还是田忌赛马，局中人的策略都是"对称"的，即策略的内容和数量都是相同的。在实际问题中，"策略"不对称的情况大量存在。例如，一件商品，卖家的策略是高报价、中报价和低报价，买方的策略则有接受和不接受两种。还有可能出现一方策略数量是有限个，另一方有无限策略的情形，例如，在商品买卖中，卖方的报价可以有无限多种，买方却只能选择接受或不接受。

如果局中人的策略数量是有限的，称为策略有限博弈，相应的博弈问题可以用矩阵法、扩展形或直接罗列法给出；如果局中人的策略数量是无限的，称为策略无限博弈，相应的博弈问题只能用数集或函数式表示。这两类博弈问题的分析方法有所差异。

在一般的决策问题中，决策者面对的外部环境是固定的，他只需要在可行范围内寻找最优，决策的结果仅仅依赖于决策者自身。而在博弈问题中，有一个称为"策略相关性"的重要特性。所谓策略相关性，指的是局中人单独的策略不能决定博弈的结果，博弈的结果取决于所有局中人的策略构成的策略组合。如果在一个问题中，虽然有多个参与人，但每个人的决策并不具有"策略相关性"，那么这个问题就不是博弈问题。例如，在田径比赛中，虽然参与的选手者众多，但是每一位选手只需要跑得更快、跳得更远，并不需要考虑其他人的反应，此时，它并不能成为一个博弈问题。较为弱小的局中人可以借助博弈的策略依赖的特点，在强敌面前求得生存的空间。

三人决斗

为荣誉和尊严而进行决斗在近代欧洲十分盛行，法国数学家伽罗瓦、俄国文学家普希金都死于决斗。假定有一场3人参加的决斗，每人有两颗子弹，每次可以发射一颗。参加决斗的3人A、B和C单次射中概率分别为0.3、0.8和1.0。为公平起见，由枪法最差的A最先开枪，B其次，最后由C开枪。每人可选择向他人开枪，也可以选择朝天开空枪。任何人被射中即死亡，死者不能再开枪。在这样一场三方博弈中，A应该选择怎样的策略？

假若A选择朝天开空枪，接下来B必定选择向C开枪（否则轮到C开枪，C一定会射B）。如果B杀死了C，A将对B射击，如未能杀死B，B将最后向A射击。这种情况下A存活的概率为0.8×（0.3+0.7×0.2）=0.352。如果B未能杀死C，C会选向枪法较好的B开枪，B必死。然后A朝C射击，未中A则必死。这种情况下，A存活的概率为（1-0.8）×0.3=0.06。因此，A选择朝天开空枪的存活概率为0.412。决斗过程如图6.3所示：

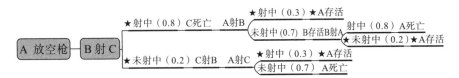

图 6.3　朝天开空枪

假若 A 选择朝 B 开枪，如果射中，A 自己在下一轮射击中必然被 C 杀死；如果未射中，相当于开空枪，接下来的情形上一段已经描述清楚。此时，A 的存活概率为 $(1-0.3) \times 0.412 = 0.2884$。决斗过程如图 6.4 所示：

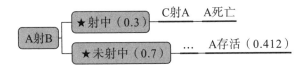

图 6.4　朝 B 射击

假若 A 选择朝 C 开枪，如果射中，接下来有 80% 的可能被 B 杀死；如果未能射中，那么相当于放空枪，其后情形同上。如果 A 没有被 B 杀死，那么 A 将射 B，如果射中，A 存活；如果未射中，A 有 0.8 的概率被杀死。因此，A 的存活概率为 $0.3 \times 0.2 \times (0.3 + 0.7 \times 0.2) + 0.7 \times 0.412 = 0.3148$。决斗过程如图 6.5 所示：

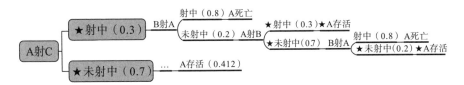

图 6.5　朝 C 射击

通过上面的分析，可以看出朝天开空枪是 A 最优的选择。作为最弱者，A 选择朝天开空枪，获得超过 40% 的存活率，而实力最强的 C 仅有大约 14% 的存活率。这个例子告诉我们：在多方博弈面前，弱者能够通过选择合适的策略，获得比强者更好的收益。这就是弱者生存之道的智慧。

（三）支付（Payoffs）

支付（也称为得益）是指局中人从博弈中得到的利益，它依赖于局中人采取策略构成的策略组合，是局中人选择策略的主要依据。支付有多种表现形式，可能是实际的货币收入，也可能是量化后的主观效用。支付可以是正值（表示收益），也可以是负值（表示损失）。对特定的策略组合，将所有局中人的支付加总，得到该策略组合的总支付，总支付的值可以用于表征该策略组合的效率。

如果某个博弈，所有的策略组合总支付的值均为 0，那么这类博弈被称为"零和博弈"。在零和博弈中，局中人要利己必须损人，赢者的收益来自输者的损失，局中人的利益完全对立，无法和平相处，两人零和博弈也因此被称为"严格竞争博弈"。零和博弈的支付矩阵表示如图 6.6 所示：

		局中人 2	
		策略 3	策略 4
局中人 1	策略 1	(a，−a)	(b，−b)
	策略 2	(c，−c)	(d，−d)

图 6.6　零和博弈的支付矩阵

零和博弈广泛存在于竞争性活动中，例如田忌赛马。在世界杯足球赛上，淘汰阶段的比赛可以看成零和博弈，因为对阵双方必须比出胜负，而小组赛则未必如此。两人零和竞争可以使用线性规划的方法进行求解。

如果博弈中任意一个组合策略，局中人的支付加总是常数，那么这样的博弈被称为常和博弈。零和博弈可以看成特殊的常和博弈。常和博弈的总支付可以是正值也可以是负值，不管哪种类型，局中人之间都是处于竞争状态，不同的是，正常和博弈中局中人都是为了争夺更大的利益，负常和博弈中局中人都是为了避免更大的损失。科研基金项目的竞争、工作时间的分配等等，都是正常和博弈。由于存在局中人均能获得利益的情形，正常和博弈中局中人对抗程度不如零和博弈激烈，局中人存在和平相处的可能。

如果博弈结果的总支付与策略组合相关，不同的策略组合产生不同总支付，这样的博弈被称为变和博弈。囚徒困境就是一种变和博弈。变和博弈可能是"双输"，也可能是"双赢"，局中人存在相互协调以争取更大总体利益和个人利益的可能。对于变和博弈，可以根据总支付，对其进行效率评价。

除了以上三个基本要素外，还可以定义博弈过程、博弈信息结构、博弈方式等概念，根据这些定义，可以对博弈问题进行更为细致的类型划分。

五、纳什均衡

囚徒困境是一种典型的非合作博弈，所谓非合作是指局中人从利己的角度进行决策。在两人博弈的情况下，双方都愿意接受的结果应该满足"给定你的策略，我的策略是最好的，给定我的策略，你的策略对于你也是最好的"这样的条件。只有满足这种条件，局中人才没有改变当前策略的意愿，因而策略才是稳定的。否则，至少一个局中人会改变当前策略，使得原有策略组合被破坏。具有这样性质的策略组合正是非合作博弈理论中最重要的一个概念——纳什均衡。

（一）纳什均衡的定义

在一个小镇上有两个农场，分别由小李和小张经营。他们都种植玉米和小麦。但每年他们都必须决定种植玉米和小麦的比例，种植比例会直接影响他们的收入。小李知道，如果他的玉米种得多而小张的小麦种得多，他的玉米就会卖得更好。如果两个人都选择多种玉米，那么市场上将会出现玉米供应过剩，小李的收入就会减少。小张也有同样的考虑。纳什均衡就是：当小李和小张都已经选择了最好的种植比例后，任何一方改变自己的比例都不会使自己的收入更高。所以，纳什均衡就是在彼此的最佳选择下，小李和小张都不愿意改变自己的策略。

根据上面的定义，面对纳什均衡，每个局中人都没有单独改变自己策略的意愿，因为一旦自己单独改变策略，支付将更少。在囚徒困境中，（坦白，坦白）是唯一的纳什均衡。

纳什均衡有一个性质，即可以"自我实施"（self-enforcement），也是说在没有外部协议时，局中人都会选择纳什均衡所对应的策略。如果把策略组合看成一个协议，在别人遵守某个协议的情况下，自己没有积极性去破坏这个协议，这样的协议就是一个纳什均衡。假如有甲乙两人准备签协议，甲有 3 种策略：A1，A2 和 A3，乙也有 3 种策略：B1，B2 和 B3，每一个策略组合可以看成是一种协议，支付表如图 6.7 所示：

		乙	
	B1	B2	B3
A1	(100, 100)	(0, 0)	(50, 100)
A2	(50, 0)	(1, 1)	(60, 0)
A3	(0, 300)	(0, 0)	(200, 200)

甲

图 6.7　协议的自我实施

在上述 9 个协议中，只有（A2，B2）是可以自我实施的。事实上，当甲选择 A2 时，乙选择 B2 是最好的；而当乙选择 B2 时，A2 是甲最好的选择。对于甲乙而言，他们没有理由认为对方会违背这样的协议，这样协议在没有外部干扰的情况下"自我实施"了，（A2，B2）就是一个纳什均衡。其他的策略组合不具备"自我实施"的性质。以（A1，B1）为例，虽然当乙选 B1 时，甲选 A1 是最好的，但是当甲选 A1 时，乙最好选 B3。此时乙有破坏协议的意愿，这样的协议不可能"自我实施"。

（二）纯策略纳什均衡的存在性

如果局中人在博弈中选择一个策略，那么称他使用纯策略，前面定义的纳什均衡是纯策略意义下的。纯策略意义下的纳什均衡的存在性有三种情形：唯一、不存在和多重。

1. 唯一纳什均衡

囚徒困境中的（坦白，坦白）是唯一的纳什均衡。下面再举一个存在唯一纳什均衡的例子。考虑两个局中人的博弈，局中人 1 有"上"和"下"两种选择，局中人 1 有"左""中"和"右"三种策略，博弈的支付表如图 6.8 所示：

局中人 2

		左	中	右
局中人 1	上	(1, 0)	(1, 3)	(0, 1)
	下	(0, 4)	(0, 2)	(2, 0)

图 6.8　唯一纳什均衡

对于局中人 1 而言：局中人 2 选择"左"时他应该选"上"；局中人 2 选择"中"时他应该选"上"；局中人 3 选择"右"时他应该选"下"。而对于局中人 2 而言：局中人 1 选择"上"时他应该选"中"；局中人 2 选择"下"时他应该选"左"。因此，局中人 1 选择"上"，局中人 2 选"中"，是对对方策略的最佳反映，是唯一的纳什均衡，是博弈最可能出现的结果。

2. 不存在纳什均衡

猜硬币是一个古老的游戏。一个人用手盖住一枚硬币，由另一方猜正反面。猜对则猜者赢 1 元，对方输 1 元；猜错则猜者输 1 元，对方赢 1 元。这个博弈问题的支付表如图 6.9 所示：

猜硬币者

		正面	反面
盖硬币者	正面	(−1, 1)	(1, −1)
	反面	(1, −1)	(−1, 1)

图 6.9　猜硬币博弈

如果盖硬币者盖住正面，猜硬币者最优策略是猜正面；如果盖硬币者盖住反面，猜硬币者最优策略是猜反面。反之，如果猜硬币者猜正面，盖硬币者最优策略是盖住反面；如果猜硬币者猜反面，盖硬币者最优策略是盖住正面。没有任何一个策略组合是稳定的，对于任何一个策略组合，总有一方会有改变的意愿，即不存在纳什均衡。对于不存在纳什均衡的情形，无法预测博弈结果。事实上，所有的零和博弈都不存在纯策略意义下的纳什均衡。

3. 多重纳什均衡

"性别战争"（Battle of Sexes）是存在多重纳什均衡的一个典型例子。

一对夫妻计划周末的活动，丈夫想去看足球赛，而妻子想看时装秀。由于双方不愿分开行动，他们决定投票决定周末做什么。若两人都选择看时装秀，妻子的效用是 2，丈夫的效用是 1；若两人都选择看足球赛，妻子的效用是 1，丈夫的效用是 3；若两人选择不一致，则他们只能待在家里，两人的效用都为 0。该问题的支付矩阵如图 6.10 所示：

丈夫

妻子		时装秀	足球赛
	时装秀	(2, 1)	(0, 0)
	足球赛	(0, 0)	(1, 3)

图 6.10　性别战争

当妻子选择看时装秀时，丈夫也应该选择看时装秀，否则他的效用将从 1 变成 0；当妻子选择看足球赛时，丈夫自然也应该选择看足球赛，他能够获得最大效用 3。当丈夫选择看足球赛时，妻子也应该选择看足球赛，否则她的效用将从 1 变成 0；当丈夫选择看时装秀时，妻子自然也应该选择看时装秀，她能够获得最大效用 2。因此，（时装秀，时装秀）和（足球赛，足球赛）是两个纳什均衡。至于究竟会出现哪个纳什均衡，在现有信息下无法预测。

六、走出囚徒困境的方法

从表面上看，囚徒困境是由于个人理性与集体（社会）理性的不一致所导致的。更本质地看，囚徒困境是个人成本小于社会成本造成的。科斯 1960 年在《法律与经济学杂志》上发表《社会成本问题》一文，其中的观点为囚徒困境提供了一个很好的解释：当个人成本小于社会成本，也就是个人行为存在负外部性时，囚徒困境一定发生。换句话说，当某个局中人出于一己私利，单方面做出改变以期望获得更多的收益，由此对其他人造成损失时，该局中人的个人收益小于他人的损失，由此就产生了负外部性。由于负外部性的存在，如果受损方无法从收益方那里得到足够的补偿，那么受损方就只好也选择损人利己，由此造成所有人陷入囚徒困境。

在囚徒困境的原型中，两个囚徒都知道（抵赖，抵赖）对他们是最好的选择，但是任何一方都有改变选择的冲动，因为他们知道在对方抵赖的前提下，自己坦白，自己的收益就少了 0.5 年。但是这样做的后果就是让对方多坐 5 年牢，将两个人看作一个集体，那么这个此时集体的收益是多坐 4.5 年牢，负外部性生成。

明白了囚徒困境的本质，我们将囚徒困境原型的支付表中的数据做一些修改，使得社会成本小于个人成本，也即实现正外部性，就可以自然地解除囚徒困境。假定警方有能力查出囚徒的犯罪事实，并且执行"抗拒从严、坦白从宽"政策，此时的支付表如图 6.11 所示：

		囚徒乙	
		抵赖	坦白
囚徒甲	抵赖	（3 年，3 年）	（5 年，0 年）
	坦白	（0 年，5 年）	（0.5 年，0.5 年）

图 6.11　走出囚徒困境

从策略组合（抵赖，抵赖）出发，如果囚徒甲不再抵赖，选择坦白，他的刑期将减少 3 年，而对方的刑期只增加 2 年，博弈具有正外部性。每个人出于自己的利益选择坦白，最终会形成（坦白，坦白）的策略组合，该策略组合显然好于（抵赖，抵赖）的策略组合，符合改变策略的初衷，每一个人都走出了囚徒困境。

由于囚徒困境的发生本质在于个人行为的负外部性，如果能够抑制这种负外部性，避免局中人做出损人利己的选择，囚徒困境便迎刃而解。基于这一思路，人们在理论和实践层面为解除囚徒困境提出了不少方法，本书介绍制度设计和道德教化两类方法。

（一）制度设计

制度设计是从外部对局中人施加影响，使得其负外部性内部化，局中人若选择损人，则必然损己。这里主要介绍三种制度设计：重复博弈、奖惩和领导。

1. 重复博弈

在囚徒困境的原型中，囚徒甲和囚徒乙都会选择出卖对方，在一次性博弈中，这种选择是合理的，但是在重复博弈中就不一样了。如果局中人出于某种共同的信念，希望与对方建立长久的关系，那么他就不应该采取损人利己的行为，因为一旦事情败露，对方很有可能采取"以牙还牙"的报复行为，一时占便宜，长久吃大亏。

2. 奖惩

外部奖惩可以改变支付表中的数值，进而改变局中人的决策策略选择。例如，在囚徒困境的原型中，如果告密者会受到"黑帮"的唾弃，甚至家人也会因此受到牵连；而为对方扛罪的人，则会受到"黑帮"的赏识，家人会受到一定的照顾。这个时候，坦白具有了负外部性，而抵赖反而有了正外部性。在公地悲剧的例子中，如果能够对多养羊者罚款，对少养羊者给予一定的补贴，能够在一定程度上改善所有养羊人的福利水平。

3. 领导

在囚徒困境的原型中，两个囚徒可能受到的刑罚是对称的。如果局中人之间支付相差很大，则把支付大的一方称为领导。如果领导和其他局中人一样基于私利做选择，囚徒困境会让他损失很大。如果他退一步，自己做出部分牺牲，将部分利益让渡给其他局中人，跳出囚徒困境，其结果反而更好，这背后的原因，就是著名的"搭便车"现象。北约的存在对于美国维护全球霸权十分重要，但在费用分担问题上，各成员国都希望自己少缴，但这样的后果就是北约将缺乏足够的资金支持，其运行效率将大打折扣。为了避免北约解散，作为北约"领导"的美国不得不承担更多的费用，当然这样的局部的牺牲从整体来看是对美国有益的。

（二）教育宣传

如果说制度设计是利用外部力量将负外部性内部化，那么道德教化就是通过改变局中人的理性模式来改变支付结构，消除原有的负外部性。

在治理环境污染问题上，可以通过宣传教育，增强人们的环保意识，让人们自觉保护环境。随着环保意识的提升，当人们面临"是否要排污"的决策时，破坏环境的愧疚感会降低排污带来的收益。当环保意识足够强时，破坏环境的行为将消失。与外部奖惩手段相比，通过宣传教育提高人们环保意识从而达到保护环境的目的，具有成本低、效果长的特点。但是人们的环保意识不是短期就能培养起来的，要综合使用内外部两种力量，才能达到合意的效果。

（三）利用囚徒困境

对于局中人而言，囚徒困境不是合意的，但是局外人可以从他人设计的囚徒困境中获益。

1. 药品集采降低药价

解决看病难、看病贵是人民群众长期以来的呼声，药品价格高企是实现高效看病就医的一大阻碍。2019 年 11 月 20 日，时任国务院总理李克强主持召开国务院常务会议，部署深化医药卫生体制改革，进一步推进药品集中采购和使用，更好服务群众看病就医。目前国家组织了 8 次药品集采，共计降低药品耗材负担 3000 亿元左右。以第三次集采为例，该次采购共有 189 家企业参加，产生拟中选企业 125 家，拟中选产品 191 个，拟中选产品平均降价 53%，最高降幅 95%。从药品种类来看，拟纳入 56 个品种、涉及 300 多个品规，治疗疾病种类涉及恶性肿瘤、高血压、糖尿病、精神类疾病等。

药品集采就是国家代表人民利益，利用行政手段对药企设计囚徒困境，让他们相互竞争。从药企的角度看，激烈的竞争对他们是不利的，但作为局外人的人民群众却能从中收益。

2. 汉武帝的算缗①告缗政策掠夺民财

作为中国历史上最出名的皇帝之一，汉武帝刘彻的主要"武功"在于与匈奴的作战。任何时代，战争都是耗费巨大的活动，文景之治的遗产不足以支持对匈奴的长期战争。汉武帝根据御史大夫张汤和侍中桑弘羊的建议，颁

———————————

① 算缗（mín）：算缗是汉武帝时国家向商人征收的一种财产税。

布了打击富商大贾的算缗令和告缗令。算缗令是财产申报和公开制度，告缗令是财产检举制度，《史记·平准书》对此进行了较为详细的记载。算缗告缗政策实际上就是汉武帝对商人富贾设局，让他们相互检举，使其陷入囚徒困境，以实现财富从民间向政府转移的目的。这两项政策为汉武帝的内外功业提供了物质上的保证，起到了加强专制主义中央集权制度的作用。与此同时，大量家庭破产，进而导致了严重的社会危机。

测试

案例分析

第四篇

行为运筹

第七章 决策心理：从圣彼得堡悖论说起

学习目标

· 理解期望效用理论
· 了解多种启发式决策心理及其导致的偏差
· 理解前景理论
· 了解几种群体心理

决策心理是心理学的一个重要分支，它主要研究人类在面对各种情境时如何做出决策。决策心理涉及我们如何根据信息、经验和情境来做出最优的决策，它可以帮助我们更好地理解人类行为的内在机制和影响因素。通过深入了解决策心理的原理和机制，我们可以更好地应对各种复杂和不确定的情境，提高我们的决策质量和准确性。同时，决策心理的研究也可以为企业管理、市场营销、金融投资等领域提供重要的理论和实践指导。

偏差并不是缺陷，而是某种"资产"。自然选择偏爱的是那些乐观、进取和敢冒风险的人，而不是那些胆小、保守和谨小慎微的人。

——［法］奥利维耶·西博尼

一、期望效用理论

1947 年，约翰·冯·诺依曼和奥斯卡·摩根斯坦提出了一个后来成为经典的规范决策模型：期望效用理论，在正式介绍它的具体内容之前，我们先来看看它是如何发展来的，这还得从一个游戏说起。

（一）圣彼得堡悖论

假设有一枚硬币，抛掷时其正面朝上和反面朝上的概率均为 0.5。游戏规定你可以连续抛掷它，直至抛出正面朝上为止。如果第一次抛掷就出现正面向上，你可获得 2 元钱（2 的 1 次方）。如果第一次反面向上，第二次才是正面向上，那么你可获得 4 元钱（2 的 2 次方）。以此类推，若第 n 次才出现正面向上，你可获得 2 的 n 次方元钱。请问，你愿意花多少钱玩这个游戏？

这是尼古拉斯·伯努利（Nicolas Bernoulli）于 1713 年提出的一个非常有意思的决策问题，被称为"圣彼得堡悖论"（St. Petersburg Paradox）。现在，让我们来计算一下这个游戏的平均收益（也就是期望值）。期望值的计算方法是把所有可能结果的收益乘以对应的概率，然后加在一起。但是，在这个游戏中，因为可能结果的数量是无限的，所以可能的收益也是无限的。这意味着，按照数学计算，这个游戏的期望值应该是无限大！

也就是说，如果你希望以最大化期望收益的规则来决策，你应该愿意支付任何价格来玩这个游戏。而这似乎看上去并不合理，实际上甚至很难找到愿意掏 10 元钱来参加这一赌局的人。这是为什么呢？直观的解释是，因为无穷大期望收益中的绝大部分来自极小概率的发生。这表明决策者在进行风险下的决策时，不会只考虑不确定性结果的数学期望这个因素。那么该用什么理论来描述或解释这个游戏里人们实际的决策心理呢？

（二）期望效用理论的提出

1738 年，尼古拉斯·伯努利的堂弟丹尼尔·伯努利（Daniel Bernoulli）提出期望效用原则对圣彼得堡悖论进行了解释。丹尼尔·伯努利观察发现，穷人获得 1000 达克特比富人获得 1000 达克特表现得更加快乐，表明穷人从同样数额的金币中获得的效用更大。因此，丹尼尔·伯努利认为，随着财富的增加，人们对其所拥有的财富的效用值的增长会逐渐减缓。

假设人们对该游戏的收益的效用是对数效用，也就是说，如果第 1 次抛掷就出现正面向上，你对可获得 2 元的效用为 2 的对数。以此类推，若第 n

次才出现正面向上，你对获得 2 的 n 次方元钱的效用为 2 的 n 次方的对数。通过计算期望得到该游戏的期望效用约为 0.602。

计算结果表明，该游戏的对数期望效用是很低的。丹尼尔·伯努利成功解释了"圣彼得堡悖论"。尽管其他学者对"丹尼尔·伯努利提出使用期望效用原则来解决了'圣彼得堡悖论'"还存在一定的争议，但是这种边际效用递减理论为之后的行为选择理论发展奠定了坚实的基础。其中最为著名的行为选择理论便是期望效用理论，它由冯·诺依曼和摩根斯坦于 1947 年对期望效用原则进行了公理化研究后正式提出。期望效用理论为公理化决策提供了一套明确的基本假设和方法，它通常包含以下 6 条原则：

（1）偏好有序性。假设理性的决策者对一组备选方案中的任意两个方案的成对比较偏好，结果要么是偏好其中一个，要么是觉得两个方案之间无差异。

（2）偏好占优性。假设多准则决策时，若完全理性的决策者在两两比较中觉得 A 方案被 B 方案强占优或者弱占优，则在最后的决策结果中不应该出现他选择了 A 方案而不是 B 方案的情况。例如，若 B 汽车在外观、成本和油耗方面都比 A 汽车更好，那么 A 汽车被 B 汽车强占优。若 B 汽车的油耗比 A 汽车高，而成本和外观与 A 汽车相当，那么 A 汽车被 B 汽车弱占优。在两种情形下理性决策者都不应该选择 A 汽车而放弃 B 汽车。

（3）偏好相消性。假设两个备选方案在某些准则下对决策者具有完全相同的效用，那么理性决策者在成对比较时应当消除这些准则下的无差异偏好对总体偏好选择的影响。也就是说备选方案在某些准则下的无差异偏好应该相互抵消。

（4）偏好传递性。假设理性决策者在比较 A 方案与 B 方案时更偏好于 A 方案，在 B 方案与 C 方案比较时更偏好于 B 方案，那么该决策者在 A 方案和 C 方案比较时应当更偏好于 A 方案，以保证理性决策者的偏好传递性。

（5）偏好恒定性。假设理性决策者的偏好不会受到备选方案不同呈现方式的影响。例如，当面对一个复合决策（两阶段的彩票，每一阶段的中奖概率为 50%，如果两阶段都中奖将得到 100 元）和一个简单的决策（一次性彩票，有 25％的概率赢得 100 元）时，理性决策者会认为它们是无差异的，因为它们只是同一个方案的不同呈现方式。

（6）偏好连续性。假设理性决策者在面对一组不确定结果时，若以非常大的概率出现最好的结果，理性的决策者应该总是会在最好结果和最坏结果中选择一个，而不是选择一个确定的中间结果。例如，假设完全财务损失的概率是 10^{18} 分之一，那么一个理性决策者肯定会在偏好 100 元和完全财务损失中选择一个，而不是选择一个确定的 10 元收益。

以上公理化决策的基本假设是期望效用理论的基石，因为冯·诺依曼和摩根斯坦在数学上已经证明了只有遵循这些原则，期望效用才能达到最大化。更有用的是，通过比较期望效用理论的数学预测与决策者的真实行为，当发现现实决策行为违反了某个原则时，通常可以对这个理论进行一定的修正，从而实现理论发展。

（三）对期望效用理论的挑战

但是在之后的研究中，许多学者发现，听起来好像合理的期望效用理论的原则在很多现实的决策情形下会被决策者违背，甚至在有些情况下违背该理论似乎才是理性的。比如，通过违背偏好相消性原则的就有了著名的阿莱悖论。

假设你面临下面的选择，你必须在选项 A 和选项 B 之间选择。

选项 A：100％的概率你可以获得 100 万美元；

选项 B：你有 10％的概率可以获得 250 万美元，有 89％的概率获得 100 万美元，有 1％的概率什么都得不到。

你会选择 A 还是 B？接着看，第二种情况下，你必须在选项 C 和选项 D 之间抉择。

选项 C：有 11％的概率可以得到 100 万美元，有 89％的概率什么都得不到；

选项 D：有 10％的概率可以得到 250 万美元，有 90％的概率什么都得不到。

此时你偏好选项 C 还是选项 D？

针对第一种情况，实验结果表明，大多数的人都选择了选项 A，尽管通过期望公式计算得到选项 B 的期望值为 114 万美元，这要大于选项 A 中确定结果的期望值 100 万美元。也就是说，大部分的人仍然满足于获得确定的 100 万美元。

针对第二种情况，实验结果表明，大多数人都选择了选项 D。也许他们是这样推理的：10％与 11％的概率差别并不大，所以在 11％的概率获得 100 万美元和 10％的概率获得 250 万美元时选择了后者。此外，通过计算期望收益可知：选项 D 的期望值 25 万美元是选项 C 的期望值 11 万美元的两倍多。

不幸的是，上述这种反映模式与期望效用理论并不一致。它违反了期望效用理论的偏好相消性原则。因为按期望效用理论，在第一种情况下选择 A 的人在第二种情况下也应该选择 A。上面描述的现象被称为"阿莱悖论"。

如果决策者违背了期望效用理论中的某些原则，那么是否意味着这些决策者在决策中的行为表现是不理性的呢？研究表明答案是否定的，因为这些决策者在决策中的行为表现很可能是由于他们认为，与遵循这些理性原则的成本相比，犯错误的成本更小。

二、启发式与偏差

当人们面临一个复杂的判断或决策问题时，由于信息的不完全性，人们常用捷径和启发式来做出决策。多数情况下，根据启发式原则得到的解决方案是合理的，可能会非常接近"最优"方案。但是在某些情况下，特别是在原来的领域之外时，启发式可能产生某些可预测的偏差和不一致。本节将讨论常见的启发式和偏差。首先引入经典的三门问题，这是一个概率问题，它出自美国的一档电视游戏节目"Let's Make a Deal"，曾经引起了人们广泛的兴趣和讨论。

假如有这样一个游戏设定。你可以在三扇不同的门（已知其中一扇门的背后是一辆轿车，而另两扇门后面是山羊，且你想要获得轿车）中选择其中一扇打开它，并获得该门后藏着的礼物。若此时你已经选择了1号门但还未打开，而主持人知道每扇门后面藏着什么，他打开了3号门，后面是一只山羊。然后主持人问你：你想放弃1号门而选择2号门吗？请问这个时候你听从建议改变选择会使获得轿车的概率增大吗？请先给出你的答案再继续往下阅读。

也许你认为主持人在打开3号门发现藏着的是山羊以后，轿车藏在1号和2号门背后的概率是一样的，因此改变选择不会使获得轿车的概率增大。然而，理性的决策者会让你重新选择2号门而放弃1号门。理由如下：当你从三扇门中选择了1号门后，你就有1/3的机会得到轿车，而有2/3的机会得到山羊。但是要考虑主持人随后上台来给你提供的线索及背后隐藏的这样的选择"如果轿车在2号门后面，他就会选择3号门来给你看；而如果轿车在3号门后面，他就会选择2号门来给你看"。因此，如果轿车是在2号门或者3号门的后面，你只要改变你的决定，你就可以获得它。但是，如果你坚持选择1号门，那只有轿车在1号门后面时你才能够获得轿车。三门问题的答案说明有时直觉或者说启发式并不可靠。

概率和风险在我们的日常生活中无处不在，然而在不确定条件下，有很多不同的启发式会影响人们对概率和风险的判断，从而导致偏差。

（一）代表性启发式

代表性启发式刻画的是一种经验法则，指现实中的决策者通常会根据"事件A在多大程度上能够代表事件B，或者说是事件A在多大程度上与事件B相似"这一经验直觉来偏好事件A发生的可能性。

假设你有这样一段决策信息：琳达是一位31岁的单身女性，她性格开朗坦率直言。她所学专业是哲学，且上大学时热衷关注社会歧视和公正问题，同时参加了反对核武器的活动。请你根据上述的决策信息从下述两个选项中选出最可能的一项：

选项A. 她是一名银行出纳员；

选项B. 她是一名银行出纳员，同时是一名活跃的女权主义者。

一项有86个人参与回答上述问题的研究结果表明：90％的人选择选项B

而不是选项 A。也许你也这样认为，但是这样的行为选择违反了概率的基本原理。两个独立事件（"银行出纳员"和"女权主义者"）同时发生的概率不可能高于单个事件发生的概率（例如银行出纳员）。研究者特韦尔斯基和卡尼曼将上述这种现象称为"合取谬误"（Conjunction Fallacy）。这个例子说明了人们在决策时可能会使用代表性启发式。

为了避免代表性启发式判断可能引起的偏见，以下是一些提高决策和判断技巧的方法：①记住不要被过于专注于细节的情境所迷惑。细节化情境的特殊性可能使整个情境看起来更具代表性，但同时也减少了其发生的可能性。②谨记偶然性不具备自我纠正的特性。一连串的不幸事件只是一连串的不幸事件，它并不意味着相应的好运势必会到来，也不意味着事物会永远如一。

（二）易得性启发式

易得性启发式指的是决策者倾向于偏好那些容易回忆起的事件，或者给予那些容易回忆起的事件更高的概率。通常情况下，易得性启发式可以相对准确地帮助我们估计某事件发生的频率或概率。然而，在一些特殊情况下，它可能导致很大的偏差。

在所有不少于 3 个字母组成的英语词汇中，你认为以字母 K 开头的单词和以 K 为第三个字母的单词相比，哪一种情形下的单词数量更多？

在一个包含 152 人的实验中，有 105 人认为以字母 K 开头的单词数量更多。然而，通过进行统计分析，发现以第三个字母为 K 的单词数量实际上是以 K 开头的单词数量的近两倍。研究结果表明，人们更容易列举以 K 开头的英文单词，而相对难以列举以第三个字母为 K 的英文单词。这导致了大多数人高估了以 K 开头的英文单词的数量，从而产生了判断上的偏差。

还有另一个例子，请仔细观察图 7.1 中的结构 A 和结构 B。结构 A 有 3 行，结构 B 有 9 行。在结构 A 或结构 B 中，每一行选择一个"X"，将它们连接起来成一个通路（图中已经给出一条通路的示例）。那么请问，结构 A 中的通路数量多一些还是结构 B 中的通路数量多一点？结构 A 和结构 B 分别包含多少条通路？请给出你的答案。

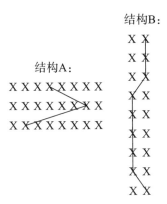

图 7.1　两种用于连线的结构

针对这个问题的研究结果是，85%的受访者都认为结构 A 包含的通路比 B 多。他们估计的通路中位数分别为：结构 A 有通路 40 条，结构 B 有通路 18 条。研究结果表明：大多数人都更加容易在结构 A 中找到贯穿所有 X 的通路，因此他们都猜测结构 A 中包含的通路比结构 B 中包含的通路多。然而通过计算发现，结构 A 中包含的通路有 8×8×8＝512 条，结构 B 中包含的通路有 2×2×2×2×2×2×2×2×2＝512 条。它们包含的通路一样多。

这说明决策时决策者可能偏好在视觉上更加容易被辨认的结果，此时这种易得性启发式就可能会导致偏差。

克服易得性偏差并不容易。一个建议是不要过分依赖于你的简单记忆来获取信息和做出判断。例如，企业老板在考核员工时，应当避免过分关注员工最近都做了些什么而忽略考核期内的整体表现。使用定期更新的员工表现记录就能很好地避免使用这种易得性启发式进行判断。此外，若决策者经常看媒体对特定事件如跑步突发死亡等突发性事件的报道，就会认为这些事件经常发生，虽然事实上可能并非如此。

（三）框架效应

人们在不断认识事物时会形成某种特定的心理结构或看待事物的框架。沟通交流所使用的语言工具也会塑造一定的框架，通过改变语言措辞，能够改变人们看待和理解事物的方式。

请分别对下面两种情景中描述的防控方案进行决策。

设想情景一：某地爆发了一种罕见疾病，可能导致 600 人死亡。为了应对这种情况，该国制定了两种防控方案，称为 A 方案和 B 方案，并对它们的效果进行了科学估算：如果采用 A 方案，有可能使 200 人生还。而如果选择 B 方案，有 1/3 的机会让全部 600 人生还，但也有 2/3 的机会导致所有人无法生还。在这种情况下，你会选择哪个方案呢？

设想情景二：在同样的背景下，现在出现了两种新的防控方案，分别是 C 方案和 D 方案。对于这两个方案，科学估算显示：如果选择 C 方案，将导致 400 人死亡。而如果选择 D 方案，有 1/3 的机会让所有人都不死亡，但也有 2/3 的机会导致 600 人全部死亡。在这种情况下，你会选择哪个方案呢？

研究发现，同一批参与实验的人，在情境一这个框架下 72％的人选择了 A 方案（属于风险规避性），在情境二这个框架下 78％的人选择了 D 方案（此时他们更愿意赌一赌，而不愿意接受 400 人死亡）。但是，实际上情景一中的 A 方案和情景二中的 C 方案都是一样的，情景一中的 B 方案和情景二中的 D 方案是一样的，只是改变了一下语言描述方式而已。正是由于这小小的语言描述形式的改变，使得人们的认知参照点发生了改变，由情景一下的"收益"心态转变成情景二下的"损失"心态。

期望效用理论认为，无论描述决策问题的形式如何，理性的决策者应该做出一致的选择。然而，框架效应违反了这一理论。在商业领域，有时需要运用框架效应，比如在销售昂贵物品如房子或艺术品时，营销人员可以通过将客户思考的焦点放在投资而非花费上，成功地促成销售。因此，在个体做决策时，为了避免框架效应可能引起的偏见，需要特别留意并辨认描述问题所采用的框架，或者尝试用不同方式重新构思问题，确保能够客观地看待问题，从而做出正确的决策。

（四）锚定效应

锚定效应是指人们在做出决策时，对一些信息的过分注意或过度强调而产生的影响。这些信息经常是关于价值、数量、时间等方面的信息，在决策者主观认知中通常被视为一个参考点或"锚"，从而影响了个体最终做出的决策结果。

例如，房地产的价格就存在锚定效应。邀请 20 位房地产代理商参观一栋房子，并要求他们各自做出估价决策（已知该房子真实估价是 135000 美元）。同时提供给他们一些决策信息，包括标准房屋出售信息表、该房屋周边区域正在出售的房屋出售信息表以及周边刚刚售出的房产信息等等。所有决策者得到的决策信息中有一处不完全一致：部分代理商看到的资料中所列的评估价格比真实评估价值低 11%～12%，部分代理商看到的资料中所列的评估价格比真实评估价值低 4%，部分代理商看到的资料中所列的评估价格比真实评估价值高 4%，还有部分代理商看到的资料中所列的评估价格比真实评估价值高 11%～12%。

对整个房产进行 20 分钟的参观后，要求他们对该房产的以下几种价格进行估计决策：①该房产的估定价值，②适当的广告售价，③购买该处房产的合理买价，④销售商可接受的最低报价。表 7.1 总结了 20 位代理商的估价结果。

表 7.1　房地产价格估计决策中的锚定效应

资料中标明的价格	20 位房地产代理商给出的价格平均数			
	评估价格	建议销售价格	合理价格	最低接受价格
119900	114204	117745	111454	111136
129900	126772	127836	123209	122254
139900	125041	128530	124653	121884
149900	128754	130981	127318	123818

那么，资料中所列价格的明显差异是否会导致随后对该房产评估的差异呢？

由表 7.1 可知，似乎资料中所列价格的明显差异没有导致估价的差异，因为 20 位代理商一致认为资料所列的价格过高。当被问及影响他们做决策的 3 个主要因素时，10 名代理商中只有 1 人提到了资料所列的价格。四种估价都显示了锚定效应的存在。

这些研究结果的重要性可以从以下几个方面展现：首先，证明了在日常生活中锚定效应的强大影响。通过改变信息中的一项内容，研究者成功地影响了决策者对房地产的评估，使评估差价超过 10000 美元。其次，研究结果显示，即使是专业人士也难以避免锚定效应的影响。许多有多年销售房地产经验的专业代理商在决策时仍然受到锚定效应的影响。最后，有趣的是只有极少数代理商承认资料中所列价格对他们的决策有影响。尽管一些代理商可能不情愿承认他们的估价受到他人提供价格信息的影响，但许多代理商可能并没有意识到他们的估价受到资料中所列价格的锚定。

人们很难抵御锚定效应的影响。例如，当销售人员给顾客提供两件商品时，第一个商品价格较高，第二个商品价格较低，即使第一个商品与实际价值不符，但它仍可能会对客户未来的判断产生影响，因为此时第一个商品已成为该客户对比的基准，客户将会从该焦点或"锚"推断他们认为的物品实际价值，并做出相应的决策。下面给出减轻锚定效应带来的影响的有效方法，一是针对原有的极端锚定值，确定一个反向的锚定值；二是在做出最后的决策之前，考虑多个锚定值是非常有必要的。

（五）心理账户

美国的经济学家理查德·泰勒提出了心理账户理论。该理论主要强调人类的心理会将钱或其他资源划分为不同的账户，并根据这些账户进行决策。

例如，我们可以举一个"是否购买一张新的电影票"的例子。

情景一：设想这个周末你突然有了一些空闲时间，于是提前花了 50 元购买了一张电影票。周末那天，你来到影院，领取了已经购好的电影票，然后在休息室等待。然而，离电影即将开始还有 15 分钟时，你突然发现那张花了 50 元购买的电影票不见了！在这种情况下，你会选择再花 50 元重新购买一张电影票进去看这部电影，还是直接放弃，转身回家呢？

情景二：设想你并没有提前在网上购买电影票，而是计划在电影院购买。然而，当你到达电影院并打开钱包时，突然发现里面少了 50 元。可能是在购买饮料时不小心掉出去的，或者是在饮料店时忘记要求找零钱。在这种情况下，你会选择继续花费剩下的钱购买电影票观影，还是直接放弃，转身回家呢?

　　研究结果表明在第一种情境中，很多人倾向于选择直接回家。这是因为他们觉得那并不是一部必须非看不可的电影，所以为了它再多花50元不值得。而在第二种情境中，绝大多数人则会毫不犹豫地继续购票观影。这是因为他们认为钱包里丢失的50元与观看电影无关，而且看电影可能会改变或者让他们忘记丢了钱的糟糕心情。

　　同样是丢失了50元钱，不同情境下的决策居然会有所不同。根据心理账户理论，我们在心理中将钱包里的其他钱和我们打算用来观影的钱划分到了两个不同的账户中。在第二种情况下，尽管钱包里的总金额减少了，但用于观影的那部分钱仍然完好无损，丢失钱的过程似乎与看电影这件事毫不相关。甚至在观影结束几天后回想那天的经历并计算那时看电影的机会成本，我们可能也不会把那丢失的50元算在内。

　　理查德·泰勒的观点是，人们追求情感满足的最大化，主要受心理账户的影响，而非理性认知上的效用最大化。以500元为例，为何有人舍不得花辛辛苦苦赚来的钱去欣赏音乐会，却轻松挥霍抽奖得来的同样数额? 可以解释为，这两笔钱分别归属于工资收入和意外之财两个不同的心理账户。同样，为什么王先生对一件羊毛衫心生喜爱，却因其1250元的价格而犹豫不决。然而，在月底时，妻子用家中存款购得该羊毛衫送给他作为生日礼物，他却欣然接受了呢? 这可以解释为这两笔开支分别归属于生活开支和情感开支两个不同的心理账户，这种现象被称为心理账户之间的非替代性效应。多个心理账户可以根据来源、支出等方式划分，每个心理账户都有其独特的预算和支配规则，其中的资金是不可相互替代的。

　　心理账户理论阐述了人们在面对金钱时表现出的主观和非理性特质。为了规避心理账户偏差对消费和投资决策的影响，我们应该注意以下几点：在获得盈利时，最好将不同来源的盈利分开体验，这样能够带来更大的满足感；而在经历损失时，则应该将各种损失整合在一起考虑；当同时发生损失和盈利时，应将二者整合在一个心理账户中综合考虑，以维持更合理的决策过程。

三、描述性决策模型

与规范性决策模型截然不同的描述性决策模型专注于研究人们实际的行为，基于观察到的现象构建理论模型。前景理论作为期望效用理论的替代理论之一，也是接受最多检验的理论之一。

（一）实际中的前景选择

假设你面临两个选择。

（1）确定性选择：你将获得 100 元。

（2）风险性选择：你有 50％ 的机会获得 200 元，但也有 50％ 的机会什么也得不到。

两个选择的期望收益是相同的（100 元），因为风险性选择的期望收益是（200 元×50％+0 元×50％）＝100 元。然而，前景理论指出，人们往往会偏向于选择确定性选择，因为人们对于损失的厌恶远远大于对同等金额收益的喜好。

（二）前景理论

前景理论（Prospect Theory）是一种心理学和行为经济学中的理论，由心理学家丹尼尔·卡尼曼和阿莫斯·特沃斯基在 1979 年提出。这个理论用来解释人们在面对风险决策时的行为模式，尤其是人们如何在潜在的收益和损失之间做出选择。前景理论的核心观点是，人们在做出决策时，并不是简单地追求最大化期望效用，而是根据潜在结果相对于某个参考点的增益或损失来做出选择。这个参考点通常是个人的当前状态或某个特定的期望水平。

前景理论的几个关键特点包括：

（1）价值函数。该函数是关于收益和损失的，呈现出 S 形。在损失区域，函数较为陡峭，表明人们对损失的敏感度高于收益，即损失厌恶现象。

（2）概率加权。人们对概率的感知是非线性的，他们倾向于高估小概率事件的发生可能性，并低估大概率事件的发生可能性。

（3）损失厌恶。人们对损失的反应强烈于同等大小的收益，这意味着损失的负效用大于收益的正效用。

（4）损失和收益的非对称性。人们对损失的敏感度高于收益，导致在决策时更倾向于避免损失。

前景理论为我们提供了一个更符合实际人类行为的决策模型，它解释了为什么人们在面对潜在的损失时往往比面对同等大小的收益更加谨慎。这一理论在金融、保险、市场营销等领域有着广泛的应用。

损失规避带来的另一个结果就是所谓的禀赋效应（Endowment Effect）。禀赋效应是指某物成为某个人所禀赋的一部分时，它的价值便增加了。例如，要求人们对自己所拥有的某物（如巧克力条、钢笔或咖啡杯）给出售价时，人们的报价往往比其购买完全相同的物品愿意支付的钱多得多。这一效应发生的原因是，这种损失带来的感受比等量的收益带来的感受更强。

前景理论因其能够解释众多风险条件下的决策行为，对经济学领域产生了深远的影响，被认为是一项重要的贡献。2002 年，卡尼曼因为在经济学中成功将心理学研究所发现的内容运用，特别是在不确定情况下人们的判断和决策方面做出杰出的贡献，因此被授予了诺贝尔经济学奖。

四、群体心理

群体的存在是为了解决某个具体的问题。当群体聚集时，可能会出现特定的心理和行为现象，比如从众行为、群体思维等。这些心理现象的产生是群体决策的过程损失造成的。本节由关注单个决策者的行为转向群体行为，探讨社会因素如何影响群体的决策和判断。

（一）从众行为

从众行为涉及人们受他人的实际或想象的影响而改变自己的行为。当一个决策个体与大多数群体成员的观点有分歧时，会感受到群体的压力。有时，这种压力非常强大，迫使个体背离自己的意愿，表现出与自身意愿完全相反的行为。环境因素和个性因素都可能导致从众行为。

自 20 世纪 50 年代开始，一系列著名的心理学实验对从众行为进行了研究。在其中一项实验中，一位心理学家要求一小群参与者完成一个非常简单的任务：比较一张纸上几条线段的长度，并按顺序大声回答。然而，每一轮实验中最先回答问题的几个参与者实际上是实验组织者精心安排的"同伙"，他们都以自信的口吻大声给出同一个错误答案。只有最后一个回答的参与者才是实验中真正的"被试者"。对于这个真正的被试者来说，选择非常简单：要么说出真相，要么遵循群体的意见。在真正的被试者回答问题之前，群体中的其他成员都一致认同一个明显错误的答案。

实验结果显示，大约有 3/4 的参与者在某个时刻选择了遵从群体的意见，即使他们明确意识到自己的观点与他们所了解的证据相矛盾。另一项实验发现，在多数人意见不一致的情况下，被试选择从众的频率仅为多数人意见一致情况下的 1/4。

（二）社会性惰化

社会性惰化（Social Loafing）是指当个人与群体其他成员一起完成某项任务或在他人在场的情况下进行个人活动时，往往会付出比单独活动时更少的努力，表现为个人的活动积极性和效率下降。

拔河比赛的相关实验表明，与独自一人拔河相比，在群体拔河中，人并不像他们独自拔河时那样努力。在两人组、三人组或八人组的拔河比赛中，每个拔河者都比独自拔河时付出了更少的努力。平均而言，两人组中单个被试的努力程度只有单人拔河的 93％，三人组中单个被试的努力程度只有85％，而八人组中单个被试的努力程度仅为 49％。后续的研究发现，即使人们独自一人拔河，但如果被蒙上双眼并让他们相信其他人也在努力拉绳，他们的努力程度也会减少。这种效应被称为"社会性惰化"。

产生"社会性惰化"现象的原因是群体成员无法直接感受到个人的努力和最终结果之间的关系。换句话说，责任在群体中会被分散，而独立行动时个体需要对结果承担全部责任。因此责任的分散对决策和判断产生强烈的影响，产生社会性惰化现象。

（三）群体智慧

群体判断在某种程度上比个体判断更为准确，尽管并非总是这样的。从下面这个跟卖马相关的问题里，我们可以体会到这点。

有人以60美元购买了一匹马并以70美元售出。接着，他再花80美元购回了这匹马，然后以90美元售出。在这次马匹的交易中，他总共赚了多少钱？

在一个关于群体讨论的经典研究中，发现只有45%的大学生被试能够独自解决这个问题。但是当学生们组成5人或6人的小组时，他们的表现有了显著的改善。在领导者不活跃的学生群体中（领导者仅仅观察成员的讨论），回答正确的比例为72%；而在鼓励型领导者的群体中（领导者鼓励所有成员表达想法），回答正确的比例为84%。

如果我们想要了解一个有效的群体是如何解决这个问题的，让我们来看看实验中人们是如何讨论的。

> 群体领导者温迪：我觉得这个问题有迷惑性，看起来没有那么简单，我也不太信任心理学家。因此，让我们每个人都来分享一下自己的答案，并解释为什么你认为这个这个答案是正确的。

> 贝内特：我非常确信10美元就是正确答案。我把这个问题看作是股票交易从而求解。如果我以60美元购买一股股票并以70美元卖出，那我就赚了10美元。然后，如果我改变主意以80美元的价格购回相同的股票，我就比卖出时多花了10美元，抵消了之前赚的钱。再以90美元售出又让我赚了10美元，所以答案是10美元。

> 吉尔：我的答案是20美元，因为这个人第一次卖马赚了10美元，第二次又赚了10美元。但是听了贝内特的解释后，我不确定我的答案是否正确。

> 温迪：不用担心你是否正确，我们只是希望听到所有可能的答案。史蒂文，你的看法呢？

> 史蒂文：我认为正确的答案是30美元。他开始时花60美元购进，

最后以 90 美元售出，那他的利润不就是 30 美元吗？

　　埃米：如果他不需要借钱的话，他确实赚了 30 美元，但是在卖马得到 70 美元后，他花了 80 美元买回这匹马，需要额外的 10 美元。这样就剩下了 20 美元的利润——30 美元减去他额外借的 10 美元。

　　温迪：所以你同意吉尔的答案吗？

　　埃米：是的。事实上这个问题让人困惑的原因是，两次交易用的都是同一匹马。但是如果这道题里有两匹马，答案就会变得显而易见了。

　　贝内特：没太明白你的意思，你想表达什么呢？

　　埃米：是这样，如果他以 60 美元买进了第一匹马后以 70 美元卖出，他赚了多少钱？

　　贝内特：他赚了 10 美元。

　　埃米：再假如他又花了 80 美元买了第二匹马后以 90 美元的价格卖出，这时他又赚了多少钱呢？

　　贝内特：他还是赚了 10 美元。

　　埃米：没错，所以他最后一共赚了 20 美元。无论怎样他都赚了 20 美元，因为他的利润与交易的是一匹马还是两匹马无关。如果你喜欢用股票交易来想这个问题，那就假定交易的是两种股票而不是一种。不应该认为买进第二种股票花 80 美元意味着亏掉 10 美元——卖出比买进的价钱低才是亏了钱。

　　如果你是群体中的一员，并且在听完埃米的总结发言后，轮到你解释自己的答案，那么你应该如何解释呢？可以相信你已经能够给出正确的答案——20 美元。研究发现，那些一开始就得出正确答案的成员在后续的讨论中很少改变他们的答案，而其他人通常在群体讨论后给出了正确的答案。群体领导者是否积极参与或鼓励群体讨论会影响群体的表现，但是无论怎样，群体的整体表现都胜过个体。特别是当群体领导者积极鼓励所有成员分享他们的观点时，正确率能够达到最高。

　　尽管在参与实验的 67 个群体里，有 63 个群体中至少有一名成员知晓正确的答案，但是大约有 1/5 的被试在群体讨论后仍然给出了错误答案。然而，虽然群体讨论不能保证所有群体成员都能得出正确的答案，但是通过群体讨论可以显著提高群体的整体正确率。

虽然群体决策的结果并不总是优于个体决策的结果，但是，一般来说，群体能够比个体做出更好的决策，这也就是群体决策得到广泛应用的原因。具体而言，群体中的个体成员有可能分享其他成员并不了解的独特信息；个体之间的相互交流产生的主意、见解和策略是个体独立思考所不能得到的；不正确的解决办法在群体里更容易被识别，人们总是容易发现别人的错误而不是自己的。

测试

第八章　决策分析：日常决策方法探析

学习目标
- 了解多属性决策方法的应用背景
- 了解理想点决策方法
- 理解层次分析法
- 理解决策树方法

多属性决策指对多个方案在多个属性下的评价值进行综合集成并排序的过程。在许多决策情境中，一般需要同时考虑多个属性或标准，这些属性的重要性和权重可能有所不同，因此对决策结果也会产生不同的影响。多属性决策方法的目标是通过对不同属性进行评估和比较，为每个决策选项分配相应的权重或得分，最终确定最佳决策选项。这些方法通常使用数学模型、统计分析或专家判断等手段来处理或权衡属性之间的关系。通过使用多属性决策方法，决策者可以依据不同属性的权重和重要性来系统地评估和比较各个备选方案，从而做出更明智和更合理的决策。

如果你的决策过程正确，那么不管最终结果如何，它都是一个好的决定。

——［美］斯提芬·罗宾斯

一、简单加权和法

多属性决策是指对一系列备选方案进行偏好决策，例如选择、排序和评价等操作。在实际决策中，通常需要依据不同的决策准则对备选方案进行评价，这些准则被称作属性，不同的属性具有不同的重要性。多属性决策是多准则决策的分支，本节将介绍其中的简单加权法。

（一）参不参加程序语言培训班

大四的李伟还有半年就要大学毕业了，同寝室四个同学中有两个同学都参加了某程序语言培训班。李伟同学需要决定是否也参加。这个决策看似简单，但需要考虑许多方面。为此，李伟打算从以下五个方面进行考虑：

（1）个人喜好。如果以后的工作是天天写代码，那可能很无聊。

（2）发展前景。学习后，工作薪资待遇较高，发展前景较广。

（3）投入。专门学习需要投入额外的时间和金钱。

（4）现况。学习意味着没有收入，需要家庭补贴生活和学费。

（5）长远利益。学习后，工作层次更高，提升更快，磨刀不误砍柴工。

李伟对这些属性的重要性有不同的看法。他最看重长远利益，认为其重要程度为30%。此外，他也列出了其他属性的重要性：个人喜好为20%，发展前景为10%，投入为20%，现状为20%。

这个决策中设计的决策方案有 3 个，A1：参加培训后再工作，其优点是从长远利益考虑很值得，缺点是没有收入，只有支出；A2：边工作边学习，其优点是能够改善工作现状，缺点是不易坚持；A3：不学习程序语言开发，发展其他所长，优点是符合个人喜好，缺点是暂时没有更好的目标。

仅有定性评价还不够，李伟深思熟虑后，以百分制为每个方案的每个属性进行了打分，结果见表 8.1。

表 8.1　李伟的多属性决策矩阵

	个人喜好	发展前景	投入	现况	长远利益
方案 A1	20	90	40	20	90
方案 A2	20	80	90	80	70
方案 A3	90	40	70	60	80

（二）简单加权和法的应用

确定属性重要性与多属性决策矩阵后，可计算各方案的综合得分，而后根据综合得分做出决策。本案例使用的是多属性决策方法中的简单加权求和（Simple Weighted Sum，SWS）方法，每个方案的综合得分可以通过该方案在属性下的评价值乘以对应的属性权重，而后进行求和计算。

本例中 3 个方案的综合评价值分别为 52、62 和 72。根据这些综合评价值，李伟不再困惑，他决定选择方案 A3，即先不学习语言开发，发展其他特长。

本节用到的多属性决策的六个步骤可概括为：

（1）辨识和确定问题。问题的存在源于现实状态与期望状态之间的差异。

（2）确定决策准则。在决策过程中可以考虑个体兴趣、价值观、目标和个人喜好等因素。不同个体对重要因素的判断可能存在差异。

（3）评估准则。每个准则的重要性不同，决策个体需要通过某些方法确定所列准则的重要程度。

（4）拟定备选方案。决策者需要制定能够解决问题的所有可行备选方案。

（5）逐个评估备选方案。在给定的评估准则下，备选方案的优劣不一，因此评价值有高低之分。

（6）选择得分最高的方案。

简单加权求和方法的主要优点是计算简单、直观易懂，可以将各个属性的影响程度通过权重进行量化。该方法适用于属性之间相互独立且可进行比较的决策问题。后文将介绍其他多属性决策方法，如理想点决策方法和层次分析法。

二、理想点决策方法

理想点决策方法（Technique for Order Preference by Similarity to Ideal

Solution，TOPSIS）旨在选择方案时使其与理想方案的差距最小，同时与负理想方案的差距最大。本节将介绍理想点法的基本步骤，并辅以购买住房的简单案例进行说明。

（一）理想点方法的步骤

在多属性决策问题中，需要依据多个属性对多个备选方案进行评价。若每个属性的效用单调递增，那么正理想方案将由所有可能的最优属性值组成，而负理想方案将由所有可能的最差属性值组成。因此，可将该问题视为多维空间中由多个点构成的几何系统，所有方案是该系统的解。理想点法是通过比较备选方案与正理想方案的相对接近程度，并同时考虑备选方案与正理想方案和负理想方案的距离来判断备选方案的优劣。

在效益型属性下，方案的评价值越大越好；在成本型属性下，方案的评价值越小越好。为了消除不同量纲对决策结果的影响，一般需要对决策矩阵进行标准化处理。结合属性的权重确定方法，理想点法的步骤可描述为：

步骤 1　建立标准化决策矩阵。

步骤 2　建立加权标准化决策矩阵。

步骤 3　确定正理想方案和负理想方案。

步骤 4　计算各方案与正理想方案和负理想方案之间的距离。

步骤 5　计算各方案与理想方案的相对接近程度。

步骤 6　根据相对接近程度对方案进行排序。

（二）研究生院试点评估问题

为客观评价我国研究生教育的实际情况和各研究生院的教学质量，国务院学位委员会办公室开展了一次研究生院评估工作，共选择了 5 所研究生院作为待评估对象，构成方案集 $\{X_1, X_2, X_3, X_4, X_5\}$。考虑的属性有人均专著 Y_1（单位：本/人），生师比 Y_2，科研经费 Y_3（单位：万元/年），学生预期毕业率 Y_4（单位：%）。相关评价数据构成如下决策矩阵：

$$\boldsymbol{X} = \begin{bmatrix} 0.1 & 5 & 5000 & 4.7 \\ 0.2 & 7 & 4000 & 2.2 \\ 0.6 & 10 & 1260 & 3.0 \\ 0.3 & 4 & 3000 & 3.9 \\ 2.8 & 2 & 284 & 1.2 \end{bmatrix}$$

根据上一小节所阐述的理想点法相关步骤求解该多属性决策问题。

（1）建立标准化决策矩阵。首先对数据进行预处理，即对属性值进行规范化操作。

本例中的师生比既非效益型又非成本型。假设师生比的最优属性区间为 $[0，1]$，则标准化后的决策矩阵为：

$$\boldsymbol{R} = \begin{bmatrix} 0.0346 & 0.6666 & 0.6956 & 0.6482 \\ 0.0693 & 0.5555 & 0.5565 & 0.3034 \\ 0.2078 & 0.2222 & 0.1753 & 0.4137 \\ 0.1039 & 0.4444 & 0.4174 & 0.5378 \\ 0.9695 & 0.0000 & 0.0398 & 0.1655 \end{bmatrix}$$

（2）建立加权标准化决策矩阵。假设属性权重向量为 $\boldsymbol{w} = (0.2, 0.3, 0.4, 0.1)^{\mathrm{T}}$，加权标准化决策矩阵表示如下。

$$\boldsymbol{V} = \begin{bmatrix} 0.00692 & 0.20000 & 0.27824 & 0.06482 \\ 0.01386 & 0.16667 & 0.22260 & 0.03034 \\ 0.04156 & 0.66667 & 0.07012 & 0.04137 \\ 0.02079 & 0.13333 & 0.16696 & 0.05378 \\ 0.19390 & 0.00000 & 0.15920 & 0.01655 \end{bmatrix}$$

（3）确定正理想方案和负理想方案，而后得到正理想方案的四个属性值组成的行向量：

$$(0.19390, 0.20000, 0.27824, 0.01655)$$

负理想方案的四个属性值组成的行向量为：

$$(0.00692, 0.00000, 0.01592, 0.06482)$$

（4）计算各方案到正理想方案的距离，即：

$X_1 = 0.1931$，$X_2 = 0.1918$，$X_3 = 0.2194$，$X_4 = 0.2197$，$X_5 = 0.6543$

计算各方案到正理想方案的距离，即：

$X_1 = 0.6543$，$X_2 = 0.4354$，$X_3 = 0.2528$，$X_4 = 0.2022$，$X_5 = 0.1931$

（5）计算与理想方案的相对接近程度，即：

X_1：0.7721；X_2：0.6577；X_3：0.5297；X_4：0.4793；X_5：0.2254；

（6）根据相对接近程度对 5 所研究生院进行排序，用符号>表示优于关系，则可得到如下结果：

$$X_1 > X_2 > X_3 > X_4 > X_5$$

三、层次分析法

层次分析法（Analytic Hierarchy Process，AHP）是一种用于处理复杂多准则决策问题的方法，由美国运筹学家萨蒂于 20 世纪 70 年代末提出。AHP 要求决策者对每个属性的相对重要性进行评估，并利用这些属性对每种决策方案的偏好程度进行判断。AHP 的输出是一个按优先级排列的决策方案列表。Saaty 领导的研究小组曾成功将 AHP 应用于多个重大研究项目，包括电力工业计划、苏丹运输业研究、美国高等教育事业的 1985—2000 年展望，以及 1985 年世界石油价格预测等领域。迄今为止，AHP 的相关研究仍然是决策科学研究中的重点。

AHP 一般包括以下四个步骤：

（1）构建有序层次结构体系；

（2）创建两两比较判断矩阵；

（3）针对特定准则，计算每个被支配元素的权重；

（4）计算当前层元素相对于总体目标的排序权重。

本节将使用汽车购买的决策案例来说明 AHP 的具体应用过程。

（一）汽车购买决策案例

以张先生在购车决策中所面临的问题为案例，说明 AHP 的具体过程。在对几款新车的外观和配件进行初步分析后，张先生将他的选择缩小到 3 辆车，分别记为方案 A、方案 B 和方案 C。张先生认为选车需要从价格、油耗、舒适性和外观样式这几个方面考虑。

选车问题的层次结构如图 8.1 所示，包括该问题的整体目标、所采用的准则以及决策方案。第一层明确指出整体目标是选择最佳的车辆；第二层中，四个准则都有助于实现总体目标；第三层中，每个决策方案 A、B、C 通过唯一的路径与各种准则相对应。

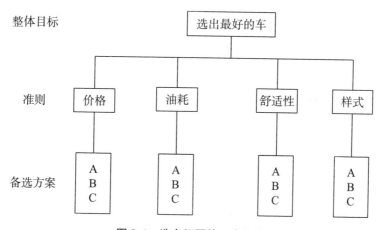

图 8.1　选车问题的层次结构

确定层次结构后，决策者首先需要具体评估四个准则对于实现总体目标的重要性。而后，决策者需要根据每个准则在每个决策方案之间进行两两比较。为了获得决策方案的优先级综合排名，需要运用数学方法计算每个准则的相对重要性以及方案层中各方案对目标层的相对重要性。

（二）运用层次分析法确定优先级排序

本节将介绍在 AHP 方法中，如何通过决策者的两两比较为每个准则建立优先级，而后再根据不同准则对各个决策方案进行排序的过程。在本例中，需要建立优先级的准则包括：

（1）四个准则如何促进实现总体目标"选出最好的车"；

（2）如何使用价格准则对 3 辆车进行比较；

（3）如何使用油耗准则对 3 辆车进行比较；

（4）如何使用舒适性准则对 3 辆车进行比较；

（5）如何使用样式准则对 3 辆车进行比较。

接下来将介绍四个准则的优先级建立过程，以及如何依据每个准则来判定 3 辆车的优先级。

1. 两两比较

两两比较是 AHP 方法的基础。为上述四个准则建立优先级时，张先生需要依次比较两个准则，以确定每个准则相对于其他准则的重要性。简而言之，张先生需要对价格、油耗、舒适性和样式这四个准则进行如下比较：

（1）价格与油耗的比较；

（2）价格与舒适性的比较；

（3）价格与样式的比较；

（4）油耗与舒适性的比较；

（5）油耗与样式的比较；

（6）舒适性与样式的比较。

每一次比较中，张先生需要找出相对重要的准则，并给出相对重要的程度。例如，假设张先生在价格与油耗的比较中认为价格比油耗更重要。使用 AHP 中的 1~9 标度法对重要性程度进行测量，表 8.2 中展示了重要性的语言描述与数值等级的一一对应关系。在选车问题中，假设张先生认为价格相对于油耗具有"较重要"的关系。因此，价格与油耗的两两比较数值等级为 3。对于评估居中的判断，比如"重要性在重要与非常重要之间"，则对应的数值等级为 6。

表 8.2 运用 AHP 对各准则重要性的比较尺度

语言描述	数值等级
极重要	9
	8
非常重要	7
	6
重要	5
	4
较重要	3
	2
同等重要	1

表 8.3 概括了张先生在选车问题中进行的 6 次两两比较。

表 8.3 四个准则的两两比较总结

两两比较	更重要的准则	重要程度	数值等级
价格—油耗	价格	较重要	3
价格—舒适性	价格	同等重要至较重要	2
价格—样式	价格	同等重要至较重要	2
油耗—舒适性	舒适性	较重要至很重要	4
油耗—样式	样式	较重要至很重要	4
舒适性—样式	样式	同等重要至较重要	2

2. 两两比较构成的判断矩阵

为确定四个准则的优先级，需构建 4×4 的两两比较判断矩阵。以数值等级为 3 的价格—油耗为例。通过表 8.3 可得价格比油耗重要，故在判断矩阵中表示价格的行与表示油耗的列的相交处输入 3，同时在表示油耗的行与表示价格的列的相交处输入 1/3。判断矩阵的对角线表示准则与自身的比较，因此视为"同等重要"，数值等级为 1。根据以上规则，选车准则的完整判断矩阵见表 8.4。

表 8.4　选车准则判断矩阵

	价格	油耗	舒适性	样式
价格	1	3	2	2
油耗	1/3	1	1/4	1/4
舒适性	1/2	4	1	1/2
样式	1/2	4	2	1

3. 计算优先级排序

接下来，将使用判断矩阵根据各个准则对实现"选出最佳车辆"这一总目标的重要性，计算各准则的优先级。对于给定的判断矩阵，有多种方法可以得到方案的优先级，本书将采用以下步骤：

（1）对判断矩阵按列求和；

（2）将判断矩阵的每一项都除以它所在列的总和，得到标准化的判断矩阵；

（3）计算判断矩阵中每行的算术平均数，得到准则的优先级。

为了演示优先级计算流程，对所列准则判断矩阵按照上述步骤进行处理。

步骤 1：对判断矩阵按列求和（见表 8.5）。

表 8.5　按列求和后的判断矩阵

	价格	油耗	舒适性	样式
价格	1	3	2	2
油耗	1/3	1	1/4	1/4
舒适性	1/2	4	1	1/2
样式	1/2	4	2	1
总和	2.333	12.000	5.250	3.750

步骤 2：将判断矩阵的每一项都除以它所在列的总和（见表 8.5）。

表 8.6 每项除以所在列总和后的判断矩阵

	价格	油耗	舒适性	样式
价格	0.429	0.250	0.381	0.533
油耗	0.143	0.083	0.048	0.067
舒适性	0.214	0.333	0.190	0.133
样式	0.214	0.333	0.381	0.267

步骤 3：计算每行的平均数，以确定每个准则的优先级（见表 8.7）。

表 8.7 以每行平均数确定准则优先级

	价格	油耗	舒适性	样式	优先级
价格	0.429	0.250	0.381	0.533	0.398
油耗	0.143	0.083	0.048	0.067	0.085
舒适性	0.214	0.333	0.190	0.133	0.218
样式	0.214	0.333	0.381	0.267	0.299

利用表 8.3 中展示的张先生的两两比较信息，通过 AHP 方法计算出价格的优先级为 0.398，因此价格是选车问题中最重要的准则；其次是样式，其优先级为 0.299；接着是舒适性，其优先级为 0.218；油耗的优先级最低，为 0.085，是最不重要的准则。

4. 一致性

AHP 的关键步骤是前文介绍的多次两两比较过程，这一过程需要重点关注决策者在两两比较判断中的一致性。例如，如果准则 A 相对于准则 B 的数值等级为 3，准则 B 相对于准则 C 的数值等级为 2，如果比较尺度完全一致，那么准则 A 相对于准则 C 的数值等级应为 3×2＝6。但此时若决策者给出的 A 相对于 C 的数值等级为 4 或 5，那么在两两比较中就出现了不一致问题。

当需要进行两两比较的对象数量较多时，很难实现完全一致。因此，在一定程度上可以允许不一致情况的发生。为了处理一致性问题，AHP 提供了一种关于衡量决策者两两比较中一致性的测度方法。如果一致性程度未达到要求，决策者在进行 AHP 分析之前应重新审查并修改其提供的两两比较矩阵。

在 AHP 方法中，一致性的测量是通过计算一致性比率来实现的。如果一致性比率大于 0.10，则表明在两两比较的判断中存在不一致问题。如果一致性比率小于或等于 0.10，则说明两两比较的一致性较为合理，可以继续进行 AHP 的综合计算。

可计算出前述案例的一致性比率为 0.068，因此选车准则的判断矩阵满足可接受的一致性。

5. 选车问题中的其他两两比较

如果继续用 AHP 方法来分析选车问题，需要使用两两比较来确定价格、油耗、舒适性和样式四个准则下，3 辆车的优先级。张先生在每个准则下对备选车辆进行两两比较，得到表 8.8 所示的每个准则下的判断矩阵。若按价格准则（0.557）或油耗准则（0.639）来说，C 是最优选择；按舒适性准则（0.593）来说，A 是最优选择；而按样式准则（0.656）来说，B 是最优选择。因此，没有哪辆车在所有方面都是最优的。

表 8.8　各准则下偏好的判断矩阵

准则	方案	A	B	C	优先级
价格	A	1	1/3	1/4	0.123
	B	3	1	1/2	0.320
	C	4	2	1	0.557
油耗	A	1	1/4	1/6	0.087
	B	4	1	1/3	0.274
	C	6	3	1	0.639
舒适性	A	1	2	8	0.593
	B	1/2	1	6	0.341
	C	1/8	1/6	1	0.065

续表

准则	方案	A	B	C	优先级
样式	A	1	1/3	4	0.265
	B	3	1	7	0.656
	C	1/4	1/7	1	0.080

6. 运用 AHP 建立综合优先级排序

张先生对 4 个准则进行了两两比较，得到价格的优先级为 0.398，油耗为 0.085，舒适性为 0.218，样式为 0.299。基于这些优先级以及表 8.8 中的优先级，对三辆备选车进行综合优先级排序。计算过程包括将每辆车在每个准则上的优先级与相应准则的优先级相乘。例如，价格准则的优先级为 0.398，方案 A 在价格准则上的优先级为 0.123，因此，方案 A 在价格准则上的优先级为 $0.398 \times 0.123 = 0.049$[①]。为确定方案 A 的综合优先级，需要对油耗、舒适性和样式准则进行类似的计算，然后将这些值求和。

基于上述方法得到三个方案的得分以及排名见表 8.9。这些结果可以为张先生在选购车辆时提供依据。如果张先生提供的对准则重要性的判断和对车辆的偏好是有效的，那么根据 AHP 方法得到的最优方案为 B 也是有效的。除此之外，通过 AHP 方法还能帮助张先生在决策过程中进行利益权衡，并提供决策依据。

表 8.9　各方案得分

方案	优先级
B	0.421
C	0.314
A	0.265

四、决策树方法

本节将介绍完全不确定型决策分析方法，这些方法通常用于处理决策自

---

① 取三位有效数字。

然状态发生概率未知的情形。由于不同的不确定型决策分析方法具有不同的特点，因此有时可能得到相互矛盾的决策分析结果，决策者在选择分析方法前需要了解每种方法的可行性和适用性。

（一）决策树

1. 房地产公司建设项目决策问题

房地产行业对于我国经济增长和社会稳定都具有十分重要的意义。根据现有数据显示，房地产行业的经济贡献一直处于上升阶段，但日益增长的资源环境压力以及房地产投资过度等问题给房地产行业的进一步发展带来了新的挑战。

以房地产公司 M 的项目建设方案选择为例。为建造一座拥有独立产权的公寓综合体，M 公司购入一块土地并委托设计公司分别针对低端小区、中端小区、高端小区三种方案设计建筑草图。市场需求将决定该项目能否取得成功。因此，该决策问题可以表述为：在市场需求不确定的状态下，如何确定最好的项目建设规模，以帮助企业取得最大收益。

假设上述三种备选方案分别表示为 d_1：低端小区；d_2：中端小区；d_3：高端小区。决策分析中，不确定事件的可能情形通常被称为自然状态，自然状态的划分需要同时满足互斥性（两种状态不能同时发生）和完备性（至少有一种状态出现）。上述问题中的不确定事件为市场上对独立产权公寓的需求，两种自然状态分别为

$$s_1：需求火爆；s_2：需求冷清$$

不同状态下选择不同的方案给 M 公司带来的利润是决策结果。为了选择获利最大的方案，M 公司需要预先知道每种方案在对应的自然状态下可能产生的结果，也叫作报偿。

报偿一般用来衡量利润、成本、时间、距离，或其他与决策问题相关的决策结果。通过表格形式呈现每个备选方案在各个自然状态下的报酬，便可得到报酬表。M 公司的报偿是利润，其报偿值见表 8.10：

表 8.10 M 公司决策问题的报偿值表（单位：百万元）

备选方案	自然状态	
	需求火爆	需求冷淡
d_1	8	7
d_2	14	5
d_3	20	—9

2. 决策树描述

决策树以树状图形式展示决策分析的活动过程以及自然的逻辑推进过程。方框用来表示决策节点，圆圈用来表示决策状态节点。节点之间通过枝条相互连接，方框后的枝条表示所有决策方案，圆圈后的枝条表示各个自然状态，枝条末端一般标记每个决策方案在相应自然状态下产生的报酬。

图 8.2 展示了 M 公司决策问题的决策树，总共包含 4 个节点。M 公司要从 d_1，d_2 和 d_3 中进行选择，每种方案都将面临 s_1 或 s_2 两种状态。枝条末端表示所选方案对应状态下的公司利润，例如，图中的"8"表示 M 公司选择方案 d_1 并在需求火爆的状态下预期获利 800 万元。

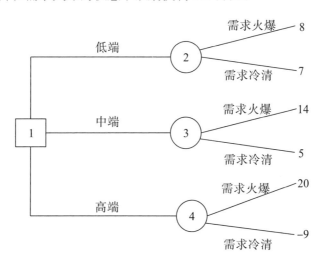

图 8.2 M 公司的决策树模型

（二）乐观主义准则

这种不确定型决策分析方法在制定决策时，通常会从每个备选方案在各种自然状态下的报酬中选择最佳值。根据这一决策分析方法所做的选择，通常应该是最优报酬值所对应的决策备选方案。例如，如果决策问题的指标是寻求正向的利润类指标，如 M 公司的决策问题，决策者选择结果将是与最大利润相对应的备选方案。相反，对于逆向的成本类指标，按照这一方法得出的结果将是选择与最小报酬值相对应的备选方案。在正向指标的决策问题中，采用乐观主义准则进行决策分析时，一般使用"大中取大"的方法，而在逆向指标决策问题中，一般使用"小中取小"的方法。

通过 M 公司的决策案例来展示乐观主义准则的决策分析过程（见表8.11）。首先，确定每个备选方案下最大报酬值，而后从中选择最大值，最终以该最大报酬值所对应的备选方案作为最终决策结果。

表 8.11　M 公司项目乐观主义准则的决策过程

备选方案	自然状态		每个方案下最大报偿	各个方案中最大报偿中的最大报偿
	需求火爆	需求冷淡		
d_1	8	7	8	
d_2	14	5	14	20
d_3	20	−9	20	

由表 8.11 可知，20 是最大报偿值，因此依据乐观主义准则，M 公司应该选择方案 d_3。

（三）保守主义准则

保守主义决策分析准则与乐观主义相反，始终以最坏的报酬值为出发点。对于报酬值为利润类指标的决策问题，如 M 公司的情况，采用保守主义准则时，决策者需选择各方案中的最小报酬值，再从中选取最大值对应的备选方案作为最终决策结果。对于正向指标决策问题，采用保守主义准则进行决策分析时，一般使用"小中取大"的方法，而对于逆向指标决策问题，一般使用"大中取小"的方法。

以 M 公司决策为例，说明保守主义准则的决策分析过程。首先，确定每个备选方案中的最小报酬值，然后从这些最小报酬值中选择最大值，最终以该最大报酬值所对应的备选方案作为最终决策结果（见表 8.12）。

表 8.12 M 公司项目保守主义准则的决策过程

备选方案	自然状态		每个方案下最小报偿	各个方案中最小报偿中的最大报偿
	需求火爆	需求冷淡		
d_1	8	7	7	
d_2	14	5	5	7
d_3	20	−9	−9	

由表 8.12 可知，最小报偿值中的最大值是 7，因此，保守主义准则下的决策结果为方案 d_1。保守主义决策分析方法因从最坏可能报酬值中选择方案而得名，以防止出现更极端的不利结果。尽管 M 公司可能有机会获得更多利润，但采用保守主义准则可确保公司获得不低于 700 万元的利润。

五、投票选择

社会选择是一种群体决策，通过整合社会成员的价值观及其对备选方案的排序，形成社会整体偏好。这是一种典型的群体决策，体现在民主政治中的投票表决和市场经济中的货币投票中。在社会选择理论中，需要适当的规则将所有决策者的个体偏好整合为决策群体的总偏好，即社会偏好。但是，这一过程的问题在于是否存在一种公平的规则，将个体序偏好公正地整合为群体序偏好，例如我们常说的投票方式是否公平。

在社会选择理论中，备选方案指候选人，由候选人组成的集合可被称为候选集合。用符号 > 和 ~ 分别表示优于和无差异关系，可进一步细分为：$>_i$ 和 $\sim_i$ 表示个体 i 的优于关系和无差异关系，$>_G$ 和 $\sim_G$ 表示社会或群体的优于关系和无差异关系。个体 i 给出 A 上的偏好关系为序关系 R_i。

简单多数规则是社会选择理论中最常见的集结规则之一，其核心原则是少数服从多数。在民主投票程序中，匿名性是一个基本特点，要求在进行社会决策时，所有个体都被平等对待。大多数用投票的形式作抉择的问题，一般都采用简单多数规则进行决策。

设 60 个成员对 3 个候选人 a，b 和 c 的态度见表 8.13。对候选人进行两两比较时，可得到如下结果：（1）认为 a 优于 b 的有 33 人，b 优于 a 的有 27 人，因此 a 优于 b；（2）认为 b 优于 c 的有 42 人，c 优于 b 的有 18 人，因此 b 优于 c；（3）认为 a 优于 c 的有 25 人，c 优于 a 的有 35 人，因此 c 优于 a。

表 8.13　个体偏好分布表

个体人数	偏好
23	a＞b＞c
17	b＞c＞a
2	b＞a＞c
8	c＞b＞a
10	c＞a＞b

根据简单多数规则，群有三个判断：a＞$_G$b＞$_G$c＞$_G$a。

这说明，尽管每个群体成员的偏好（对候选人的排序）是传递的，但在使用简单多数规则对候选人进行两两比较时，得到的群体排序不再具有传递性，而是出现了多数票的循环。这现象被称为孔多塞效应，也被称为投票悖论。

测试

第五篇

生产运筹

第九章 优选统筹：华罗庚组织推广 "双法"

学习目标

· 了解华罗庚以及他为什么推广"双法"

· 学习优选法并解决实际问题

· 学习统筹法并解决实际问题

· 理解优选法与统筹法的区别和联系

· 对"双法"的深入理解和应用

如果我们要蒸馒头，碱的添加量将会对馒头的口感产生显著影响。那么，我们应该如何准确地确定应加入的碱量呢？再比如，如果我们想要泡一壶好茶，如何有效地安排各个步骤的顺序，才能最大化地提高效率呢？这两个问题虽然看似日常，却蕴含着深层次的科学逻辑。它们都可以通过华罗庚先生推广的"双法"——优选法和统筹法来得到解答。在本讲中，我们将深入解析"双法"的概念及其重要性，读者将在学习中对"双法"有更深入的了解。此外，我们还会详细介绍"双法"的具体应用，帮助读者在日常生活和工作中更好地应用"双法"，做出最优决策，从而提升生活质量和工作效率。

新的数学方法和概念，常常比解决数学问题本身更重要。

————华罗庚

一、华罗庚组织推广"双法"

华罗庚（1910—1985）出生于江苏常州金坛区，祖籍江苏丹阳，是一位杰出的数学家。

作为自学成才的当代科学巨匠和备受赞誉的数学家，华罗庚先生毕生致力于数学研究和推动该领域的发展。他以卓越的学术成就和深厚的历史责任感，积极引导后辈学者，并专注于培养人才。除了在纯学术领域的贡献，他还以科学家的广泛视野，积极参与科普和应用数学的推广工作。华罗庚先生为数学科学事业的繁荣发展付出了巨大的努力，为祖国现代化建设贡献了毕生的智慧和精力。华罗庚先生为中国数学发展做出的贡献，被誉为"中国现代数学之父""人民数学家"。

图 9.1　华罗庚（1910—1985）

华罗庚先生是我国管理科学化的奠基人，他是第一位提倡并致力于推动我国管理科学发展的杰出数学家。他以深远的远见和坚定的信念，为双法的普及与发展做出了卓越的贡献。他将在管理领域应用的方法概括为 36 个字："大统筹，广优选，联运输，精统计，抓质量，理数据，建系统，策发展，利工具，巧计算，重实践，明真理。"本章将详细阐述的"双法"即是"大统筹、广优选"的理念。

追溯到 1964 年，这年是华罗庚先生与"双法"渊源的开始。当年，他以国外的 CPM（关键线路法）和 PERT（计划评审法）为核心，提出了中国式的统筹方法。随后，他于 1965 年出版了《统筹方法平话》小册子。

随后，华罗庚先生逐步将关注点拓展到（局部）生产工艺的层面。为此，他提出了"优选法"，并于 1971 年出版了《优选法平话》小册子。这一方法论为处理生产工艺的局部问题提供了有力的指导。

自 1972 年以来，华罗庚先生牵头并组织了一个名为"推广优选法统筹法小分队"的团队，深入各地广泛推动这一理念。在 1972 年至 1985 年期间，他带领小分队在 26 个省市自治区（如今已扩展至 28 个）推动优选统筹法，唯有西藏自治区、青海省和宁夏回族自治区未曾涉足。通过引入优选法和统筹法，各地的工矿企业掀起了一场大规模的科学实践浪潮，取得了丰富的成果。

以 1975 年在陕西的活动为例，小分队的成员是来自 19 个省市自治区，9 个不同部门的 160 多位同仁。这些来自各地的同仁不仅分享了已有的经验，还将新的心得和成果带回本单位。小分队形成了一个由工人、干部和技术人员三者共同组成的紧密团队。

华罗庚先生在各地进行的优选法和统筹法报告吸引了成千上万的群众参与。他的报告通俗易懂、生动有趣，例如，他通过折纸条和香烟烧洞的方式生动解释黄金分割法（0.618 法），使一般工人也能轻松理解并运用。

在 1978 年的全国科学大会上，华罗庚先生领导的推广"双法"工作获得了"全国重大科技成果奖"。

二、优选法

（一）什么是优选法

在生产和科学实验中，为了实现优质、高产和低消耗等目标，人们需要在涉及因素的各种选择点中做出最佳决策，所有这些选择点的问题被统称为优选问题。

所谓优选法（Optimum Seeking Method，OSM）是通过利用数学原理，根据生产和科研中的具体问题，巧妙地设计试验点，以减少试验次数，从而快速找到最佳决策。

以华罗庚先生提出的"馒头碱量问题"为例，我们考虑如何确定最佳的碱量以达到理想口感。放入太多碱会影响味道，而放入太少碱则无法获得理想的口感。这是一个典型的优选问题，我们可以通过试验不同的碱量，并统计认为美味的人数来制定指标。问题的关键在于找到一种适当的碱量，使得认为美味的人数最多。

有人可能认为进行大量实验是找到最优解的不错方法。通过穷尽所有可能性，应该能找到最优解。然而，做穷尽实验耗费时间、精力和设备，有时会显得不切实际。

以一个简单的例子说明，假设我们想要寻找一个城市的最佳发展方案，考虑到多个因素，比如人口增长、就业率、环境友好性、基础设施建设和社会安全等。为了找到最佳方案，我们需要在这些因素中进行多次实验。假设每个因素有 10 个不同的选择，那么如果只考虑两个因素，就需要进行 10×10，即 100 次实验；如果考虑三个因素，就需要 $10 \times 10 \times 10$，即 1000 次实验；如果考虑四个因素，就需要 $10 \times 10 \times 10 \times 10$，即 10000 次实验，以此类推。如果我们一天能进行 30 次实验，那么对于四个因素，需要近一年的时间才能完成所有实验。而如果考虑到更多因素，情况会变得更加复杂。这个例子说明了在多因素问题中，随着因素的增加，实验的数量呈指数级增长，导致通过穷尽方法寻找最优解变得非常耗时且不切实际。

因此，我们需要辅助方法来减少实验次数，找到最优解，从而节省时间和资源。这正是优选法的目的所在。

在此基础上，提出了一种求解优选问题的一般方法：

（1）确定优选目标；

（2）确定影响目标的要素；

（3）根据问题的本质，对各要素的合理性进行界定；

（4）选用合适的优选法，寻找最优方案。

第四个步骤里提到了需要选择合适的优选法，因此下面我们将具体介绍优选法包括哪些方法以及使用方法。

（二）单因素优选法

在实验中，我们专注于考察对目标影响最为显著的因素，同时保持其他因素恒定，这种情境被定义为单因素问题。

一般而言，我们仅能确定在实验范围内存在一个最优点。当变化因素的取值超出最优点的范围时，实验效果普遍变差，而且离最优点越远，实验效果就越差。这种类型的实验通常被描述为具有单峰性。如果在区间 $[c, d]$ 上，函数 $f(x)$ 仅唯一的最大值点（或最小值点）M，而在最大值点（或最小值点）M 的左侧，函数单调增加（减少）；在点 M 的右侧，函数单调减少（增加），那么我们称这个函数为区间 $[c, d]$ 上的单峰函数。如图 9.2，两个函数 $f(x)$，$g(x)$ 便是单峰函数。

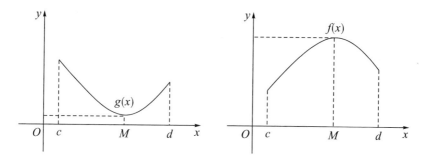

图 9.2　单峰函数

通常情况下，我们采用符号 x 表示因素，目标函数 $f(x)$ 则代表了所研究的目标［无需给出 $f(x)$ 的确切表达式］。假设因素的最佳取值点位于某一范围内，用 c 表示该范围的下限，用 d 表示该范围的上限，这一范围可用 c 到 d 的区间来表示，并记作 $[c, d]$。如果不考虑端点 c，d，就记成 (c, d)。

随后的任务涉及选择一种方法来布置试验点，通过实验找出最佳点，以取得最佳的试验结果（目标）。

设 x_1 和 x_2 是 $[c, d]$ 内的任意两个试点，M 点为最佳点，我们将效果较好的点称为优点，效果较差的点称为次优点。通过图形观察，我们可以清晰地发现：若目标函数为单峰函数，则最佳点和优点必定位于次优点的同一侧。基于这一观察，我们可将因素范围分为两部分，以次优点为界限，将包含优点的部分称为优势区，如图 9.3，由次优点至 d 点的区间，就是"优势区"。

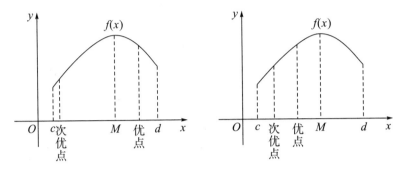

图 9.3 优点、次优点及优势区

1. 来回调试方法

优选法来源于来回调试法，如图 9.4 所示，我们首先选择一点 x_1 进行试验，得到 $y_1 = f(x_1)$。接着，选取另一点 x_2 进行试验，得到 $y_2 = f(x_2)$，假设 $x_2 > x_1$，如果 $y_2 > y_1$，那么最大值必然不在区间 (c, x_1)，因此我们只需在 (x_1, d) 内求最大值。再在 (x_1, d) 内取一点 x_3 进行试验，得到 $y_3 = f(x_3)$，如果 $x_3 > x_2$，而 $y_3 < y_2$，那么去掉 (x_3, d)，再在 (x_1, x_3) 中取一点 x_4，依此类推。通过反复调整，范围逐渐缩小，最终能找到 $f(x)$ 的最大值。

这一方法中，选点相当灵活，只需在上一轮保留的范围内进行选择即可。然而，我们需要思考如何以最迅速的速度接近真实存在的最高点。换言之，我们应该采用何种试验点排布方式才能达到最佳效果？

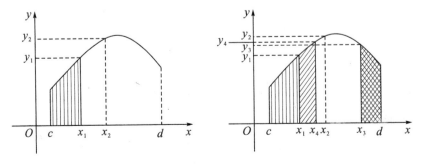

图 9.4 来回调试法

下面介绍几种减少试验次数的试验方法。

2. 黄金分割法（0.618 法）

由于单峰函数的最佳点与优点必然位于次优点的同侧，因此我们可以按照以下思路有序地安排试验点：首先，在因素范围 $[c,d]$ 内随机选取进行试验，根据试验结果确定优点与次优点，在次优点处把 $[c,d]$ 分割成两部分，去除不包含优点的那一部分，留下优势区 $[c_1,d_1]$。接下来，在 $[c_1,d_1]$ 内再次随机选取两个点进行试验，并与上一轮的优点进行比较，以此确定新的优点和新的次优点。并在新的次优点处把 $[c_1,d_1]$ 再次分割，去除不含新优点的那一段，得到新的优势区 $[c_2,d_2]$……通过不断重复上述步骤，逐步缩小优势区。

在这一方法中，试点的选择相当自由，只需确保试点位于上一轮保留的范围内即可。然而，这种灵活性可能对寻找最佳点的效率造成影响。我们追求一种通用的方法，能够"最快"找到或接近最佳点，不仅适用于特定的单峰函数，而且具有普遍适用性。由于在试验前无法预知哪一次试验效果优越，哪一次效果较差，即两个试点作为因素范围 $[c,d]$ 的分界点具有相同的可能性，因此在安排试点时最好使两个试点关于 $[c,d]$ 的中心 $\dfrac{c+d}{2}$ 对称。同时，为了尽早接近最佳点，每次截取的区间既不能过短，也不能过长。如果一次性截取的区间过长，要求两个试点 x_1 和 x_2 与 $\dfrac{c+d}{2}$ 足够近，这样首次截取能覆盖约一半的范围。然而，按照对称原则，进行第三次试验后就会发现之后的每次截取的范围逐渐变小，反而不利于快速接近最佳点。

为确保每次截取的区间具有一定的规律性，我们可以采取以下考虑：每次截取的区间与截取前的区间的比例相同。

接下来我们进一步分析如何根据上述两个原则确定合适的试点。设第一试点、第二试点分别为 x_1 和 x_2，$x_1 > x_2$ 且 x_1，x_2 关于 $[c,d]$ 的中心对称，即 $x_2 - c = d - x_1$（如图 9.5 所示）。

显而易见，无论点 x_2（或点 x_1）是优点还是次优点，由对称性可知我们所舍弃的区间长度始终等于 $d - x_1$。假设 x_2 是优点，x_1 是次优点，于是

舍去 $(x_1, d]$。然后，在优势区 $[c, x_1]$ 内进行第 3 次试验，设试点为 x_3，x_3 与 x_2 关于 $[c, x_1]$ 的中心对称（如图 9.6 所示）。

图 9.5　第 1 次确定试点　　　图 9.6　第 2 次确定试点

不论点 x_3（或点 x_2）是优点还是次优点，被舍去的区间长度都等于 $x_1 - x_2$。根据成比例舍去的原则，我们可以得到等式

$$\frac{d - x_1}{d - c} = \frac{x_1 - x_2}{x_1 - c} \tag{9-1}$$

其中，左边是第一次舍去的比例数，右边是第二次舍去的比例数。对式（9-1）变形，得

$$1 - \frac{d - x_1}{d - c} = 1 - \frac{x_1 - x_2}{x_1 - c} \tag{9-2}$$

即

$$\frac{x_1 - c}{d - c} = \frac{x_2 - c}{x_1 - c} \tag{9-3}$$

式（9-3）两边分别是两次舍弃后的优势区占总范围的比例数。假设每次舍弃后的优势区占总范围的比例数为 k，即

$$\frac{x_1 - c}{d - c} = k \tag{9-4}$$

由 $d - x_2 = x_1 - c$ 可得

$$\frac{x_2 - c}{d - c} = 1 - k \tag{9-5}$$

由式（9-3）得

$$\frac{x_2 - c}{d - c} = \frac{\dfrac{x_2 - c}{d - c}}{\dfrac{x_1 - c}{d - c}} \tag{9-6}$$

把式（9-4）与式（9-5）代入式（9-6）得

$$k = \frac{1 - k}{k} \tag{9-7}$$

即

$$k^2 + k - 1 = 0 \tag{9-8}$$

解得 $k_1 = \dfrac{-1 + \sqrt{5}}{2}$，$k_2 = \dfrac{-1 - \sqrt{5}}{2}$，其中 k_1 为有意义的根，即黄金分割常数，用 ω 表示。

在试验方法中，黄金分割即将长度为 L 的线段按比例分为两部分，使得其中一部分与整个线段的比等于另一部分与该部分的比，该比例即为黄金分割比，而黄金分割常数 $\omega = \dfrac{\sqrt{5} - 1}{2} = 0.6180339887\cdots$ 它的三位有效近似值就是 0.618，因此，黄金分割法又被称为 0.618 法。

让我们来看一个例子：在草地上建造足球场时，需要确定最佳的草坪切割长度，以确保球场达到最佳的运动性能。假设为了获得理想的足球场效果，每平方米的草坪长度需要在 2 cm 到 3 cm 之间。现在的问题是，如何通过试验方法找到最佳的草坪长度？

一种最朴素的方法是以 1 mm 为间隔，从 2.01 cm 开始一直到 2.99 cm，对 2 cm 至 3 cm 之间的所有可能性进行试验，以找到最佳的草坪长度。这种方法被称为均分法。然而，这种方法需要进行 100 次试验，相比之下，使用 0.618 法可以更快速、更有效地找到最佳点。下面是具体的操作方法：

可以用一张纸条来表示在 2 cm 到 3 cm 的范围，并在起点 2 cm 处标出刻度。然后找出纸条上的黄金分割点 1（位于长度的 2.618 处），将其作为第一个试点。接下来，找出 x_1 的对称点 x_2，并将其作为第二个试点（如图

9.7 所示)。

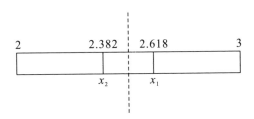

图 9.7 寻找第 2 试点

这两点的草坪长度是

$$x_1 = 2 + 0.618 \times (3 - 2) = 2.618(\text{cm}) \tag{9-9}$$

$$x_2 = 2 + 3 - x_1 = 2.382(\text{cm}) \tag{9-10}$$

比较第一次试验和第二次试验的结果，如果第一个试点比第二个试点更好，那么沿着 2.382cm 处将纸条剪断，去掉 2.382cm 左侧的部分，只保留 2.382 右侧的部分。再找出第三试点。x_2 的对称点 x_3 作为第三试点（如图 9.8 所示）。第三次的草坪长度是

$$x_3 = 2.382 + 3 - 2.618 = 2.764(\text{cm}) \tag{9-11}$$

如果第三试点是好点，则剪掉 2.618 左侧部分，在剩余部分内寻找 x_3 的对称点 x_4 作为第四试点（如图 9.8 所示），可得第四试点的草坪长度为 2.854 cm。

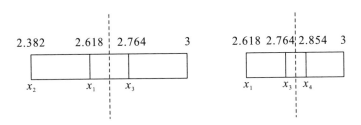

图 9.8 寻找第三、四试点

如果这点比第三点好，则剪掉 2.764 左侧部分，继续按照同样的方法继续进行，就能快速逼近该元素的最佳加入量。

3. 分数法

在本小节一开始我们引进一个数列：

$$F_0 = 1, F_1 = 1, F_n = F_{n-1} + F_{n-2} (n \geqslant 2) \qquad (9-12)$$

该数列称为斐波那契（Fibonacci）数列，即：

$$1,1,2,3,5,8,13,21,34,55,89,144,233,\cdots \qquad (9-13)$$

同时我们知道，任何小数都可以表示为分数，即：

$$\frac{3}{5}, \frac{5}{8}, \frac{8}{13}, \frac{13}{21}, \frac{21}{34}, \frac{34}{55}, \frac{55}{89}, \frac{89}{144}, \frac{144}{233}, \cdots \qquad (9-14)$$

分数法适用于试验点只能取整数的情况。在烘焙中，需要确定巧克力蛋糕的最佳烘焙时间，最佳烘焙时间只可能存在于 0～210 分钟的某个时间。烘焙时间使用一个时钟进行计时，时钟上有 60 个刻度，每个刻度代表 1 分钟。由于烤箱的温度可能会有轻微波动，所以需要通过试验找到最佳的烘焙时间。

一种最朴素的方法是以 1 分钟为间隔，从 1 分钟开始一直到 210 分钟，对烘焙时间的所有可能性进行试验，以找到最佳的烘焙时间。这种方法被称为均分法。然而，由于时钟上的刻度不容易准确到秒，使用 0.618 法可能不太方便。在这种情况下，我们可以将试验范围定为 0～210 分钟，选择 $\frac{13}{21}$ 作为试验的比例。首先选择第一个试验点在 $\frac{13}{21}$ 处，即 130 分钟处，然后选取 $\frac{13}{21}$ 的对称点作为第二个试验点，即 $\frac{8}{21}$ 处，即 80 分钟处。通过多次试验，可以找到最佳的烘焙时间。

在进行分数法选择时，应根据试验区间的特性选择适当的分数。不同的分数选择会导致试验次数的差异。在受到试验次数有限的条件制约下，采用分数法表现出更为优越的优势。

4. 对分法

在前述内容中，探讨了几种方法，这些方法通常通过首先执行两次试验，通过比较来确定最佳点的趋势，随后逐步缩小试验范围，最终确定最佳点。然而，并非所有问题都必须经过两次试验的程序，有时只需进行一次试验就能得出结论。

在一次烹饪中，要确定某种食材的最佳加盐量，范围为 10～50 g。首先，可以使用一个 30 g 的盐量进行第一次尝试。如果食材偏淡，那么可以推断最佳加盐量在 30～50 g 之间；接着使用一个 40 g 的盐量进行第二次尝试。如果仍感觉偏淡，那么可以推断最佳加盐量在 40～50 g 之间；然后继续使用一个 45 g 的盐量进行下一次尝试，如此进行下去，直到找到最佳的加盐量为止。实验过程如图 9.9 所示。

图 9.9　称量过程

在实施称量过程中，我们采纳了对分法，以确保每个试验点位于试验区间的中点。随着每轮试验的进行，试验区间的长度逐步减半，突显了这一方法的简洁性，并且能够快速接近最优点。

然而，并非所有问题都适用于对分法，只有在问题符合以下两个条件时，采用此方法才是合适的：

（1）需要具备一个明确的标准或指标进行评估。每次对分法试验仅执行一次，如果没有清晰的标准，就无法对试验结果进行评估。

（2）必须事先了解因素对指标的影响规律。换句话说，通过一次试验的结果能够直接分析出因素取值是偏大还是偏小。缺乏这一条件将无法确定舍弃哪个范围、保留哪个范围，也就无法决定下一次试验的方向。

5. 盲人爬山法（逐步提高法）

在山上某处，一名盲人怀揣着登上山巅的渴望，迎来了如何有效操作的难题。为了解决这个问题，他首先可以通过手杖仔细感知周围的地形。如果他察觉到前面地势比当前位置更高，他会迈出向前的一步；反之，如果地势没有上升，他将尝试向左移动一步。若左侧的地势高于当前位置，他就会朝左移动一步；如果仍然维持相同高度，他将试探后方。如果后方的地势更高，他会朝后退一步；若仍保持相同高度，他可以尝试右侧。只要右侧的地势高于当前位置，他就会向右迈进一步。如果四个方向都没有发现地势高于当前位置的地方，他将保持原地不动。通过这种逐步行动，他最终能够成功登上山巅。

爬山法适用于正在进行生产且不适合大幅度调整的情况。在这种情况下，它可作为一种有效的优化方法，通过有序的步骤逐渐接近最优解。

单因素优选法我们就介绍到这里，但除了以上详细介绍的方法外，还有抛物线法、分批试验法等着大家自主学习。

（三）双因素优选法

在实际生产中，我们频繁面对着众多因素共同影响的优选难题。举例而言，在食品加工行业，生产某种食品产品时，其口感品质受到原料质量、生产工艺和包装方式等多个要素的复合影响。类似地，在纺织工业中，纤维原料的选择、纺织工艺和染色工序等都是影响纺织品最终产品质量的关键因素。在这些情境中，如何实现最高产量成为多因素优选所面临的核心问题。

解决多因素问题相较于单因素问题更为复杂。面对多因素问题，首要任务是对各个因素进行深入分析，明确主导因素并排除次要因素，将问题从"多"因素化简为"少"因素，以便更容易解决。

本节将介绍一些常用的降维法，包括对开法、旋升法、平行线法、按个上升法和翻筋斗法等。

1. 对开法

如图 9.10，用一矩形代表优选范围：

$$a < x < b, c < y < d \tag{9-15}$$

通过采用单因素法，我们能够在中线 $x = \dfrac{a+b}{2}$ 上找到最大值点 M。类似地，在中线 $y = \dfrac{c+d}{2}$ 上同样可以运用单因素法找到最大值点 N。接着，我们对比点 M 和点 N 的结果，如果 N 的值更大，则可舍弃矩形的 $x <$

$\dfrac{a+b}{2}$ 部分；反之，则去掉另一半。然后，运用相同的方法处理剩下的半个矩形，持续去掉一半，逐步获得所需结果。

值得强调的是，若点 M 和点 N 的试验结果相等，则说明它们位于同一条等高线上。因此，我们可以将图 9.10 中的下半部分和左半部分同时去掉，仅保留第一象限。在这种情况下，当两个试验点的数据无法明确区分时，我们可直接抛弃试验范围的 3/4。

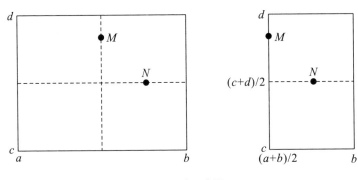

图 9.10　对开法图示

举一个具体的例子：一家制造家用电器的公司正在进行试验，以优化一款新型洗衣机的洗涤效果。在这个案例中，试验的目标是确定最佳的洗涤时间和水温，以使衣物在清洗过程中获得最佳的洁净度和保持质地。据经验，洗涤时间的变化范围为 50 分钟到 90 分钟，水温的变化范围为 30 ℃ 到 70 ℃。

采用对开法进行优选。首先将水温固定在 50 ℃，利用 0.618 法，在洗涤时间 80 分钟时，找到较好的点 G。然后将洗涤时间固定在 70 分钟，再次使用 0.618 法进行优选，得到点 H，如图 9.10 所示。比较点 G 和点 H 的试验结果，发现点 H 的效果更佳，因此我们舍弃下半部分。在剩余的范围内，将洗涤时间固定在 80 分钟，对水温进行优选，结果仍然是点 H 效果最佳，如图 9.11 所示。因此，点 H 被确定为我们所寻找的最佳选择，即洗涤时间为 80 分钟，水温为 50 ℃。

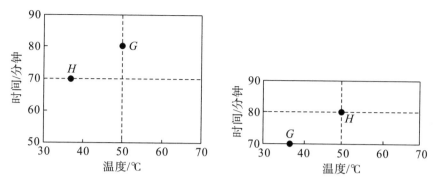

图9.11　对开法确定时间和温度

2. 旋升法

如图 9.11，一矩形代表优选范围：

$$a < x < b, c < y < d \tag{9-16}$$

首先，在一条中线 $x = \dfrac{a+b}{2}$ 上，运用单因素优选法以寻找最大值。假设最大值出现在 G 点。随后，在 G 点作一条水平线，然后继续使用单因素优选法在该水平线上找到新的最大值，假设在 G_1 处取得最大值。在此刻，我们需要剔除通过 G_1 点分割的部分，但不包括 G_2 点。接下来，在通过 G_2 点的垂直线上继续寻找最大值，假设在 G_3 处取得最大值。此时，我们需要去除 G_2 点上方的部分，并持续进行这一过程，直至找到最佳点。

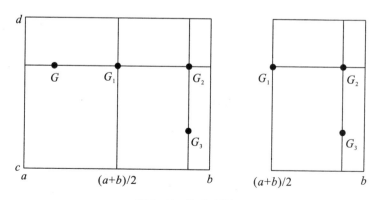

图9.12　旋升法图示

在这一方法中，每次进行单因素优选时，都将另一因素锁定在上一轮优选所得最佳点的水平位置。而确定哪个因素排在前，哪个排在后，对于优化速度有着重要影响。

3. 平行线法

在调整两个因素时，若其中一个（如 x）较为灵活，而另一个（如 y）则不太容易调整，这时推荐采用"平行线法"。首先，将 y 固定在范围（c，d）的 0.618 位置，即选取该范围的 0.618 倍作为固定点：

$$y = c + (d - c) \times 0.618 \qquad (9-17)$$

用单因素法找最大值，假定在 G 点取得这一值，再把 y 固定在范围（c，d）的 0.382 处，即取：

$$y = c + (d - c) \times 0.382 \qquad (9-18)$$

采用单因素法寻找最大值，在 H 点取得这一值，在 G，H 处的结果比较中，如果 G 点更优，则去掉 H 点下面区域，即去掉 $y \leqslant c + (d - c) \times 0.382$ 的部分，如图 9.13 所示（反之，去除 G 点上方的部分），随后，用相同方法处理剩余区域。

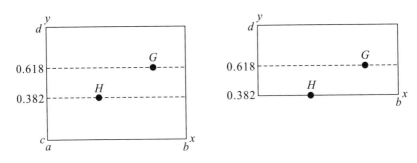

图 9.13　平行线法图示

需要注意的是，因素 y 的选点方法不一定限定在 0.618 法，也可选择其他合适的位置。

前述方法均为先锁定因素Ⅰ，优化因素Ⅱ，然后再锁定因素Ⅱ，优化因素Ⅰ，反复进行优化试验。然而，在实际应用中，由于设备或其他条件的限制，可能会出现一个因素难以调整，而另一个相对容易调整的情况，例如因素Ⅰ是浓度，因素Ⅱ是流速，而调整浓度较为困难。在这种情况下，上述方法并不太适用。

设影响试验结果的因素为因素Ⅰ和因素Ⅱ，其中因素Ⅰ难以调整。首先，在因素Ⅰ难以调整的情况下，将其锁定在 0.618 的位置，运用单因素方法对另一因素Ⅱ进行优化，设最佳点为 A_1。接着，将因素Ⅱ固定在对称点 0.382 的位置，再次使用单因素方法对因素Ⅰ进行优化，获得最佳点 A_2。对比 A_2 和 A_1 两点上的试验结果，A_1 更好，则去掉 A_2 点以下的部分（图 9.14 中阴影部分），如果 A_2 点比 A_1 点好，则去掉 A_1 点以上的部分。

接着，按 0.618 法找出因素Ⅰ的第三点 0.764。第三次试验时，将因素Ⅱ固定在 0.764，用单因素优选方法对因素Ⅰ进行优选，A_3 点为最优点，再次比较 A_3 点和 A_1 点，若 A_1 点更好，则去掉 0.764 以上区域。如此循环进行，直至得到满意的结果。

这一方法的独特之处在于每次试验都在相互平行的直线上进行，因此被称为平行线法。

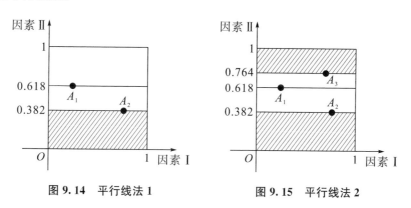

图 9.14 平行线法 1　　　　　图 9.15 平行线法 2

因素Ⅱ上的取点方法是否一定要按 0.618 法? 不一定，也可以用其他方法，例如可以固定不变，这样可以少做试验。

我们已经介绍了双因素优选法的基本内容，但除了上述详细介绍的方法外，还有其他方法，例如按格上升法等。大家可自主学习和探索。

三、统筹法

大家是否还记得导引中提到的"蒸馒头问题"呢？我们曾提到这个问题可以通过使用统筹法来解决，但是关于统筹法的概念以及如何应用它仍然存在一些疑问。因此，在本节中，我们将引领大家了解统筹法的概念，它的应用范围以及一些常见的使用方法。

（一）什么是统筹法

统筹法是一套系统管理和决策策略，其主要目标在于实现资源的最佳配置和合理利用。

这种方法的基本原理包括通过网络图的形式对整个系统进行全面规划，依据先后顺序进行协调。通过深入的分析和精确的计算，该方法致力于确定关键工序或关键路径，通过不断的优化过程，使得系统对资源（如人力、物力、财力等）进行合理安排和高效利用，以在最短的时间内、最小的资源耗费下实现系统的预定目标，取得最佳的管理效益。统筹法的核心思想在于找到关键路线，然后在保障关键路线的前提下，全面考虑其他工序的资源配置和安排，实现任务更迅速、更优的完成。实际上，这种合理的计划思想或多或少在我们的日常工作和生活中都有所体现。

（二）统筹图的绘制

统筹图的结点全部以圆形呈现，实际上，统筹图上就是一个包含时间因素的作业流程图。

在研究和应用网络计划技术之前，需要先熟悉相关的网络符号和工程术语。

1. 工序

在工程中，各独立活动环节被称为工序。工序使用箭线表示，在统筹图中，箭线的两侧标注了该工序的代号（标在左上侧），以及完成该工序所需的时间数据（通常以小时为单位，称为工时；以天为单位，称为工期，标在右下侧)。

2. 结点

表示工序开工事件的点称为开工结点，也称为箭尾结点（即表示工序的箭线的起点）；表示工序完工事件的点称为完工结点，也称为箭头结点（即表示工序的箭线的终点）。这两者统称为结点。

结点用圆圈表示，在统筹图中，由于结点在时间轴上表现为一个时刻，因此在圆圈内部标记结点的编号，通常使用非负整数表示。

3. 统筹图

将表示工序的箭线和表示结点的圆圈组合在一起，并标注工序所需的时间，就形成了一张赋权有向图，即统筹图。

（三）统筹图案例分析

某项工程项目各个工作明细见表 9.1。

表 9.1　工作明细表

工作	紧前工作	持续时间
A	—	4
B	—	3
C	A	3
D	A，B	2
E	A，B	4

画出该工程的双代号网络计划图并计算出各个工作的最早开始时间 ES（Early Start）、最终完成时间 EF（Early Finish）、最迟开始时间 LS（Last Start）和最迟完成时间 LF（Last Finish），并找出关键路径。根据题意画出该工程的双代号网络计划图如图 9.16 所示。

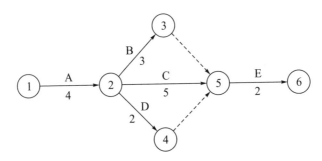

图 9.16 此项工程统筹图

计算工作的最早开始时间 ES 和最早结束时间 EF 应该从双代号网络计划图的起始点开始，沿箭线方向依次逐项的计算。第一项工作的最早开始时间为 0，记作 $ES_{1-j}=0$。第一件工作的最早完成时间 $EF_{1-j}=ES_{1-j}+D_{1-j}$。第一件工作完成后，其紧后工作才能开始。它的工作最早完成时间 EF 就是其紧后工作 最早开始时间 ES。本工作的持续时间 D。计算工作的 ES 时，当有多项紧前工作情况下，只能在这些紧前工作都完成后才能开始本工作。因此本工作的最早开始时间是：$ES=\max$（紧前工作的 EF）其中 $EF=ES+$工作持续时间 D，表示为：

$$ES_{i-j}=\max_h(EF_{h-i})=\max_h(ES_{h-i}+D_{h-j}) \qquad (9-19)$$

计算最早开始时间和最早完成时间的过程和结果见表 9.2。

表 9.2 最早时间计算表

工作 $i-j$	持续时间 D_{i-j}	最早开始时间 ES_{i-j}	最早完成时间 EF_{i-j}
A (1-2)	4	$ES_{1-2}=0$	$EF_{1-2}=ES_{1-2}+D_{1-2}=4$
B (2-3)	3	$ES_{2-3}=4$	$EF_{2-3}=ES_{2-3}+D_{2-3}=7$
B' (3-5)	0	$ES_{3-5}=EF_{2-3}=7$	$EF_{3-5}=ES_{3-5}+D_{3-5}=7$
C (2-5)	5	$ES_{2-5}=4$	$EF_{2-5}=ES_{2-5}+D_{2-5}=9$
D (2-4)	2	$ES_{2-4}=4$	$EF_{2-4}=ES_{2-4}+D_{2-4}=6$
D' (4-5)	0	$ES_{4-5}=EF_{2-4}=6$	$EF_{4-5}=ES_{4-5}+D_{4-5}=6$
E (5-6)	2	$ES_{5-6}=\max(EF_{3-5},EF_{2-5},\ EF_{4-5})=9$	$EF_{5-6}=ES_{5-6}+D_{5-6}=11$

计算工作最迟开始时间 LS 与工作最迟完成时间 LF 应该从网络图的终点节点开始，采用逆序法逐项计算。即按逆箭线方向，依次计算各工作的最迟完成时间 LF 和最迟开始时间 LS，直到第一项工作完成为止。网络图中最后一项工作的最迟完成时间应由工程的工期确定。在未给定工期时，可令其等于其最早完成时间。而最早完成时间通过上面的计算我们已经知道了。工作的最迟开始时间等于最迟完成时间减去持续时间。即 $LS_{i-j} = LF_{i-j} - D_{i-j}$；当有多个紧后工作时，最迟完成时间 $LF = \min$（紧后工作的 LS）。具体算法由表 9.3 最后一行向上逆序进行。

表 9.3　最迟时间计算表

工作 $i-j$	持续时间 D_{i-j}	最迟完成时间 LF_{i-j}	最迟开始时间 LS_{i-j}
A（1—2）	4	$LF_{1-2} = \min(LS_{2-3}, LS_{2-4}, LS_{2-5}) = 4$	$LS_{1-2} = LF_{1-2} - D_{1-2} = 0$
B（2—3）	3	$LF_{2-3} = LS_{3-5} = 9$	$LS_{2-3} = LF_{2-3} - D_{2-3} = 6$
B′（3—5）	0	$LF_{3-5} = LS_{5-6} = 9$	$LS_{3-5} = LF_{3-5} - D_{3-5} = 9$
C（2—5）	5	$LF_{2-5} = LS_{5-6} = 9$	$LS_{2-5} = LF_{2-5} - D_{2-5} = 4$
D（2—4）	2	$LF_{2-4} = LS_{4-5} = 9$	$LS_{2-4} = LF_{2-4} - D_{2-4} = 7$
D′（4—5）	0	$LF_{4-5} = LS_{5-6} = 9$	$LS_{4-5} = LF_{4-5} - D_{4-5} = 9$
E（5—6）	2	$LF_{5-6} = EF_{5-6} = 11$	$LS_{5-6} = LF_{5-6} - D_{5-6} = 9$

那么我们应该如何寻找一个网络图的关键路径呢？这就要引入总时差的概念，总时差 $TF_{i-j} = LS_{i-j} - ES_{i-j}$。$TF_{i-j}$ 是指在不影响工期的前提下，工作所具有的机动时间。一个工作的总时差为 0，说明在不影响工期的前提下，这个工作的开始时间是固定的，我们没有选择的空间。我们把这样总时差为 0 的工作形成的路径叫作关键路径。各项工作的总时差计算结果如表 9.4 所示。

表9.4　总时差计算表

工作i—j	最迟开始时间 LS_{i-j}	最早开始时间 ES_{i-j}	总时差 TF_{i-j}
A（1—2）	0	0	0
B（2—3）	6	4	2
B（3—5）	9	7	2
C（2—5）	4	4	0
D（2—4）	7	4	3
D'（4—5）	9	6	3
E（5—6）	9	0	0

找出总时差为0的工作，确定关键路径如图9.17所示，工期为22。

A ——→ C ——→ E

图9.17　关键路径图

四、优选法和统筹法的区别和联系

（一）优选法和统筹法的区别

目标导向：优选法注重选择最优解决方案，通过比较不同的选择，选取对于达成特定目标最好的方案。而统筹法则更关注整体的平衡和协调，追求多方面的利益最大化，通常会考虑各种利益相关者的观点和需求。

方法特点：优选法通常是基于定量分析和评估的，通过建立模型、指标体系和评分标准等方法来评估每个选择的优劣程度，最终选出最佳方案。统筹法则更加注重整体性和综合性，需要综合考虑多个因素，包括经济、社会、环境等各个方面的因素。

时间因素：优选法一般更注重短期的利益和效果，追求最快速的解决方案。而统筹法则更注重长期的发展和可持续性，需要考虑长期影响和可行性。

（二）优选法和统筹法的联系

决策支持：无论是优选法还是统筹法，都是为了提供决策支持和指导。它们都是帮助管理者在复杂的环境中作出明智的决策，从而实现组织的目标。

决策流程：优选法和统筹法都需要经历一系列的决策流程。它们都需要明确问题的定义、数据的收集和分析、方案的评估和比较等步骤，以便选择最佳的解决方案。

目标关联：尽管优选法和统筹法对目标的关注点略有不同，但它们都与组织的目标相关。优选法通过选择最佳方案来实现特定目标，而统筹法通过协调各种利益并追求多方面的利益最大化来达成目标。

（三）优选法和统筹法的互补性

综合决策：优选法和统筹法可以结合使用，通过综合考虑不同因素和利益，制定更全面的决策方案。优选法注重选择最优解决方案，通过定量分析和评估来进行选择；而统筹法注重整体平衡和协调，综合各种利益并考虑长远发展。综合运用两者可以在选择最佳方案的同时，保证整体利益的最大化。

组合优势：优选法和统筹法各自具有一些优势，通过综合运用可以发挥它们的组合优势。优选法注重定量分析和评估，能够提供清晰的比较结果和较高的决策效率；而统筹法注重整体平衡和协调，能够考虑多方利益并实现长期可持续发展。通过结合两种方法，可以在选择最佳方案的同时，保证整体利益的最大化。

决策完整性：优选法和统筹法在解决问题时各自强调不同的方面，综合运用可以增强决策的完整性。优选法能够帮助管理者明确目标、进行评估和选择，保证决策的科学性和准确性；而统筹法能够在多个利益相关者间进行平衡和协调，确保决策的公正性和可接受性。通过综合运用，可以综合考虑各种因素，使决策更加全面和有效。

五、深化"双法"

最后，我们将对优选法和统筹法进行深入的学习和探索，以便我们能够在面对复杂问题时，更有效地运用这两种方法。

（一）优选法和统筹法的互补性

每一天，我们的生活都面临无数的最优化问题：上班怎么选择乘车路线，才能舒服又快速地到达公司；旅游如何选择航班和宾馆，既省钱又能玩得开心；跳槽应该选择哪家公司，才能实现钱多、事少、离家近；买房子应该选在哪里，才能交通发达有学区，生活便利升值快。

可以看出，上面所有的问题都面临无数的选择，我们会根据自己的偏好对每个选择打一个不同的分数，再从所有的选择中找出最优的一个。这个寻求最优解的过程其实就是最优化问题，我们要打的分数就称为目标函数。

最优化问题往往还要面临一定的约束条件，比如对旅行路线的选择，总花费和出发、到达时间就构成了约束条件；对买房子的选择，离公司的路程、总价也可能构成约束条件。我们选择的最优解也必须满足这些约束条件。

实际上，最优化问题是机器学习、人工智能等问题的基础，也在互联网广告、推荐系统、机器人、无人驾驶等领域有着广泛应用。

目前炙手可热的深度学习的兴起也依赖于最优化方法的改进。最优化方法是机器学习中模型训练的基础，机器学习的很大一部分内容就是通过最优化方法找到最合适的参数，使得模型的目标函数最优。

结合上面的例子，可以引出最优化问题的三个基本要素：目标函数，用来衡量结果的好坏；参数值，也即未知的因子，需要通过数据来确定；约束条件，也即需要满足的限制条件。

在实际的工作中，我们如何来选择最优化问题的解法呢？基本的依据有以下几点：目标函数是否连续可导；目标函数的形式，根据目标函数是否为线性函数或者二次函数，将解法分为离散最优化方法、线性规划和二次规划与连续最优化方法。

线性规划和二次规划是运筹学的重要研究内容，适用于目标函数是线性或二次函数的形式。

连续最优化方法适用于逻辑回归、SVM、神经网络等机器学习问题，主要方法包括梯度下降、牛顿法和拟牛顿法。

（二）统筹法的发展——动态博弈网络技术

动态博弈网络技术是一种现代创新，它结合了动态博弈理论和网络科学方法，旨在解决复杂系统中的决策和协调问题。在过去几十年里，全球范围内的许多领域，尤其是航空、交通、能源等领域，面临着日益复杂的问题和挑战。传统的规划和决策方法往往无法有效地应对这些复杂性，并且在实际应用中存在许多局限性。因此，需要一种能够应对复杂性和不确定性的新型方法。

动态博弈网络技术的提出是为了解决现实世界中复杂系统的决策和协调问题。它借鉴了博弈论、网络科学和优化方法的理论和方法，将其结合应用于动态博弈环境中。

动态博弈网络技术的主要特点包括：

（1）考虑参与者的策略和环境的动态变化。传统博弈论中的策略是静态的，而动态博弈网络技术考虑了参与者在不同时间点上可以采取不同的策略，并且参与者的策略和环境会随着时间的推移而变化。

（2）考虑参与者之间的相互依赖和相互影响。动态博弈网络技术认识到参与者的决策会对其他参与者产生影响，并且会受到其他参与者的决策影响，因此需要考虑参与者之间的相互依赖关系。

（3）考虑多样化和冲突的目标。动态博弈网络技术中的参与者通常具有多样化和冲突的目标，需要在博弈的过程中进行权衡和协调。

测试

第十章 库存问题：哈里斯的经济订货策略

学习目标

· 了解库存和常见的库存问题

· 了解库存问题的产生原因

· 对经济订货策略的深入理解和应用

· 思考经济订货策略的发展趋势

库存的概念源远流长，从原始人时代的囤食过冬，到古代的"仓廪府库"，再到现代的水库蓄水、超市进货，甚至是购物节人们大量囤货，这些现象都与库存息息相关。随着商业、贸易和物流业的飞速发展，库存的内涵愈发丰富，成为关乎许多企业兴衰的核心要素。库存问题的研究，即存贮论，是运筹学的重要分支。本讲将讲解库存问题的相关知识，并重点介绍哈里斯的经济订货策略，帮助读者们认识了解。最后，通过一则小故事，希望引发大家关于库存问题解决策略未来发展的思考。

每个制造商在发出订单时都面临着确定最经济生产数量的问题。这是一个普遍问题，也有通用的解决方案。尽管在特定情况下可能需要运用判断力，但了解通用解决方案将有助于这种判断力的发挥。

——［美］福特·惠特曼·哈里斯

一、认识库存问题

在看过导引后，相信大家都发现自己或多或少对"库存"有所耳闻，也有着一定的感受和了解。然而谈到"什么是库存问题"，也许大家还有些疑惑。相信通过本小节的学习，你能有所感悟。

（一）案例引入——网店危机

李梅是一家化妆品网店的老板，她的网店主要经营平价国货彩妆，拿到了热门彩妆 A 品牌的授权，进货渠道稳定。李梅为了网店的运营操碎了心，盼着靠它赚个盆满钵满，然而事与愿违。开店初期，李梅踌躇满志，准备大干一场，加之此时品牌方给了她新人折扣，于是她大量进货，相信很快就能卖出并回笼资金。然而，现实很快就给了她当头一棒。不知是营销不到位，还是进入了彩妆销售淡季，连续几个月，李梅的店铺销量都不理想。长此以往，连回本都遥遥无期，更别提赚钱了。

李梅焦虑极了，员工工资、品牌授权费、店铺运营费、积压的库存，像几座大山压在她的心头。此时有人提议，要加大营销投入，以提高商品销量。李梅采纳了这个建议，然而资金都压在了库存上，她拿不出钱来大量投广告，于是李梅选择了自行直播的方式来营销，并以低价的形式赶快清理一批过气的款式。

又经过几个月，直播带货有起色了，产品销量逐渐走好，特别是腮红类产品库存明显减少。突然有一天，店内一款腮红成了爆款，店铺迎来了一波下单高潮。就在李梅以为苦尽甘来之时，仓库又出事了。原来李梅忙着清积压库存，已经很久没向品牌订货了，现在此款腮红库存告急，再向工厂重新订货已然来不及。更糟糕的是，订单超卖，发不出货，客服只能忙着安抚顾客、取消订单。最终，李梅只能以无货的原因下架商品，不仅白白错过了赚钱的好机会，而且还赔上了店铺信誉。

分析这两次危机，似乎都与"库存"脱不开干系。第一次危机，李梅盲目冒进，贪图折扣，导致高库存占用了大量资金；第二次危机，李梅没有时刻关注产品的库存情况，缺乏合理的订货计划，导致低库存满足不了顾客需求。

电商从业者中流行着一句话："电商之死，始于库存，始于资金链的断裂。"库存经常成为压垮电商企业的最后一根稻草。网店经营者一直面临着一个两难的境地：库存多，资金压力大、经营费用高、库存风险大，缺货率低、客户满意度高；库存少，资金压力小、经营费用低、采购费用高，库存风险小，但缺货风险高、造成客户流失。因此，网店经营者必须重视库存管理，以保证在满足客户服务水平的条件下，在合适的时间采购合适的商品数量。

不仅是电商，制造型企业遇到需要订货和补货的情况更为频繁。实际生产生活中，可能就会出现下面两种库存订货情况。

情况 1：订货量过多。

供应商提供批量采购折扣，购买 10000 件产品，折扣 6%。计划员小蔡被折扣吸引，为了节约成本，一次性购买 10000 件产品。但是该产品有效期仅一年，而工厂的年消耗量为 8000 件。最后导致 2000 件产品过期报废，报废成本远远高于采购折扣节省下的资金。

情况 2：订货量不足。

公司要求降低库存，物料计划员小贾将某物料的安全库存取消，根据该物料的历史平均消耗量 50 件/天，固定每周下单 350 件。某周由于天气恶劣导致交通受阻，而用量又突然增加，导致供货不及时，最终断料停线，停线成本远高于库存成本。

这都是订货数量和下单时间不正确导致的。解决类似的问题，就需要确定正确的订货数量和正确的订货时间。

因此，库存问题通常可总结为两类：

"存贮多少数量最为经济？"

"什么时候下单，以及每次下单补充多少？"

在控制库存水平和整体订货成本的前提下，企业需要保证生产或销售的供应。所以，库存量、订货数量和下单时间，是每一位生产经营者在下单前需要权衡的关键点。而寻求合理的存贮量、补充量和补充周期就是存贮论研究的重要内容，由它们构成的方案就叫存贮策略。

（二）库存问题产生的原因

为什么库存管理会出现这么多难题呢？为什么不能随心所欲地订货呢？

库存问题出现的原因，可以概括为"时间性"和"成本"两点。

1. 库存的时间性

谈起库存，我们生活中非常容易接触到的就是食品库存。我们购买一箱牛奶回家前，通常会查看一下牛奶的保质期。假如保质期离我们估算喝完的时间还有相当一段时间，我们更乐意购买这箱牛奶，并将其存在冰箱里；甚至我们会比较牛奶生产日期，选择最新鲜产出的那一批，因为这就表明它的保质期更长，可以存放更久。

在购买牛奶的过程中，我们反复纠结比较的，就是库存的时间性。

并非只有食品库存有时间性。任何库存，也可以说任何商品都有时间性。比如电子产品，随着存放时间的延长和新型号的更替出现，旧型号的价值就越来越趋向于零。例如摄影界耳熟能详的"佳能无敌兔"（即佳能5Dmark2），2008 年推向市场时以 14800 元的价格碾压同价位对手，登顶"机皇"宝座，然而 16 年过去了，现在它的机身价格已沦落到 1500 元了。随着时间流逝，商品价值大打折扣，真正印证了那句戏言："2008 年，有钱才摸得着 5D2；2024 年，没钱还是用 5D2 吧。"

可见，企业应该衡量好库存品的时间性，避免长期库存。库存时间越长，商品越容易变成滞销品、淘汰品、贱卖品、返厂品等等，最终沦为死库存。因此，我们订货时就需要好好考虑所订商品的数量，避免积压库存，使库存丧失价值。

2. 库存成本

库存越增加，使用的仓库面积就越多。平面仓位置不够的话，可能启用货架的立体仓，立体仓面积受到严峻挑战时，甚至会缩窄货架之间的通道面积来增加货架的数量，更可能使用到装卸区域等来存放库存。当这一切都无法解决的时候，就必然要增加新的仓库了。

某一公司每月需要库存 2498 个 A 商品，需要仓库面积约 1300 平方，每平方的月租费用为 30 元，同时每个 A 商品的入库操作费用约为 1 元。请你计算每月保管这些货物需要花费的资金。

经计算，每月保管这些货物需要 41498 元以上。

这 41498 元摊分在 2498 个 A 商品上，每个 A 商品平均的费用大概是 16 元，这么看起来的话似乎金额不算很大，然而一旦汇总每个月支付 4 万多元，就是一个相当大的成本支出。假如还要增加新的仓库，成本费用又是一个攀升。除此之外，还要承担一些物流耗材，比如托盘，捆包膜，纸箱，木箱等等，又是另外一笔成本了。

现代企业经营，绝大部分的现金流动都是靠股东出资和银行贷款来购买货物进行经营的。而库存留在仓库，就意味着购买这批库存的资金处于"休眠"状态，并且还要支付给银行贷款的利息。

如之前提到的采购成本占据 80%，并且银行的贷款利率是 6%，这 2498 个 A 商品的销售价值大概在 1000 万元左右，请你再计算出 A 商品的贷款利息。

经计算，A 商品一个月的贷款利息为 4 万元。这是非常理想的还款情况下的计算结果，然而现实中商家和客户还存在结算账期，即使卖掉了货物，依然还没法马上收到款项偿还给银行，这么一来这项成本还可能增加。

加上刚才的物流成本，也就是每个月的库存持有成本为：

$$41498 \text{ 元（仓储成本）} + 40000 \text{ 元（贷款利息）} = 81498 \text{ 元} \quad (10-1)$$

如果库存持有一年的话，总计会有 977976 元的库存成本，也就是差不多每年 100 万的库存持有成本！

因此，面对高昂的库存成本，该公司不得不慎重考虑库存数量。

（三）库存问题的解决之法

那么要如何解决库存问题呢？存贮论便是致力于研究库存问题的专门学科，存贮论是运筹学中发展较早的分支。

早在 1915 年，福特·惠特曼·哈里斯（Ford Whitman Harris）针对银行货币的储备问题进行了详细的研究，建立了一个确定性的存贮费用模型，并求得了最佳批量公式。1934 年，威尔逊（R. H. Wilson）重新得出了这个公式，后来人们称这个公式为经济订购批量公式（简称为 EOQ 公式）。存贮论真正作为一门理论发展起来还是 20 世纪 50 年代的事。1958 年，威汀（T. M. Whitin）发表了《存贮管理的理论》一书，随后阿罗（K. J. Arrow）等发表了《存贮和生产的数学理论研究》，毛恩（P. A. Moran）在 1959 年写了《存贮理论》。此后，存贮论成了运筹学中的一个独立的分支，并有学者陆续对随机或非平稳需求的存贮模型进行了广泛深入的研究。

随着库存问题日趋复杂，所运用的数学方法日趋多样。其不仅包含了常见的数学方法、概率统计、数值计算方法，也包括了运筹学的其他分支，如排队论、动态规划、马尔科夫决策规划等等。大数据时代，学者们更是将计算机算法与运筹优化结合，利用机器学习、深度学习，构建神经网络模型、深度学习模型，实现需求预测、自动补货、智慧库存。

随着企业管理水平的提高和科学技术的进步，存贮论将得到更广泛的应用。在本章中，我们会重点介绍最经典的运筹学存贮论模型——哈里斯的经济订货策略，并且拓展其他库存模型，这些模型都能帮助物料采购者回答"我应该订多少货"的问题。

二、哈里斯的经济订货策略

（一）传奇人物——哈里斯

福特·惠特曼·哈里斯是经济订货量模型的创始人，是位杰出的工程师和专利律师。比他的职业生涯更引人注目的是，他在 17 岁之后没有接受过正规教育，从广泛的意义上说，他几乎全靠自学成才。然而，他获得了 100 多项发明专利，他被允许在美国最高法院执业，他为管理学领域做出突出贡献。

哈里斯作为发明家的活动跨越了 50 多年。作为一名电气工程师，直到 1916 年，他的大部分早期专利都是关于电气设备的，如断路器和开关、保险丝和电动机控制器，而且都被分配给了西屋公司。而他后来的许多专利都与石油开采有关，比如抽油装置、脱水机和油乳化分离器，以及扩井装置。但他也发现过其他诸类物件，如圆盘耙、两台自动热水器和一辆"带固定转盘的侧载车"。

图 10.1　福特·惠特曼·哈里斯（1877—1962）

　　哈里斯关于管理主题的著作从 1913 年开始迅速连续出版。他的第一篇完整论文《一次制造多少零件》（"How Many Parts to Make at Once"）提出了 EOQ 模型，发表在 1913 年 2 月的《管理杂志》（*The Magazine of Management*）上。第二个月，他发表的另一篇论文《应保留多少库存》（"How Much Stock to Keep on Hand"）更多地从系统的角度看待库存函数，并显示出对营销、工程和生产之间需要协调的相当理解。哈里斯的一篇论文，对我们熟悉的"制造还是购买"问题做出了重点的早期贡献，该论文于 1914 年发表在《商业杂志系统》上。1915 年，肖文公司出版了一套六卷的《工厂管理图书馆》（*The Library of Factory Management*）。哈里斯的关于 EOQ 模型的论文被包括在题为"制造多少零件多少数量"的章节中。多年来，这一章被认为是 EOQ 模型的最初介绍。哈里斯的另外两篇论文，一篇是关于库存系统的，另一篇是关于生产或购买问题的，也成为这些书中合著的章节。此外，他还被列为另外两个章节"保持质量达到标准"和"紧急情况－关键测试"的材料贡献者。

　　在专利法领域，哈里斯撰写或合作撰写了两本书和二十多篇文章和评论。他在这一领域的著述始于 1914 年发表在《机械》杂志上的一系列关于实用专利问题的文章，并一直持续到 1954 年，当时他已经 76 岁了。早期的一篇发表于1921年的文章，也许最能引起管理学界的兴趣，因为它是对美国专利局的基本运筹学分析。

除了热爱研究和工作，哈里斯也是一个热爱生活和家庭的人。他的女儿，简·哈里斯·史密斯评论说，她的父亲是一个热情的高尔夫球手和鳟鱼渔夫，喜欢探索的范围能从整个太平洋海岸到不列颠哥伦比亚省，他还是个摄影"狂人"，喜欢自己冲洗照片。她补充道："纯粹的社交活动让他感到厌烦，我爱交际的母亲白天外出，晚上他们待在家里。这对我们，他的孩子们来说是可爱的……他也是世界上最有趣的人之一。我一直认为，如果他选择走这条路，他可能会成为另一个马克·吐温。他在史丹佛写给我的信，让我所有的朋友都乐此不倦。"

在哈里斯死后写的一篇悼词的结尾是这样的："许多当地的专利律师都是在他善意的建议和训练下获得了起步。他的善良和对原则的坚守，将长久地激励着所有认识他的人。虽然我们记住福特·惠特曼·哈里斯主要是因为他对 EOQ 模型的贡献，但他的一生对我们的意义和意义远远超出了这一成就。"

（二）EOQ 模型

哈里斯的经济订货策略中，最重要的就是对经济订货量（Economic Order Quantity，EOQ）的理解。

大家都知道，买东西是有成本的，其中最主要的有两部分。首先是订货的成本。要知道在 100 多年前，发明 EOQ 模型的那个年代是没有电脑的，下订单全靠手工计算，然后做文件资料。在模型设计者看来，不管买多少数量，订货成本都是一样的，买 100 件和 1 万件的订货成本没有差别，这是模型的假设。第二个成本是商品的持有成本，货物在没有卖出去之前，会产生一些费用，如果你是借钱来买商品，就需要支付利息和保管费，这部分费用与商品价格和订货量有关。

经济订货量是通过平衡订货成本和库存持有成本，来确定最低总成本的最佳订货量。

下面这张天平图形象地表明了"库存持有成本"和"订货成本"之间相

互矛盾的关系：

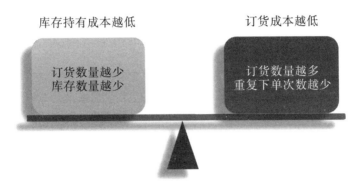

图 10.2 持有成本与订货成本关系图

订货数量越高，重复下单的次数就越少，订货成本降低。然而会有更多的库存需要管理，所以库存持有成本升高。订货数量越低，重复下单的次数会增多，订货成本升高。然而需要管理的库存减少了，所以库存持有成本降低。EOQ 就是要权衡这两者，寻求总成本最低的订货数量。

什么时候总成本最低呢？

哈里斯发现极值位于当订货成本等于库存持有成本的时候，此时总体成本是最低的。该极值点的订货数量 Q^*，即经济订货量 EOQ。

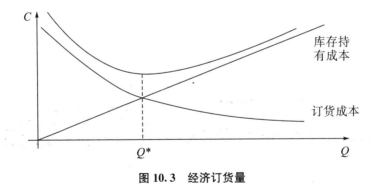

图 10.3 经济订货量

哈里斯的经济订货策略适用于：

（1）已知需求量且对产品的任何需求都能及时满足，不存在缺货的情况；

（2）已知连续不变的需求速率，库存量随时间均匀连续地下降；

（3）订货成本、单位储存成本及订货提前期保持不变，库存补充的过程可以在瞬间完成（即整批订货同时到达）；

（4）与订货数量和时间保持独立的产品的价格不变（即购买数量或运输价格不存在折扣）；

（5）不限制计划制定范围；

（6）多种存货项目之间不存在交互作用；

（7）没有在途存货；

（8）不限制可得资本等。

（三）求解方法

我们先来建立一个场景，这样就更有代入感。

小明大学毕业后选择自主创业，他在成都开了一家功夫茶馆，需要经常采购高品质的茶叶。小明的店生意不错，采购的茶叶都可以消耗完，需求量就等于采购量，其中销量最好的是茉莉花茶，他平均每年需要采购500包茶叶，所以年需求量就是500包。为了使采购库存经济效益最大化，小明现在思考，每次采购多少包茉莉花茶叶最好呢？

这个问题可以看作运筹学中库存论的典型，可以运用哈里斯的经济订货策略来解决，下面进行分析建模。

第一步：计算每年订货成本。

$$\text{每年订货成本} = \text{订单数量} \times \text{每个订单的下单成本} \quad (10-2)$$

假设小明每次的订货量是 Q，那么他在一年中就需要采购 $500/Q$ 次，这是反比关系，每次买的数量越多，则一年中采购次数就越少。

虽然小明只需从网上下单，然后等待供应商送货上门，不需要损耗其他费用。但是小明每次下单都需要花费一些时间，而时间是有成本的，他在这段时间里可以多做几杯茶，或是陪顾客聊聊天，维系顾客关系。他为了订货，就做不了这些增值的事情了，所以订货过程还是有成本的。

假设小明每次下单补货，不管买多少包茶叶，都需要增加10元的下单成本。那么，可以得出每年的订货成本 C_R 为：

$$C_R = \frac{500}{Q} \times 10 = \frac{5000}{Q} \qquad (10-3)$$

小明每次只订购 1 包茶叶，全年他需要采购的次数是 500 次，年订货成本就是 5000 元。如果小明为了省事，每次买 100 包，一年里只需要采购 5次，那么年订货成本只需 50 元。店家承诺一包就发货，因此这里最小起订量就是一包。

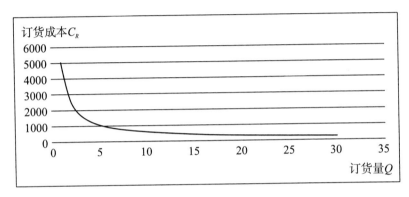

图 10.4 订货成本折线图

如果将每年订货成本计算公式作图，我们可以发现这条曲线的特征是：在最初阶段，随着每次订货量的增加，订货成本迅速降低，接下来的降速不但变慢了，而且永远也不会为零。

第二步：计算每年库存持有成本。

$$每年持有成本 = 平均库存量 \times 持有成本 \qquad (10-4)$$

小明店里主推的这种茶叶不能长期存放，时间久了，茶香味会消散，茶汤的颜色也会变化，影响口感，因此小明不能囤太多茶叶。并且，如果囤积了太多包茶叶，还会占用小明的流动资金，会影响他采购其他原料，也影响他支付店铺租金、员工工资和其他运营费用。

经过小明的测算，每包茶叶每年会占用 200 元的资金成本。

茶叶的库存越多，小明的库存持有成本就越高，这点非常符合逻辑。如何来计算平均库存量呢？EOQ 模型里使用了一个非常朴素的方法。

假设小明每次都是等到库存消耗殆尽了才安排补货，而且都是立即到货，每次补货的数量也是固定的，这样他的库存最小值为零，最大值就是经济订货量 Q，如下图 10.5 所示：

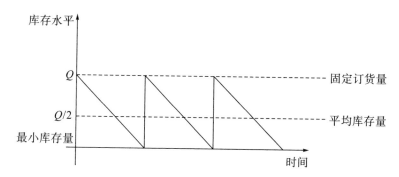

图 10.5　茶叶的库存变动图

所以平均库存就是零加上 Q 除以 2。

年持有成本 C_H 为：

$$C_H = 200 \times \frac{Q}{2} = 100Q \qquad (10-5)$$

接着我们作出每年持有成本和订货量的折线图。

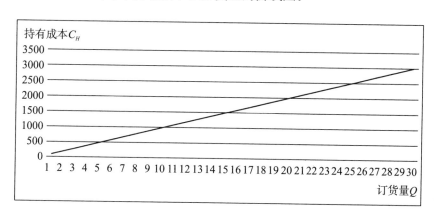

图 10.6　持有成本折线图

通过图像可以发现，随着每次订货量的增加，小明的茶叶平均库存越多，它的持有成本就会越高，二者成正比关系。

第三步：计算每年总相关成本。

$$每年总相关成本 = 每年订货成本 + 每年持有成本 \quad (10-6)$$

从图 10.7 中可以看出，订货数量与总相关成本间的关系。这条曲线很有意思，一开始随着订货数量的增加，总成本逐渐减少，但是订货数量达到一定水平之后，总成本开始回升。要帮助小明使库存订货的经济效益最大化，就是要使相关总成本尽可能地小，求的就是这条曲线上的最小值。

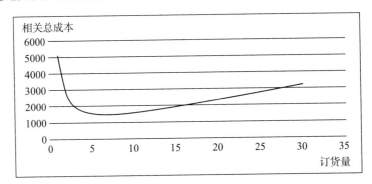

图 10.7　相关总成本曲线图

将每年总相关成本、每年订货成本与每年持有成本三者都做于同一统计图中，如图 10.8 所示：

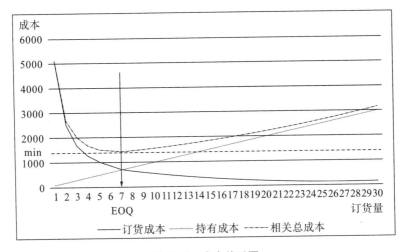

图 10.8　成本关系图

图中订货成本和持有成本相交了，这个交叉点所反映的订货量，正是使相关总成本最低的订货量，也就是前文所提到的经济订货量 EOQ。

第四步：求解经济订货量。

1. 穷举法得出 EOQ

我们知道订货量不可能小于等于零，而且它肯定是一个整数，比如 3，5，15，只要把公式列出来，在 Excel 里设置好，订货量从 1 开始依次计算，很快就能计算完毕，接着在"筛选"中查找最小的相关总成本对应的订货数量就行了。当订货量为 6，则相关总成本为 1433.33 元；当订货量为 7，则相关总成本为 1414.29 元；当订货量为 8，则相关总成本为 1425 元。我们最终得出每次订货量为 7 时，相关总成本最小，因此"7"便是经济订货量。

2. 公式法计算 EOQ

实际运用中，穷举法比较花时间。最简单的计算 EOQ 的方法，是使用以下公式：

$$EOQ = \sqrt{\frac{2C_1R}{C_2}} \tag{10-7}$$

库存年总成本可用下述公式表示：库存年总成本＝订货成本＋持有成本。

$$TC = C_R + C_H = \frac{RC_1}{Q} + \frac{QC_2}{2} \tag{10-8}$$

式中，R——年需求量；

C_1——每次订货的订购成本，单位为元/次；

C_2——每单位物品每年的持有成本，单位为元/年；

Q——批量或订购量。

年订货成本 C_R 是由"年订购次数"（R/Q）乘以"每次订货的订购成本"（C_1）得到的。年持有成本 C_H 为"平均库存量"（$Q/2$）与"年单位持有成本"（C_2）的乘积。这两种成本的总和便是给定物资的年库存成本（TC）。

使用微积分来求解。我们从上面的曲线上看到有一个最小值，而微积分正好可以帮助我们找出那个极值。极值位于曲线斜率是零的地方，也就是曲线的"谷底"，可以使用一阶求导来计算。

为获得最低成本的经济订货量（EOQ），对公式两边关于订货量（Q）一阶求导，并令其为零：

$$\frac{\mathrm{d}TC}{\mathrm{d}Q} = \frac{C_2}{2} - \frac{C_1 R}{Q} = 0 \qquad (10-9)$$

解方程得到 EOQ 公式：

$$Q^* = \sqrt{\frac{2C_1 R}{C_2}} \qquad (10-10)$$

带入此情景中，小明经营的茶馆中，茶叶每次订购成本 $C_1 = 10$，年需求量 $R = 500$，每包茶叶占用的资金成本是 200 元，因此每包茶叶年持有成本 $C_2 = 200$，带入计算公式可得：

$$Q^* = \sqrt{\frac{2C_1 R}{C_2}} = \sqrt{\frac{2 \times 10 \times 500}{200}} = 5\sqrt{2} \approx 7$$

所以得出结论，小明最经济的订货数量就是 7 包，能够让他获得订货成本和持有成本之和的最小值。

（四）经典案例

案例1：经济订货模型

服装厂每周需要用布 32 卷，每次订货费（包括运费等）为 250 元；存贮费为每周每卷 10 元。问每次订货多少卷可使总费用为最小？

分析：已知 $R = 32$ 卷/周，$C_1 = 250$ 元，$C_2 = 10$ 元/发（卷·周）。

经济订货量：$Q^* = \sqrt{\frac{2C_1 R}{C_2}} = \sqrt{\frac{2 \times 250 \times 32}{10}} = 40$（卷）

最佳周期：$t^* = \frac{Q^*}{R} = \sqrt{\frac{40}{32}} = 1.25$（周）

案例2：价格折扣模型

某公司通过成分分析得知，年度持有库存成本系数为 25%，而每份订单的订货成本需求 50 元，年度需求量为 5000 个单位，该公司现计划是每次采购的数量是 800 个单位，不过供应商根据不同的订购数量给予了不同的折扣优惠，具体如下：

表 10.1　折扣表

折扣类型	订单数量（个）	折扣（%）	单价（元）
1	1~800	0	2.0
2	801~2000	5	1.9
3	2001~3000	10	1.8

折扣优惠令该公司思考：是否需要每次订购更多的数量来获得成本的降低？

分析：已知 $C_1 = 50$，$R = 5000$，$F = 25\%$，$C_2 = PF$，P 随着不同折扣类型而变化。

对此，不妨按照 EOQ 模式对不同折扣的类型进行计算，其中 Q_1 为折扣类型 1 的采购数量，如此类推。由于折扣导致的单价不同，计算出来的 EOQ 结果则有所不同。

$$Q_1 = \sqrt{\frac{2C_1R}{P_1F}} = \sqrt{\frac{2 \times 50 \times 5000}{2 \times 0.25}} = 1000.00$$

$$Q_2 = \sqrt{\frac{2C_1R}{P_2F}} = \sqrt{\frac{2 \times 50 \times 5000}{1.9 \times 0.25}} = 1025.98$$

$$Q_3 = \sqrt{\frac{2C_1R}{P_3F}} = \sqrt{\frac{2 \times 50 \times 5000}{1.8 \times 0.25}} = 1054.09$$

四舍五入取整数后，得到 Q_1 为 1000 个单位，Q_2 为 1026 个单位，Q_3 为 1054 个单位，但是由于只有 Q_2 的计算数量符合订货折扣的范围，其他不符合条件，为此原有 800 件的订购模式不改变，沿用在折扣类型 1 中，至于折扣类型 3 的最小起订量为 2001 个单位，因此采用这个最小起订量作为折扣类型 3 的订货量。

那么根据不同的订购数量，分别计算出持有成本，订货成本，以及购买成本，从而知道总成本，就可以找出最低总成本的方案。

表 10.2 成本汇总表

折扣类型	单位成本	单次订货量	持有成本	订货成本	购买成本	总计
1	2.0	800	200.00	312.50	10000	10512.50
2	1.9	1026	243.68	243.66	9500	9987.34
3	1.8	2001	450.23	124.94	9000	9575.16

通过计算，可以看出，折扣类型 3 之下，每次订购 2001 个单位是最优选择。选择折扣类型 3，虽然令持有成本升高，但也让订货成本和购买成本得到降低，综合来看总成本还是因为折扣而得到降低。

案例 3：综合案例

詹姆斯先生有一个卖酒的小店，他的店铺只向一些朋友、亲戚和熟人出售一种葡萄酒。尽管詹姆斯先生本身还有其他工作，但他仍为经营好这家店付出了不少时间。店铺每天出售 20 瓶葡萄酒，他的货来自另一位朋友的酒庄，该酒庄距离詹姆斯家 30 公里。詹姆斯先生每天起床后，需要检查地窖里还剩几瓶酒，再决定要不要再买些酒。如果决定买，他开车去酒庄买。他估计每天去酒庄的高速公路收费和汽油费达 12 美元，他没考虑自己的时间成本，因为他喜欢开车。酒以每箱 12 瓶、每瓶 3 美元出售，詹姆斯先生估计存储在地窖里的酒，如果变现存在银行，年利率至少为 10%。

问题 1：在给定的一天，詹姆斯先生应如何决定是否再买些酒？

问题 2：如果去买酒，他应该买多少？

问题 3：他的公司要求他一大早去上班，詹姆斯先生无法再随意安排买酒的时间。现在只有周六上午有空去酒庄，这一情况如何改变了詹姆斯先生的购买策略？

问题 4：酒庄给他折扣，如果他每次最少购买 125 箱，酒庄将给他 2% 的折扣，他是否要抓住这次机会？

问题 5：他工作越发繁忙，甚至已经没有时间亲自去买酒了。幸运的是，他的朋友同意他打电话订货，再送货上门。但是由于种种因素的限制，下单后的第五天，詹姆斯先生才能收到酒，为了保障小店的正常销售，当库存葡萄酒数量下降到多少瓶时，詹姆斯先生就需要向朋友下单呢？

分析建模：

该酒店每天出售 20 瓶葡萄酒，那么一年的总需求量 $R = 20 \times 365 = 7300$（瓶）；

每天去葡萄酒厂的高速公路收费和汽油费达 12 美元，这个成本也就是每次订货成本，每次订货成本 $C_1 = 12$ 美元；

詹姆斯先生估计储存在地窖里的酒，如果变现存在银行，年利率至少为 10%，那么单位库存持有成本 $C_2 = 3 \times 10\% = 0.3$（美元）。

$$经济订货量\ EOQ = \sqrt{\frac{2C_1R}{C_2}} = \sqrt{\frac{2 \times 12 \times 7300}{0.3}} = 764.2（瓶）。$$

酒以每箱 12 瓶出售，那么折算成箱的经济订货量就是 63.68 箱。也就是说，詹姆斯先生的经济订货量是 63.68 箱，实际是订购 64 箱。

詹姆斯先生的订货批次就是 $7300 \div 764.2 = 9.55$（次）。

每年需要订货约 9.55 次，那么每次订货间隔天数就是 $365 \div 9.55 = 38.22$（天）。

因此，詹姆斯先生在每日销量固定的情况下，每隔约 38 天去订一次货是最划算的。

问题 1：在给定的一天，詹姆斯先生应如何决定是否再买些酒？

答：既然每日销量固定，存货年需要量已知，并且在每次订货变动成本和单位变动储存成本已算出的情况下，经济订货量自然就是综合成本最低的订货量，由此计算出每隔约 38 天去订一次货是最划算的，因此詹姆斯先生不需要每天起床后检查一下地窖还剩下几瓶酒，因为财务数据明确，直接走账就可以看到，每日盘点就是白费功夫。在给定的一天，詹姆斯先生需要知道已经多久没进货了，假如已经有 38 天没进货了，那么詹姆斯先生应该尽快去进货。

问题 2：如果去买酒，他应该买多少？

答：根据前文计算得知，经济订货量是 764.2 瓶，折算成箱就是 63.68 箱，因此格林先生应该买 64 箱。

问题3：他的公司要求他一大早去上班，詹姆斯先生无法再随意安排买酒的时间。现在只有周六上午有空去酒庄，这一情况如何改变了詹姆斯先生的购买策略？

答：詹姆斯先生每隔38.22天就要去酒厂买一次酒，我们取整数38天，由于38不是7的整数倍，因此詹姆斯先生无法每次都在星期六去酒厂买酒，$\frac{38}{7}$结果为$5\frac{3}{7}$，如果詹姆斯先生这个星期六去酒厂买酒，那么下次买酒的时间应该是在5个星期后的星期二，詹姆斯先生无法在星期二买酒，为了保证葡萄酒的销售业务能正常运营，詹姆斯先生需提前三天买酒，这样做会增加成本，但也是不得已而为之。

问题4：葡萄酒厂给他折扣，如果他每次最少购买125箱，葡萄酒厂将给他2%的折扣，他是否要抓住这次机会？

答：我们要分别计算折扣前和折扣后两种情况，比较两种情况的成本孰高。

折扣前：

外购葡萄酒的全年总成本＝购置成本＋最优库存相关总成本；

购置成本：3×20×365＝21900（元）；

最优库存相关总成本：764.2×0.3＝229.26（元）；

外购葡萄酒的全年总成本：21900＋229.26＝22129.26（元）；

折扣后：

由于酒庄给折扣的条件是每次最少购买125箱，也就是1500瓶，而詹姆斯先生的经济订货量是63.68箱，因此，当詹姆斯先生接受折扣条件时，存货总成本要高于最优存货总成本，然而由于折扣后会导致购置成本降低，因此我们需要通过计算得出结论：

购置成本：3×98%×20×365＝21462（元）；

库存相关总成本＝每次订货成本×（存货年需要量/订货量）＋单位库存持有成本×（订货量/2）；

库存相关总成本：12×（7300/1500）＋0.3×（1500/2）＝283.4（元）；

外购葡萄酒的全年总成本：21462 ＋ 283.4 ＝ 21745.4(元)；

折扣后总成本 21745.4 元＜折扣前总成本 22129.26 元；

因此，詹姆斯先生应该抓住这次机会，折扣后的成本要小于折扣前的成本。

问题 5：他工作越发繁忙，甚至已经没有时间亲自去买酒了。幸运的是，他的朋友同意他打电话订货，再送货上门。但是由于种种因素的限制，下单后的第五天，詹姆斯先生才能收到酒，为了保障小店的正常销售，当库存葡萄酒数量下降到多少瓶时，詹姆斯先生就需要向朋友下单呢？

订货提前期：就是自企业发出订单到收到货物为止的时间间隔，即平均交货时间，此题的平均交货时间是 5 天。

再订货点：企业发出订单时的存货库存量，数量上相当于交货期内的存货需求量。

再订货点＝平均每日需要量×平均交货时间：20 × 5 ＝ 100(瓶)。

也就是说，如果当前库存只剩 100 瓶了，詹姆斯先生就必须向朋友下订单了。

三、库存模型拓展

（一）确定性库存模型

确定性库存模型是一种理想化的库存模型，它假设需求率 R、生产或订货提前期 L 是已知的。模型的目标要求长期运行下单位时间中的平均费用最低。确定性库存模型可以提供有用的信息，为库存管理提供基础，也是建立随机存储模型和仿真模型的基础。

按照是否允许缺货，确定性库存模型可分为两大类：第一大类不允许缺货，第二大类允许缺货且生产时间极短。第一大类又可分为两种模型：进货时间极短（一订就到货，且一次到齐）和进货需要一定时间（一订就到货，但要陆续到齐，边生产边供应）。上一小节所介绍的哈里斯的经济订货策略就属于不允许缺货且生产时间极短的确定性库存模型，下面给大家介绍另外两种确定性库存模型。

1. 在制批量存贮模型

在制批量存贮模型特点是不允许缺货，而且进货（生产）需要一定时间。这种模型通常用于描述生产过程中的物料流和库存管理，以优化生产和降低库存成本。这种模型通常涉及物品的生产周期、生产批量、存储容量和存储时间等参数，以及如何根据实际需求和生产计划对这些参数进行优化。

模型假设：缺货费用 $C_3 = \infty$，提前期 $L = 0$，需求率 R，每次订货费 C_1，单位物品存贮单位时间所需费用 C_2 均为常数，生产速率 $P > R$（A 表示存储容量，P 表示补货速率）。

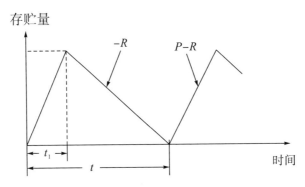

图 10.9　在制批量存贮模型存量变动图

在制批量存贮模型的应用范围很广，包括制造业、物流业和供应链管理等领域。通过合理地设计和应用在制批量存贮模型，可以提高生产效率、降低库存成本、减少物料损耗和浪费，从而提升企业的整体竞争力。

2. 允许缺货的存贮模型

允许缺货的存贮模型是库存管理中的一种策略，当库存降至零或低于某个安全水平时，允许缺货现象发生，并在随后的某个时间点进行补货。这种策略在某些情境下可能是有利的，例如当缺货成本相对较低，或者可以通过延迟满足需求来降低库存持有成本的时候。

模型假设：缺货费用 $C_3 < \infty$，提前期 $L = 0$，需求率 R，每次订货费 C_1，单位物品存贮单位时间所需费用 C_2 为常数，最大允许缺货量为 S。

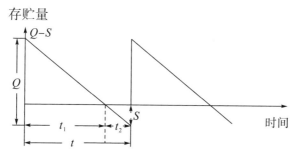

图 10.10　允许缺货的存贮模型存量变动图

例如，一个电子产品零售商设定 S 为 100 台，最大库存为 200 台。经过 t_1 时，当库存降至 100 台或以下时，将进行补货操作，将库存提升至 200 台。在补货期间，如果库存完全售罄（即降至零），则允许缺货发生（缺货的时间为 t_2），直到新的库存到货。

（二）随机性库存模型

随机性库存模型是一种库存管理模型，它考虑了需求和供应的不确定性。在这种模型中，需求和供应是随机变量或随机过程，因此库存水平会随着时间和随机事件的变化而变化。

随机性库存模型通常用于描述实际生产和库存管理过程中的不确定性问题，例如客户需求波动、生产延迟、缺货和再订货时间的不确定性等。由于这些不确定因素的存在，库存系统中的库存水平会有波动，有时会出现缺货或过量库存的情况。与确定性库存模型相比，随机性库存模型更接近实际情况，但模型的求解也更为复杂。在实际应用中，需要根据具体的情况选择适当的随机性库存模型，并采用适当的优化方法进行求解，以提高库存管理的效率和经济性。

随机性库存模型可以分为离散型和连续型两类。离散型随机库存模型通常采用概率统计方法进行分析和优化，连续型随机库存模型则可以采用微分方程或积分方程的方法进行分析和求解。

四、经济订货策略的展望

经济订购量是企业进行现金流量规划时，为了降低存货费用或者降低存货中的现金流量，所采用的一种有效的方法。对于某些企业，例如快消品企业而言，库存是其最大的资产。企业既要制定合理的订货计划，保证库存充足，又要有效地控制存货，降低企业的经营成本。经济订购量可以帮助估算出所需存货的数量，并且可以对再次订购点进行评价，使得库存更加经济有效。

除此之外，通过对经济订货策略的学习，也让我们学到了运筹学模型建立的思路。建模的思路是分三步走，首先是回答"我要什么?"——是利润最高还是成本最小? 其次是回答"我有什么数据?"——构建模型一定要有数据，但数据信息有很多，需要从中筛选出真正对求解有帮助的数据，有些数据虽然很好，但获取过于困难，恐怕也只能放弃。最后是求解模型，把数据带入模型中，求解分析，得到最终结果。

虽然经济订货策略很好用，而且使用历史悠久，但它也不是没有缺点，最重要的问题是理论提出有 100 多年了，现在的商业环境已经发生了翻天覆地的变化，这个模型是否能经得起时间的考验呢?

EOQ 模型提出的时候，采购活动是相对简单的，因此只需要考虑 3 个变量即可。然而在经济全球化的背景下，我们需要考虑很多的因素，订货模型里的参数可能多达数十个，复杂度远超于提出 EOQ 的那个年代。

由于不太切合实际的假设条件，对需求波动的滞后和较弱的抗风险能力，EOQ 已经不太适合今天的采购和库存管理模式了，因此，我们需要考虑用其他的库存订货管理方法。下面让我们来看看京东的智慧库存系统背后的故事，相信你能有所思考和感悟。

目前京东自营商品超 500 万个单品（SKU），哪些商品需要补货? 补多少货? 如果全靠员工算，这些问题无论如何也不能及时算出，即使没日没夜地加班也不行。零售行业讲究的是效率，光靠人力去提升效率，无异于自取灭亡，迟早会被淘汰。

靠什么？靠科技。京东的未来，要压在智能供应链上。

2015年，第一代智能补货系统上线，此后5年，该系统连续迭代3次。2017年，智能补货系统第二代"诞生"，这一代考虑了多种模型，应用于家电、快消、美妆等产品。但在开发第三代智能补货系统时，难题来了。

举个例子，假如泡枸杞的保温杯，卖断货了怎么办？教科书里的解决方法一共分两步。

第一步，先做预测，看这个杯子未来能卖多少个，有多少人想要；第二步，依据上一步的预测，来决定这个杯子要补货多少个。

学术界早期研究供应链的方法，就是教科书里的方法。然而，这个方法有个问题：假如第一步预测错了，第二步也挽救不了。因此，真正实现"智能"补货还任重道远。前面提到的补货，在仓库管理员眼里，就是缺啥补啥；然而在科学家眼中，补货难题是"大数据驱动的自动补货系统研究"。常规补货是分步走思路，是一个常态化解决补货问题特别有效的一个思路，然而为了优化周转，布局未来技术，京东采用了提出了端到端补货模型，这个思路在行业内都是比较领先的。

"预测＋补货模型＋参数推荐"这种思路的优势在于可解释性相对较强，业务侧可以调控的手段比较多；但是问题在于，这种思路会累积和放大预测误差，而且中间环节的优化目标和最终的目标并不是完全一致的——比如预测准确度的提升，不一定带来周转的优化。京东采用的思路是基于原始输入直接输出补货结果，去掉中间环节。这样可以通过一个大的神经网络模型去学习这种对应关系。想学得好，就需要告诉模型历史上最佳的补货效果是什么样的。要找到这个历史最佳的补货效果，是一个非常大的挑战，这需要构建一个大的运筹优化模型，回算历史上所有补货行为对应的最佳补货效果，有了这个历史最佳表现，才有了构建训练样本的基础。

这个运筹优化模型刻画了一个多周期的补货问题，其中考虑了供应商送货以及需求的不确定性，优化的目标是全周期的成本最优。最终，经过几年的探索和开发，通过长达8个月的线上生产环境的AB测试，京东实现了周转和现货的双优化。

2021年初，用智能系统选择参加秒杀的商品的项目开始了，京东的博士管培生徐文杰驻场深度操盘调研。初战告捷，仅秒杀智能选品第一阶段，就节省员工50％的精力。到2022年京东实现自营商品千万级自营SKU（库存量单位），在供需不确定场景下的精准预测、智能决策、智能补货以及高效协同，采购自动化率达到85％，助力京东库存周转天数降至30.2天。要知道，以运营效率超高著称的全球零售巨头Costco，虽然仅管理数千SKU，但也仅能将库存周转天数压缩为30天左右。运营超千万SKU的产品，京东的秘诀是绝对不能靠人、靠经验。京东实现智能化和自动化的目标，可以分成四个小目标，那就是智能销售预测、智能补货、智能调拨、智能清滞。

如今，除了零售，京东还变身为输出型"新型实体企业"，帮助更多企业进行库存管理。2021年4月，京东和海信开始从销售计划、入库计划、产销存预测、采购计划到排产计划全方位协同；2022年，京东云与智云天工联合常州移动共同打造"超级虚拟工厂"；2023年3月京东工业与中国航发（成发）宣布合作，京东工业在保障生产物资的准确及时交付的同时，还将服务中国航发（成发）实现备品备件的"少备、少买、快用、快供"，通过精准预测备品备件消耗优化采购计划，来有效降低库存备件、减少库存冗余呆滞，降低其供应链综合成本。

测试

经典案例

第六篇

系统运筹

第十一章　两弹一星：钱学森的系统工程实践

学习目标

· 了解钱学森与"两弹一星"的故事
· 理解什么是开放的复杂巨系统
· 理解综合集成的基本思想
· 理解综合集成的方法应用
· 了解什么是大成智慧

　　"两弹一星"工程，是新中国20世纪50年代至60年代实施的，以研制核弹、导弹和人造卫星为主要内容的重大国防工程，涉及组织、技术等各方面多类型的复杂问题。总结"两弹一星"工程实践，钱学森提出，需用从定性到定量的"综合集成"方法，解决开放的复杂巨系统问题。在将系统工程理论与方法应用于社会经济实践中，钱学森又提出"集大成，得智慧"的科学思想，旨在利用现代科学技术高效地"集"古今中外"智慧"之"大成"，创造性地解决现实世界的各种复杂问题。读者将在本讲的学习中，了解到钱学森与"两弹一星"的故事，认识到何为开放的复杂巨系统，领略到综合集成方法与大成智慧思想的魅力，以及这种方法和思想在解决各类系统工程难题中的广阔应用前景。

　　我们所提倡的系统论，既不是整体论，也非还原论，而是整体论与还原论的辩证统一。

——钱学森

一、两弹一星

为应对超级大国的军事威胁和核讹诈，从 20 世纪 50 年代到 60 年代，我国开展了以核武器、导弹、人造卫星等为重点的国防项目，这就是"两弹一星"。1964 年 10 月 16 日，中国研制的第一颗原子弹爆炸成功；1966 年 10 月 27 日，中国第一颗装有核弹头的导弹飞行爆炸成功；1970 年 4 月 24 日，中国成功发射第一颗人造卫星"东方红一号"。从一穷二白中起步，新中国的"两弹一星"工程，振奋国人、震惊世界。

（一）两弹一星的诞生

在冷战期间，中国面临着美国领导的北约和苏联领导的华约两大超级力量的双重威胁。美国和苏联都掌握了原子弹和导弹等大规模杀伤性武器，在 20 世纪 50 年代至 60 年代，美苏双方都曾有过用核武器打击中国的计划。

在中国科学技术、经济基础都相对薄弱的条件下，党中央对国防工作给予了极大的关注，强调发展原子弹与导弹的重要性，并将其列为国民经济和国防建设的一项重大任务，列入国家长远发展规划。1958 年 5 月，毛泽东在中国共产党八大二次会议上提出，要发展人造地球卫星。同年 6 月，毛泽东在中央军事委员会扩大会议上坚定地提出："搞一点原子弹、氢弹、洲际导弹。"

（二）以运筹思维看"两弹一星"

在冷战背景下，我国领导人"两弹一星"的决策是十分关键且明智的。实际上，就是否"搞一点原子弹"这个问题，可以从运筹学中博弈论和决策论的角度来分析其合理性。

1. 从博弈论角度看"两弹一星"

如果将中国与拥有核打击能力、具有核威胁潜力的 A 国作为"局中人"进行博弈，那么可以将此博弈视为一个有限二人非零和博弈。假设在是否制造核弹这个问题上，中国有｛造核弹，不造核弹｝这两种选择，A 国有

〔不作为，核讹诈，核打击〕这三种选择。

如果中国选择制造核弹且具备打击能力，那么认为中国可以抵御核讹诈，但是也需要付出一定的研发、制造和维护成本，假设收益为−10。如果中国不造核弹，则将长期遭受核讹诈，并付出更多的代价，假设遭到核讹诈的收益为−20。

另一方面，A 国选择不作为时，收益可以假定为 0。A 国选择进行核讹诈时，如果成功，则取得收益为 20；如果失败，则没有收益。A 国选择核打击时，如果遭到报复，因具有极大毁灭性，所以代价巨大，收益假定为−1000；如果没有遭到报复，可以假定收益为 0。

通过以上的分析，我们可以建立一个简单的博弈模型，见表 11.1。

表 11.1　核弹博弈

		A 国		
		不作为	核讹诈	核打击
中国	造核弹	(−10, 0)	(−10, 0)	(−1000, −1000)
	不造核弹	(0, 0)	(−20, 20)	(−1000, 0)

A 国采取不作为、核讹诈、核打击三种策略时，如果中国对应采取最有利的策略，则其收益分别是 0、−10、−1000。若中国造核弹，对 A 国最有利的策略是不作为，其收益为 0；若中国不造核弹，则对 A 国最有利的策略是核讹诈，其收益为 20。

通过划线法，组合策略值（−10，0）下都划了横线，那么在这个有限二人非零和博弈模型中，可以得出纳什均衡解是（造核弹，核讹诈），即中国选择造核弹，A 国选择核讹诈。

2. 从决策论角度看"两弹一星"

与前文当中的核弹博弈模型相似，如果中国有〔造核弹，不造核弹〕这两种选择，面临〔和平，被核讹诈，遭受核打击〕三种处境，我们可以从决策论角度看这个问题。

如果中国选择造核弹，核弹的研发、制造和维护要投入，假定收益为

−10。在这种情况之下，中国与 A 国保持核平衡的可能性较大，因此假定维持和平的可能性为 0.99；但也存在较小遭受核打击的可能性，假定遭受核打击的可能性为 0.01。

如果中国选择不造核弹，不需要投入核弹研发，收益为 0。在这种情况之下，中国受到 A 国核讹诈为大概率事件，假定遭到核讹诈的可能性为 0.90；与 A 国保持常态和平的可能性较小，假定维持和平的可能性为 0.05；相较于造核弹的情况，中国不造核弹时遭到核打击的可能性会有所提升，假定遭到核打击的可能性为 0.05。

和平可以为国家带来发展机会，假定和平状态下的收益为 10；长期受到核讹诈将使得中国付出较大的损失，假定收益为−20；遭受核打击的损失巨大，假定这种收益为−1000。

通过对制造核弹的相关投入以及面对三种不同处境时的效益做出合理假设，可以拟定出效益值表，见表 11.2。

表 11.2　效益值表

供选方案	收益	保持和平	被核讹诈	遭受核打击
A_1：造核弹	−10	10，$p=0.99$	—	−1000，$p=0.01$
A_2：不造核弹	0	10，$p=0.05$	−20，$p=0.90$	−1000，$p=0.05$

根据效益值，我们可以画出决策树，并通过决策树来进行决策分析，如图 11.1 所示。

我们可以计算中国两种方案的效益期望值：

中国选择造核弹的期望效益值 $E(A_1) = 0.99 \times 10 + 0.01 \times (-1000) - 10 = -10.1$

中国选择不造核弹的期望效益值 $E(A_2) = 0.90 \times (-20) + 0.05 \times 10 + 0.05 \times (-1000) = -67.5$

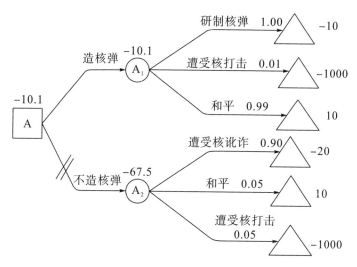

图 11.1 决策树

最大值为 $E（A_1）$，中国应该选择方案 A_1，即应该选择造核弹。将不造核弹的方案 A_2 从决策树上划去。

从博弈论和决策论的推论可以做出判断，在当时的历史情境下，我国的"两弹一星"工程是打破核讹诈、抵御核威胁的有效手段，同时也是维护和平的明智决策。

历史上，美国曾对中国进行过三次"核讹诈"：

第一次是在朝鲜战争时期。中国志愿军在抗美援朝战场上让以美军为主的"联合国军"连吃败仗，美国扬言要在战场上使用原子弹，后来由于担心苏联核报复等诸多原因而放弃。

第二次是在金门炮战时期。1958 年金门炮战爆发时，美军在中国台湾已经部署有核武器，计划随时对我国东南沿海地区发动核打击；直到 1973 年，美国国务卿基辛格访华，美国才承诺在次年将核武器撤出中国台湾。

第三次是在我国自主研制核弹时期。从 1961 年到 1963 年，美国高空侦察中国，在确认中国在研制原子弹后，试图说服苏联一起对中国采取军事行动以摧毁中国的核设施，但遭到苏联拒绝。

1964 年中国原子弹试验成功，1966 年中国导弹与核弹头结合试验也取得成功，标志着中国拥有可信核威慑，美国对中国核讹诈的时代结束了。

二、系统科学的创建历程

"五年归国路，十年两弹成。"钱学森，这位"两弹一星"的奠基人，为我国"两弹"的研制提供了有力的支持。美国人曾这样评价他："一人可敌五个陆战师"，毛泽东主席曾经评价他说："他比五个师的力量大多了。"

1949 年，新中国成立的消息在世界上产生了深远影响，这个消息飞快地传到了大洋彼岸的钱学森夫妇耳中，钱学森的归国之心再也按捺不住，他与夫人蒋英一致认为，他们应该尽快返回祖国，为新中国贡献一份力量。然而，此时美国国内掀起了麦卡锡主义，发起迫使外国国际雇员效忠美国的热潮，这让钱学森夫妇回国的计划不得不搁浅。1950 年钱学森在回国途中，被美国政府以泄露机密的名义逮捕，虽然在钱学森的行李中未搜查出任何美国的机密文件，但是他依然被关进了美国的监狱，遭受了 15 天非人的折磨。这 15 天的牢狱之灾，钱学森经历了什么，没人知道，只知道他被保释的时候失声了，而且瘦了 30 斤。直到 1955 年，经过中国政府的不懈努力，以 11 名美国飞行员俘虏来交换为条件，才终于让钱学森回到了祖国母亲的怀抱。

回到祖国后，钱学森就投入到了研究之中。1956 年，中国的第一个火箭和导弹研发单位——国防部第五研究院成立，由钱学森任第一任院长，他率领一群年轻的科技人才，为新中国的导弹事业掀开了一页新的篇章。钱学森在火箭、航天等领域长期担任技术带头人，创造性地提出了"总设计师"制度，并成立了"总体设计部"，为总设计师提供技术支持，统筹规划，统筹设计服务。

钱学森提出了"不求单项技术的先进性，只求总体设计的合理性"的方针。除此之外，对各分系统进行设计，并对其进行单独设计。这一体系的建立，使得我国的火箭、导弹型号开发步入了正规、有序的轨道。钱学森系统科学思想的形成与发展可以划分为三个时期，即萌芽期、探究期和定型期。

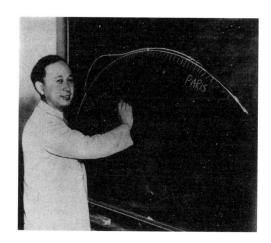

图 11.2 钱学森（1911—2009）

（一）萌芽期：20 世纪 50 年代—70 年代

1954 年，钱学森所著《工程控制论》的英文初版（*Engineering Cybernetic*）在美国出版，出版两年内销量共达到 3080 册，是世界范围内"自动控制领域中引用率最高的著作"。随后，《工程控制论》的俄文版（1956 年）、德文版（1957 年）等翻译版本先后出版。《工程控制论》对自动控制学科和系统科学的发展都做出了重大贡献，该专著获得 1957 年中国科学院科学奖金一等奖。

钱学森于 1955 年回国，历尽艰难。在这之后的十几年里，钱学森与一群科学家，在极其困难的情况下，成功地制造了我们自己的导弹和人造卫星，这在国际上是一个巨大的奇迹。钱学森先生以系统工程和运筹学为基础，创立了具有中国特点和一般科学内涵的系统工程管理理论和方法。他强调要把握全局，再分体系，层层递进，将各环节紧密地组织在一起，并积极提倡将运筹学运用到国防产业经营中去。

钱学森、许国志、王寿云三人，于 1978 年在《文汇报》上联合撰文，发表《组织管理的技术——系统工程》一文，掀起了一股系统科学热潮，成为中国系统工程发展史上一个具有划时代意义的里程碑。"系统工程"是指对"系统"进行规划、科研、设计、制造、测试、使用等"系统"的一种科学手段，它是一种对一切系统都适用的科学方法。钱学森于 1979 年 10 月发表的《大力发展系统工程尽早建立系统科学体系》一文中，首次提出"以科学为基础，以系统科学为核心"的"系统学"。

（二）探究期：20 世纪 80 年代

在 1980 年中国系统工程学会成立大会上，钱学森明确地提出系统科学"三个层次、一个桥梁"的体系。在 20 世纪 80 年代时期，他发表了大量具有开创性、前瞻性的重要文章，如 1980 年的《自然辩证法、思维科学和人的潜力》、1981 年的《系统科学、思维科学与人体科学》、1983 年的《关于思维科学》等。同期，钱学森把系统论的理论应用到了各个领域，比如生态学、地理科学、作战仿真、军事科学、优化理论等。在这一实践中，他对成功的经验进行总结，并提炼出了更多创新性的理念。

经过一系列的理论与实践工作，钱学森先生通过发表《一个科学新领域——开放的复杂巨系统及其方法论》（《自然杂志》1990 年第 1 期）取得了具有划时代意义的原创性研究成果，从而开启了"开放的复杂巨系统"这一新的科学技术领域，标志着钱学森对系统科学思想与方法探索登上新的高峰，步入新的发展时期。图 11.3 是钱学森关于"体系"的理论体系的基本

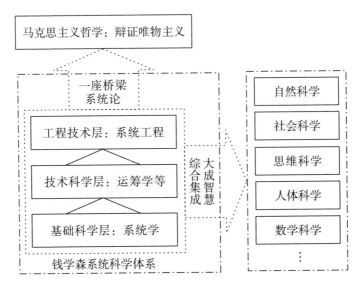

图 11.3　钱学森的系统科学框架图

结构。其中，系统学、运筹学和系统工程，分别在基础科学层、技术科学层和工程技术层，系统论是通向辩证唯物主义的桥梁。可以说，运筹学是系统工程的方法基础，系统工程则是运筹学的工程运用。

（三）定型期：20世纪90年代

20世纪90年代以后，钱学森继续深入、持续拓展了系统科学的内涵。他从社会系统、大脑系统、地理系统和人类身体系统四个方面入手，重点关注了社会系统的研究。他认为，社会系统集中体现了人的因素，是四大方面中最复杂的一个；特别是联系社会系统的成果，对我国社会主义现代化建设最具有现实意义。

在此基础上，钱学森又在多个层面上深入研究，于2001年正式提出了"大成智慧工程"和"大成智慧学"，标志着开放式复杂巨系统理论与方法的发展。"从定性到定量综合集成法"的核心是通过综合集成方法，将各领域专家的知识、信息数据和计算机技术相结合，汇聚全球智慧，形成一个整体，将当今世界人们的智慧和古人的智慧结合在一起，这就是所谓的"大成智慧工程"。"大成智慧工程"进一步发展，上升到理论上的学问，便是"大成智慧学"。这一理论标志着钱学森将系统科学思想应用于人类文化和科技，提升至新高度，是其系统科学思想长期发展的结晶。

2001年3月，在《文汇报》记者的专访中，钱学森以"以人为主发展大成智慧工程"为题，讲了他创建系统科学的体会："23年来，系统工程和系统科学已经有了很大发展，我们已经从工程系统走到了社会系统，进而提炼出开放的复杂巨系统的理论和处理这种系统的方法论，即以人为主、人－机结合，从定性到定量的综合集成法，并在工程上逐步实现综合集成研讨厅体系。将来我们要从系统工程、系统科学发展到大成智慧工程，要集信息和知识之大成，以此来解决现实生活中的复杂问题。"这段话精准概括了钱学森对未来系统工程走向的思考，也是对钱学森系统工程研究最好的概括。

钱学森一直在关心着国家和系统工程的未来。辞世前的一个月，他还在致中国科学院系统研究所成立30周年的贺信中写道："希望贵所进一步顺应系统科学发展的大趋势，在开创复杂巨系统的科学与技术上取得新进展，为继续推动我国系统科学的发展做贡献！"

2009 年 10 月 31 日，钱学森在北京逝世，享年 98 岁。他的科学生涯长达 70 年，纵跨了 3 个不平凡的年代：第一个是在美国科技迅猛发展的 20 年，钱学森以其出众的才华成了那个时代科技前沿阵地的著名专家；第二个是在新中国搞社会主义革命和建设的 20 年，亲身参与领导并成功研制了 "两弹一星" 的大规模科学技术工程；第三个是我国改革开放跨越发展的 30 年，他将自己与我国社会主义现代化各个领域的繁荣发展紧密地联系在一起，在系统科学与系统工程领域构建中国自主知识体系。

三、实践对象：复杂系统

系统工程就是利用系统科学的原理与方法，对客观世界进行改造的一种工程技术和创造活动。系统工程的实际客体是一个具有复杂性的客观系统。中国科学院在其《1999 科学发展报告》中明确提出：系统科学是自然科学与社会科学的基础学科，它关心涉及复杂系统性质和演化规律的基本科学问题。钱学森研究系统科学也是以复杂系统为落脚点的。

（一）什么是复杂系统？

复杂系统为具有高阶次、多回路和非线性信息反馈结构的系统，由大量相互作用的组件组成，难以建模。城市、地球以及宇宙都是复杂系统的例子。其具有以下特点：

（1）多元性。由多个组成部分构成，每个部分都有独特的功能和特性。组成部分之间相互作用、相互影响，协同实现系统整体目标。

（2）动态性。其内、外部环境都在不断变化。

（3）多级性。具有多层次组织结构。

（4）不确定性。存在不确定性因素，包括外部环境和决策参数的不确定性等。

1999 年，美国《科学》（Science）杂志刊登了题为 "复杂系统"（Complex Systems）的专辑文章，这些文章从化学、生物、神经学、动物学、自然地理、气象、经济学等多个角度对复杂系统进行了论述。作为一个跨学科领域，复杂系统吸收了许多不同学科领域的研究成果，例如物理学对自组织的研究、社会学对秩序的研究、数学对混沌的研究、生物学对适应性的研究等。

（二）钱学森提出开放的复杂巨系统

正如钱学森所说："实际上我们是在开创一门新的科学。新在什么地方呢？新就新在我们提炼出了开放的复杂巨系统这样一个概念。"基于上述复杂系统的概念，下面将介绍钱学森系统工程理论中的开放的复杂巨系统概念。

什么是开放的复杂巨系统？首先来看看钱学森对它的界定：

（1）系统自身与外界存在物质、能量以及信息交换，它是"开放的"。

（2）子系统的类型很多，可能有数十个甚至上百个，因此被称为"复杂的"。

（3）一个系统由多达数千、数十亿个子系统组成，因此是"巨系统"。

这就是钱学森的开放式复杂巨型系统的雏形，但是它并不完整，所以笔者又补充了巨系统的第四个特征：多层次，即开放的复杂巨系统一般具有许多层次。

（三）开放的复杂巨系统特性

根据钱学森对开放的复杂巨系统定义，可以概括出其有如下几个特性。

（1）开放性：系统对象及其子系统与环境之间有物质、能量、信息的交换。

（2）巨量性：数目极其巨大。

（3）复杂性：子系统的种类繁多，之间存在多种形式、层次的交互作用。

（4）层次性：系统部件与功能上具有层次关系。

（5）涌现性：子系统或基本单元之间的交互作用，从整体上演化、进化出一些独特的、新的性质。

（四）两个开放的复杂巨系统的例子

人脑和地球，都是典型的开放的复杂巨系统。

1. 人脑

（1）人脑与人体其他器官有着物质、能量、信息的交换，例如脑与心、肺之间通过体液、神经和细胞通路等复杂的机制进行交互，这些都表明其具有"开放性"。

（2）组成人脑的神经元细胞就有 $10^{10}\sim10^{11}$ 个之多，这些神经元细胞相互连接、相互作用，因此具有"巨量性"。

（3）人脑包含众多子系统，每个都有独特的功能。不同区域的神经元和神经网络在不同的认知任务中发挥作用，并通过复杂的连接和相互关系形成协同工作，构成复杂的认知过程。因此，人脑具有多样的子系统、错综复杂的层次结构和多种相互关联，表现出"复杂性"。

（4）人脑的结构从微观的神经元和突触，到宏观的脑区和大脑半球，呈现出复杂的结构和组织层次。人脑可分为端脑、间脑、脑干、小脑等多个组分，其中端脑可进一步分为额叶、顶叶、枕叶、颞叶与岛叶等，显示出明显的"层次性"。

（5）人脑可分为大脑、小脑和脑干三个子系统，各自承担不同的功能。大脑负责思维、感知、判断、记忆、情感等高级活动，小脑主要协调身体运动和控制基本生命活动。这些子系统构成了神经系统的中枢器官，控制着整个人的行动。因此，人脑表现出"涌现性"。

由此可以看出，虽然人脑体积并不大，但仍然可以称之为一个开放的复杂巨系统，而巨系统之所以称其为"巨"，是因为构成系统的子系统或元素的数量非常庞大，与体积无关。

2. 地球

（1）地球与外部环境交换能量，如太阳能是维持地球生命和地球系统运行的主要能源，由外部的太阳提供。地球表面的植被、大气层、水体等吸收和反射太阳辐射，影响气候。同时，地球通过辐射和热传导向宇宙空间释放能量。因此，地球系统具有"开放性"。

（2）地球是一个庞大的自然系统，包括大气层、水圈、岩石圈和生物圈。地球上的地形地貌多种多样，有海洋、高山、平原、河流等；生物种类丰富多样，据估计高达数百万种。不同生物在地球各个生态系统中繁衍生息，形成复杂的生态网络，体现了地球系统的"巨量性"。

（3）地球的大气、水体、陆地和生物圈相互作用，构成了复杂的地球运动。例如，大气层的气候变化会影响水循环和生态过程，岩石圈的地质活动会塑造地形地貌并影响生态系统的稳定性。同时，系统中的物种和生物群落之间形成了复杂的食物链和生态链，相互影响和调节。这体现了地球系统的"复杂性"。

（4）地球可划分为多种生态系统，包括森林、草原、海洋、淡水、湿地、农田等。这些系统又可分为不同层次，如森林生态系统可分为物种、群落、生态位、生态系统和生物圈等。每个层次都有其特定的结构、功能和相互关系，通过食物链和能量传递连接不同层次的生物，体现了地球系统的"层次性"。

（5）地球经历了数十亿年的演化过程，包括地质构造的变化、生物进化的发展等。地球上的自然系统不断变化和适应，形成了当前的多样性和复杂性。这些是地球系统的单独子系统不具有的特征，因此可以说地球具有"涌现性"。

四、研究方法：综合集成

"两弹一星"是一项系统工程，涉及组织、技术等各方面多类型的复杂问题。钱学森依靠深厚的专业知识与严谨的工作态度，解决了组织分工协作、技术交叉融合中的诸多难题，在此过程当中总结出了一套新的研究方法——综合集成。可以说，钱学森的综合集成方法是一种解决复杂问题的系统工程研究方法，它的诞生离不开"两弹一星"的工程实践。

（一）什么是综合集成

钱学森主张：系统论，既不是整体论，也非还原论，而是整体论与还原论的辩证统一。在综合集成方面，他进一步提出了"定性与定量相结合的系统工程方法"，为综合集成法的形成打下了坚实的基础。

当前，复杂系统研究采用六种方法：隐喻、模型、数值、计算、虚拟和综合集成。然而，复杂系统工程面对着多种挑战，仅依赖单一方法已不足以胜任。综合集成将多种方法有机结合，充分发挥各自优势，构成一种真正的集成方法。

将定性与定量相结合的方法应用于复杂体系问题的解决涉及多种对立关系，如局部和全局、微观和宏观、定性和定量、感性和理性等。综合集成并非简单地将它们机械聚合，而是通过综合整合，使它们不断碰撞、融合，实现从局部到整体、微观到宏观、定性到定量、感性到理性的辩证转换。这是一个不断循环、深化的科学研究过程。

（二）复杂系统中的综合集成方法

隐喻是一种形象思维，通过将一个系统与另一个更熟悉的系统进行比较，有助于我们理解复杂系统。运用比喻类推，可以对复杂系统进行概念、物理和数学建模。基于此，进行数值计算和算法描述，并在虚拟现实中进行试验验证。进而综合集成理解，实现科学认知的全面、综合发展，实现从定性到定量、从感性到理性、从主观认识到客观实践的研究路线。

拓展、延伸和改造常用的复杂系统方法，结合最新的网络科学、人机交互和社会计算理论成果，研究综合集成方法的原理、规则、工具、理论框架与技术路线。将基于信息与网络技术的综合集成研讨厅体系纳入考量，以提升综合集成方法解决复杂系统问题的整体能力。网络科学、人机交互和社会计算等新兴领域与综合集成思想相契合，可视网络科学为系统层理论。在数据层面，个人作为社会网络中最小单位的信息源，利用人机交互技术收集原始数据，再通过社会计算进行整合，实现感性认识到客观数据的转变。

通过网络科学理论对人机交互以及社会计算中的数据进行处理，建立起复杂系统的概念模型或数学模型。在此基础上，对复杂系统做数值计算，并通过计算机模拟仿真。综合集成的思想通过此过程得以体现，如图11.4所示。

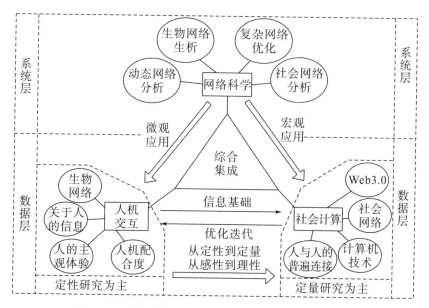

图 11.4 网络科学、人机交互、社会计算与综合集成

在综合集成方面，钱学森旨在将科技资源与有效理论方法相结合，融合人（包括专家、用户等）的定性认识，实现从低级定性到高级量化的转变。通过人机互动与集成讨论，将认知提升到更高的定性理论认识。他强调科技应用的重要性，认为合理运用现代科技可深入解决复杂系统问题。同时，需要整合多种渠道的知识资源，通过串联组合等方式实现多维度知识的全面整合。

（三）嫦娥工程中的综合集成应用

2004 年，中国启动了月球探测工程，名为嫦娥工程。该工程积极进行国际合作，向全球科学界开放数据，并提供了研究月球和太空环境的重要数据、技术和研究成果，吸引了大量科学家、工程师和技术人员参与。嫦娥工程涉及多个技术领域的复杂问题，将探月任务细分为多个阶段和专业领域，由专门团队负责。该工程由多个子系统组成，各个子系统各自攻坚难题并完成不同任务，如理论研究、物理实验、工程设计和生产制造。这些子系统相互结合，构成了整体系统。因此，嫦娥工程具有层次性、复杂性和巨量性，而综合集成方法在解决复杂问题方面具有天然优势，促成了嫦娥工程的成功。

嫦娥工程是一个月球探测系统工程，首先需要对其进行定性分析，然后以综合集成方法完成从定性到定量的转变。具体地说，在嫦娥工程当中存在一系列定性问题，包括确定探月步骤、明确资源需求、选定关键技术等，而这些定性问题又对应了计算时间节点、规划资源配置、调试技术参数等定量问题。从定性到定量需要运用到综合集成方法，其具体过程如图 11.5 所示。

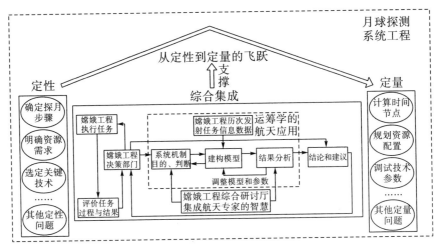

图 11.5　嫦娥工程中的综合集成

在综合集成过程中，综合集成研讨厅发挥了重要作用。"嫦娥四号"执行的是探月工程四期的首次任务，其间涉及科学家、工程师、技术人员等上万人参与，需要大规模资源调配和项目管理。这需要创新思维、高效决策和协调能力，以及科学家、工程师、管理者的合作与交流，整合不同领域的知识和技术。

这些团队和专家组分为小组，各自攻克特定难题。嫦娥工程建立了严密的组织结构，涵盖国家层面的决策与规划、航天科技公司的研发与制造，以及各个子系统的研究与开发。各组织和机构分工合作，为嫦娥计划提供资源与支持，确保了不同层次的协调配合。

从微观层面上看，运筹学为嫦娥工程的综合集成提供了技术支持，贯穿了嫦娥工程的始终。从宏观层面上看，嫦娥工程将复杂的技术问题与巨型的组织问题集成起来整体解决了，是一个月球探测系统工程。

五、发展导向：大成智慧

"集大成，得智慧"，这是钱学森在晚年提出的一种科学理念，就是要运用现代科技手段，有效"集"古今"智慧"的"大成"，对实际生活中纷繁复杂的问题进行富有创造性的处理。钱学森从当今世界的社会形态、科学技术发展的新动向，以及过去的工程实践与社会变革中总结出了"大成智慧工程"。

（一）什么是大成智慧？

钱学森说："智慧作为现象，不可能是孤立于一切之外的，它也一定是与其他事物有关联的。"进入 21 世纪，系统工程得到了长足的发展，已从工程系统发展至社会系统，形成了以人为中心、人机相结合、定性与定量相结合的一体化方法。这种发展与现代信息网络技术相结合，汇聚了人类社会发展的知识与经验，推动了精神文明和物质文明的发展，实现了"集大成，得智慧"，即"大成智慧"。

钱学森指出，"大成智慧学"是通过现代科学技术体系来达到的，否则无法达到"大成""智慧"的境界。大成智慧学以马克思主义哲学为指导，利用系统科学理论、综合集成方法和现代信息技术，将科学与哲学相结合，形成一个结构严密、功能强大的创新智慧系统，汇聚了人类创造的所有知识和智慧。

"大成智慧"与以往智慧或理论的不同之处在于，基于马克思主义辩证唯物主义，融合了现代信息网络，以人为中心，汇聚了全球各地的经验、知识和智慧。其特征是在信息丰富的环境中建立了智慧网络，将来自不同领域的专家集体智慧、数据和信息与计算机、人工智能技术等相融合，形成一种新的思维模式和系统。钱学森在 1992 年 3 月提出的"从定性到定量综合集成研讨厅体系"中，把以下几种成功的经验和科学技术成果汇总起来，并予以升华：

（1）近几十年来世界学术讨论会的经验；

（2）从定性到定量的综合集成法；

（3）C3I 技术及作战模拟；

（4）两弹一星实战模拟；

（5）人工智能；

（6）灵境技术；

（7）人机结合的智能系统；

（8）系统学；

（9）"第五次产业革命中"的其他信息技术……

正如钱学森所说，"大成智慧"是把人的思维、思维的成果、人的知识、智慧以及各种情报、资料、信息统统集合起来。总的来说，大成智慧是依托大数据等现代信息网络，利用网络技术计划等统筹方法集古今中外有关经验、知识、智慧之大成。

（二）工程实践

如何发挥大成智慧工程、总体设计部的重要作用？归根到底是要靠人。人来组织研讨，由人主导人机结合。因此，提高人的智慧性才能加快社会进步的步伐。信息革命与前几次革命的不同点也就在于要提高人的智能性。因此，本书将以元宇宙以及智慧社会为例，讲述大成智慧的工程实践。

1. 元宇宙

元宇宙（Metaverse）指的是人们通过数字化技术建立起来的、在真实世界中映射出的；或者可以超出真实世界，并能与真实世界互动的虚拟世界，是新型社会生活的数字空间。这个虚拟社会基于人类的生产和生活活动，通过建立身份、创建场景和管理资产数据等方式生成基础数据，以提高生活智能化。元宇宙基于数字信息，依托现代信息技术构建，与真实世界紧密连接但又高度独立，形成一个开放的复杂系统，由网络、硬件和使用者构成。

因此，在钱学森的现代科技系统基础上，我们可以对元宇宙有一个初步认识：

（1）在时空意义方面，元宇宙是一种在空间上为虚、在时间上为真的数位世界；

（2）在独立性方面，元宇宙是一种与现实生活密切相关但又具有高度独立性的平行时空；

（3）在连通性方面，元宇宙是一个永久的、广泛覆盖的，包含了网络、硬件终端和使用者的虚拟现实系统；

（4）在真实性方面，元宇宙包含了对真实世界的数字拷贝和生成。

虽然元宇宙的概念是最近几年才热起来的，但是钱学森早在 1990 年关于"虚拟现实"的论述中提到的"灵境"，已经有了元宇宙的影子。可以说，元宇宙是多种技术发展到一定阶段集大成而出现的"大成智慧"。除此之外，元宇宙还具有以下几个特点：

（1）多重媒介。元宇宙融合了网络和科技，既是多种媒体技术的结合，也是现实与虚拟的交流场所。

（2）与现实世界保持同步。元宇宙需要与真实世界同步，构建与现实平行的电子生活空间，而非完全虚幻的存在。

（3）文明。现实世界的文明和道德标准应当得到延伸和保持，需要制定相应的规则和监管机制。

（4）多元中心。虽有人预言元宇宙可实现彻底去中心化，但实际上仍会存在相对的中心化，因国家政权不会允许"治外法权"，只要地球上还存在着国家政权，"彻底去中心化"就不会发生。随着网络的多元化进程加速，个人中心化的趋势越来越明显，元宇宙必然会出现多个中心，而不会出现绝对的单一中心。

从元宇宙的特点来看，元宇宙不仅仅是技术的集大成者、媒介的集大成者，更是人类探索未来世界的一个更为深邃和广阔的精神产物。

2. 智慧社会

数字化和智能化的转型既是新一轮科技革命和产业革命的序曲，同时也是社会和思想的变革。党的十九大提出了"智慧社会"的构想，这是对我国信息化发展的科学判断和战略性规划。在科技产业方面，构建智慧社会需要充分结合互联网、大数据和人工智能等技术使实体经济和社会发展。在思想观念上，我们需要重新构思要素资源、制度架构和竞争格局，以全面促进人类的发展、社会的进步和人类文明的升级。

智能社会以"人－机－物"三元融合为特征，逐渐替代了传统的"人类社会－物理世界"的两元社会形式。这种三元体系将人类社会、信息系统和物理环境紧密结合，形成了一个动态耦合的大系统，实现了多领域的无缝对接和相互渗透。智慧社会的核心包括计算驱动、技术应用和环境响应三个方面。

第一，智能计算具有无处不在的感知、互联、按需接入和交叉融合的特点，它与电能一样无处不在，是智慧社会的重要基础。

第二，智能技术已广泛应用于生产、生活和治理等领域，推动了观念和模式的更新。科技和知识的创新引导了城乡一体化的数字化、智能化转变，促进了信息化、工业化和城市化的深度结合。

第三，实现物质空间、制度空间和人文空间的智慧回应可以有效地分配社会各个子系统的资源，达到韧性宜居、绿色节能、安全有序、人性化包容的可持续发展目标。在信息化、数字技术赋能下，社会文明呈现出"技术－智能－智慧"的发展趋势，其中包含了两个重要特征：一是以技术为基础以指数级速度膨胀；二是"人＋人工智能"的智能化进程不可逆转。

要实现真正的智慧社会，需要将多个城市连接起来，防止出现"城市孤岛"。为了实现这一目标，建设智慧城市至关重要。智慧城市是基于海量数据发展起来的创新性智慧系统，是大成智慧的体现。本章以智慧城市的时空操作系统——城市信息模型（City Information Modeling，CIM）为例，分析了大成智慧的特征。

根据住建部发布的《城市信息模型（CIM）基础平台技术导则》，CIM定义是整合城市地上地下、室内室外、现状未来多维多尺度空间数据和物联感知数据，构建起三维数字空间的城市信息有机综合体。"智慧城市"的层级结构如图11.6所示，包括关键技术如"CIM""5G""GIS技术""大数据""物联网"，以及智能化应用板块如"环保""城管"。这体现了从"数字城市"向"智慧城市"的逐级演进，将数字映射扩展到智能化应用。智慧城市的建设对构建"智慧社会"，促进"大智"的发展具有重要意义。其综合集成了多种职能和技术，将专家群体的智慧、海量数据和人工智能技术有机结合，因此智慧城市可被视为城市层面的"大成智慧"。

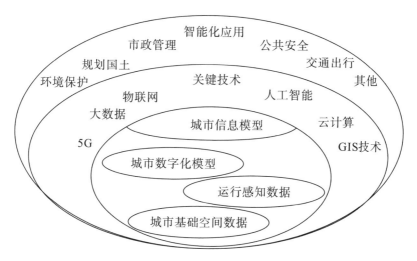

图 11.6　智慧城市的层次体系

测试

第十二章　双碳目标：系统均衡的多目标路径

学习目标

· 了解双碳目标是什么以及为何要提出

· 了解主要现实挑战及可能的应对方案

· 了解产业结构转型及多目标模型构建

双碳目标是指我国从环保、贸易、金融三个维度考虑，提出要在 2030 年实现碳达峰和 2060 年实现碳中和。实现双碳目标我国面临着许多挑战，目前一些有力的应对方案也被提出。双碳目标的实现对经济发展和环境保护提出了更高的要求。不管从哪一个角度着手，双碳目标的实现都是一个多目标问题。提高非化石能源占比是二氧化碳减排的十分有效的选择；然而，对产业结构进行调整，长期来看减排优势也很明显。考虑到具体问题的复杂性与类型的多样性，本章从产业结构优化角度入手，利用系统优化方法对碳减排相关问题构建系统优化模型，探究实现双碳目标可能的多目标路径。

大自然是善良的慈母，同时也是冷酷的屠夫！

——［法］维克多·雨果

一、双碳战略背景

（一）何为双碳战略

工业化、城市化进程使得温室气体排放量日益增加，全球变暖趋势日益显著，对经济发展造成显著影响，成为各国家共同面对的巨大挑战。秉持着可持续发展理念，中国为碳减排目标做出持续不断的努力，积极采取各项有效政策和战略措施，开展减排工作。碳达峰指全球温室气体排放量应该尽早实现峰值并开始逐年减少。碳中和指通过降低二氧化碳等温室气体排放量以及加强吸收、抵消措施等方式，在某一时间点或某一时期内，碳吸收量高于碳排放量，实现零净碳排放量或负排放。2020 年 9 月 22 日，习近平主席在第七十五届联合国大会上提出："中国将提高国家自主贡献力度，采取更加有力的政策和措施，二氧化碳排放力争于 2030 年前达到峰值，努力争取 2060 年前实现碳中和。"

（二）为何提出双碳战略

中国之所以提出双碳目标，主要是基于环保、贸易、金融三个维度考虑。环保方面，在人类工业革命以前的 80 万年里全球平均二氧化碳含量相对稳定，始终保持在 280ppm① 左右。然而从工业革命以来，二氧化碳浓度开始直线飙升到目前的 417ppm，并仍在持续上升。这种趋势导致了全球平均温度不断升高，极端天气事件频发，给地球生态环境带来了极大危害。为积极应对全球气候问题，各国均做出绿色转型的努力，我国的双碳目标则是为承担大国责任而迈出的步伐。

贸易方面，由于全球发展不平衡，美国和欧洲国家等具有先发优势的国家在 2010 年前就已实现了碳达峰，而我国目前还尚未实现碳达峰。受到绿色革命的推动，已实现碳达峰的发达国家或许将在碳关税上层层加码，导致发展中国家的高碳排放产品竞争力下降，这给我国的贸易竞争带来新的挑战。

金融方面，碳交易创建了一种新的碳金融市场，将对未来的世界货币体系进行重塑，我国应积极参与到碳交易中，推动低碳经济发展，增强我国在全球经济中的影响力和竞争力，因此双碳目标对我国未来的战略地位意义极其深远。

---

① ppm 是 "Parts Per Million" 的缩写，用于描述在一百万个单位中有多少单位存在。

二、挑战及应对方案

（一）主要现实挑战

为了实现双碳目标，还面临着许多挑战和困难。

相关技术水平有待发展，是第一个现实挑战。具体表现在低碳技术的创新水平不高，需要进一步提升，中国目前的绿色技术创新仍处于初级发展阶段。尽管在能源效益技术方面有进步，但特定指标仍有提升空间；近些年非化石能源的技术创新已经有巨大突破，但也面临重重现实挑战；底层理论研究和关键技术方面仍存在明显短板；非化石能源原材料供给的潜在风险日益显著；相关消纳与接入技术有待提升。

产业绿色转型亟待加速，是第二个现实挑战。要实现双碳目标，还需从优化产业结构和绿色低碳转型两方面逐一攻克。经济相对薄弱地区主要倚赖低技术含量的土地密集型工业和第三产业，对内的产业设施和对外的道路交通都不具有发展优势，资金扶持和科技保障力度不足。在此情况下，这些区域难凭自身驱动力实现经济发展，也难以获得好项目或投资，这些现实因素都制约了产业结构升级。经济发达地区也受到土地等要素约束，需要极大限度淘汰落后产能，同时又受制于核心高新技术的封锁，使得产业结构面临着高端化的严峻挑战。

城镇化带来碳排放压力，是第三个现实挑战。城镇化是实现现代化的必经之路，然而城镇化快速发展和城市基建项目的必要碳排放给实现减排目标带来巨大压力。图 12.1 展示了 2022 年中国与主要发达国家的城镇化率。对比发达国家，中国的城镇化水平较低，但随着发展的步伐，碳排放体量却将愈发庞大。低碳生活方式的形成还任重而道远，保证生活方式低碳化是国家进一步低碳发展不可忽视的重要手段。图 12.2 为我国 2010—2023 年私人汽车的保有情况，从图中可以看出，我国私人汽车保有量逐年增长，因此需要限制燃油汽车的数量和使用，减少其造成的能源消费和二氧化碳排放量。

2022年中国与主要发达国家的城镇化率（%）

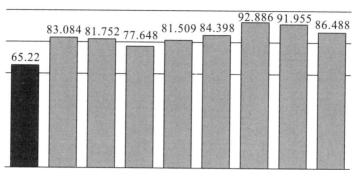

图 12.1　2022 年我国与主要发达国家城镇化情况

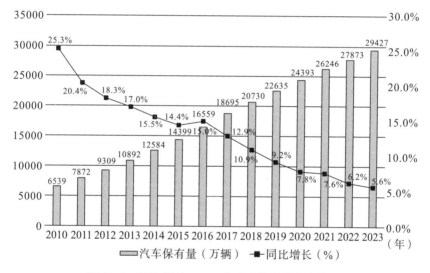

图 12.2　我国 2010—2023 年私人汽车的保有情况

　　政策体系完善空间较大，是第四个现实挑战。一些政策工具仍处于理论研究阶段，距离实际落实还需更多时间，如部分国家开始引入碳税作为重要减排政策。此外还有些已经实施的政策工具，其执行力度太小、尚处于试点阶段或覆盖面较窄，如绿色金融当前也还只在个别省份尝试运行，仅通过小规模的绿色信贷为主的模式进行试点探索。

（二）可行应对方案

为了保障双碳目标的实现，可以采取以下应对方案。

第一条应对方案，是遵循"三端发力"体系。从能源供应、能源消费和人为固碳三方面齐头并进，全面推动碳减排措施。能源供应端，应尽可能告别对化石能源的依赖，大力推进清洁能源发电，积极创建低碳绿色电力或能源供应系统。能源消费端，应力图在居民衣食住行等各个方面确保实现清洁能源对传统化石能源的全面升级取代。在人为固碳端，通过生态建设、碳捕集封存、土壤固碳等一系列措施，在必要排放后将其完全消除。

第二条应对方案，是促进低碳技术创新。强调以市场为导向，加快构建环保低碳的技术创新体系，将低碳技术创新推向前沿，保障节能、非化石能源发展以及碳捕与集封存等领域发展。强化基础和实际应用相结合，为低碳技术创新奠定扎实的理论基石。力争攻克关键领域及环节的核心技术、关键设备和元器件，确保不受制约和打压，努力提升能源效率，增强技术经济可行性。图 12.3 展示了低碳技术创新体系。

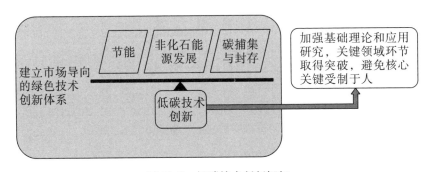

图 12.3　低碳技术创新框架

第三条应对方案，是化石能源清洁利用。充分发挥中国的化石能源资源优势，可通过驱油和埋存等方式减排二氧化碳。传统燃煤发电和水泥生产过程会产生大量的二氧化碳，在相关领域广泛应用碳捕集、碳利用与碳封存（CCUS）等技术可有效减少碳排放，促进传统化石能源的清洁高效利用。

第四条应对方案，是兼顾地区差异性和协同。国家在下达各地减排目标时，应全面考虑区域的差异性，确保经济发展与碳达峰行动协调一致，促进地区间的均衡发展。各省份各城市制定具体方案时，应合理联系各自实际条件，并且深度融合国家的区域产业战略方案，努力达成多地产业网络的碳排放全局最优解，确保地方行动方案与全国双碳目标协同一致。

第五条应对方案，是协同推进降碳、减污和国土绿化。中央经济工作会议强调要以双碳工作为引领，助推污染防治攻坚战和国土绿化行动。会议还指出，花心思花功夫深入推动污染防治工作，实现减少污染的同时取得更好的减排效应。同样要让大规模国土绿化有效落实，修复并增强自然生态系统的碳汇能力。

第六条应对方案，是积极开展国际合作。以双碳目标为切入，在低碳技术创新、人才队伍建设、投资招商、相关政治决策等方面与相关国家展开广泛而深入的合作，以提高低碳发展水平、提升国际声誉和影响力，进一步扩大开放水平。

第七条应对方案，是广泛动员社会共同参与。积极倡导低碳发展成效的共建共享，全面动员国民从身边事做起投身到双碳行动中，引领倡导绿色低碳的生产和生活方式。同时稳步优化现有的共享经济体系，如共享单车、网约车等，以合理有效利用生产资料，强调充分施展共享经济的节能减排作用。

第八条应对方案，是与供给侧改革深度融合。将工作中心落实到优化绿色低碳高新技术产业结构，以积极引领未来能源格局，以环保和可持续的方式满足市场需求。着力增加对非化石能源的投入，增加清洁能源在能源供给结构中的占比，通过引入先进技术，致力于降低其生产成本和难度，增强其市场竞争力和供需匹配。

第九条应对方案，是完善市场机制建设。为更好应对气候变化，我们应着眼于加强双碳政策与机制的建设。积极尝试在市场机制中推动碳减排，健全全国碳交易市场。完善全国用能权市场，通过总结试点区域的成功经验，为企业提供更灵活、可持续的用能方案。同时，公开碳排放的统计和监测方法体系。优化用能权定额及分配机制，注重与碳交易市场的协同配合。

双碳目标的实现对经济发展和环境保护提出了更高的要求，传统只追求经济水平提高的粗放式发展方式已经无法满足当今社会的需求。因为我们不可能只保护环境，追求社会经济水平的发展仍是重中之重，所以不管从哪一个角度着手，双碳目标都是一个多目标问题。有关研究发现，提高终端能源利用效率是短期内降低能源需求总量最好的方式；而从长期来看，对产业结构进行调整的优势更为明显。考虑到具体问题的复杂性与类型的多样性，以下将从产业结构优化角度入手，利用系统优化方法对碳减排相关问题构建理论模型，试图探究实现双碳目标可能的多目标路径。

三、产业结构优化

（一）产业结构组成

我国的产业结构包括三大产业。第一产业包括农业、林业、牧业、副业和渔业；第二产业包括制造业、采掘业、建筑业和公共工程、上下水道、煤气、卫生部门；第三产业又称服务业，它是指第一、第二产业以外的其他行业，包括商业、金融、保险、不动产业、运输、通信业、服务业及其他非物质生产部门。

图 12.4 展示了 2018—2022 年国内生产总值及其增长速度。其中 2022 年全年国内生产总值 1210207 亿元，比上年增长 3.0%。其中，第一产业增加值 88345 亿元，同比增长 4.1%；第二产业增加值 483164 亿元，同比增长 3.8%；第三产业增加值 638698 亿元，同比增长 2.3%。

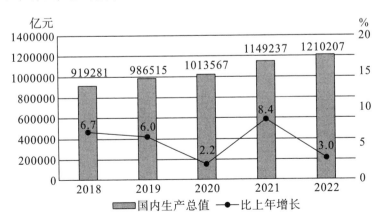

图 12.4 2018—2022 年国内生产总值及其增长速度

　　2018—2022 年三次产业增加值占国内生产总值百分比，如图 12.5 所示。其中 2022 年第一产业增加值占国内生产总值百分比为 7.3％，第二产业增加值百分比为 39.9％，第三产业增加值百分比为 52.8％。

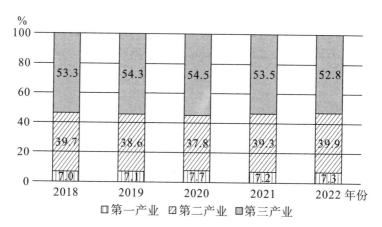

图 12.5　2018—2022 年三类产业增加值百分比

　　2022 年全年各行业累计增加值占 GDP 百分比如图 12.6 所示。从各行业增加值占 GDP 百分比来看，2022 年我国工业增加值占 GDP 百分比最高，为 33.2％，其中制造业增加值同比增长 2.9％，占 GDP 的百分比为 27.7％。批发和零售业、金融业、房地产业、建筑业、农林牧渔业增加值百分比分别为 9.5％、8.0％、6.1％、6.9％、7.7％；其他行业增加值百分比为 15.9％。

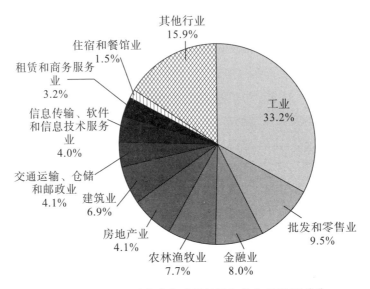

图 12.6　2022 年全年各行业累计增加值占 GDP 百分比

（二）产业与碳排放

中国不同产业及行业的碳排放量显示出较为明显的差异。首先，第二产业二氧化碳排放量在总体碳排放量中始终占据较大百分比。2023 年工业领域二氧化碳排放量约为 413177.69 万吨，相比 2022 年减少了 4558 万吨，占总排放量的 36.61％；电力领域二氧化碳排放量为 535200 万吨，占总排放量的 47.42％，相比 2022 年增加 1.36 个百分点；交通领域和居民领域的 2023 年排放量分别为 924.28 万吨和 797.37 万吨，百分比分别为 8.19％和 7.06％；相比 2022 年，交通领域增加了 49.21 万吨，居民相关排放减少了 18.88 万吨；航空领域二氧化碳排放量为 81.4883 万吨，占总排放量的 0.72％，相比 2022 年增加了 37.4958 万吨；工业领域与电力领域为主要的碳排放来源，碳排放量合计占总排放量达 84.03％。

（三）产业结构优化

在本节，我们将聚焦于中国绿色低碳发展的现实"硬约束"，从中观的产业部门层面探究二氧化碳减排路径，以期为中国绿色可持续发展提供思路支持、理论参考以及可供实施的路径选择。

工业革命以来，工业经济快速增长并且成为世界经济增长的主要推动力。而工业属于高耗能、高排放的产业，如果长期依靠工业增长推动经济发展，必然消耗大量化石能源，并导致二氧化碳排放持续增加。不同产业的二氧化碳排放量存在很大差异。有关学者从不同角度进行了分析，并发现相关因素对二氧化碳排放的传导机制主要体现在三个方面：规模效应、结构效应和技术效应。考虑到不同产业碳排放量的差异性，产业结构因素是大家关注的重点。在实证研究中，将经济发展、能源强度降低、二氧化碳减排等作为约束，设定不同规划目标，进行产业结构调整规划，这对于实现二氧化碳减排具有现实意义。

此处从产业结构优化角度，构建多目标规划模型，对我国二氧化碳减排路径进行研究。以二氧化碳排放量最小化、能源消费量最小化和 GDP 最大化为目标，采用线性加权方法构建多种情景，基于遗传算法求解不同情境下的产业结构优化路径。

（四）多目标规划模型

要实现二氧化碳减排目标，需不同产业的能源强度差异，在具体研究时，可以从产业结构优化角度进行分析。但如果二氧化碳排放约束过于严格，对应付出的经济成本可能是无法接受的。因此，为保障社会稳定与发展，一定的经济增长也十分重要。在研究二氧化碳减排路径时，应同时考虑经济发展与环境保护，从产业结构优化角度构建多目标优化模型。为达到"十四五"规划目标，以产业的产值为决策变量，构建如下的多目标规划模型。

1. 目标函数

（1）二氧化碳排放量最小化目标：

$$minH_1(x) = \sum_{i=1}^{n} a_i x_{it} \tag{12.1}$$

其中，x_{it} 为 t 年产业 i 的产值，a_i 为产业 i 的二氧化碳排放系数，n 为参与规划的产业个数。

（2）能源消费量最小化目标：

$$\min H_2(x) = \sum_{i=1}^{n} b_i x_{it} \tag{12.2}$$

其中，b_i 是 i 产业的能源消费系数。

（3）GDP 最大化目标：

$$\max H_3(x) = \sum_{i=1}^{n} d_i x_{it} \tag{12.3}$$

其中，d_i 表示 i 产业的增加值系数。

2. 约束条件

（1）二氧化碳排放总量不超过对应的约束值 M：

$$\sum_{i=1}^{n} a_i x_{it} \leqslant M \tag{12.4}$$

其中，M 表示二氧化碳排放总量的约束值。

（2）能源强度不能超过允许的上限值 $R_{2020} \times (1-\sigma)$，要求最终的能源强度在 2020 年的能源强度（$R_{2020}$）基础上降低 σ，即实际允许的能源强度最大为 $R_{2020} \times (1-\sigma)$：

$$\frac{\sum_{i=1}^{n} b_i x_{it}}{\sum_{i=1}^{n} d_i x_{it}} \leqslant R_{2020} \times (1-\sigma) \tag{12.5}$$

（3）总的经济增长应大于 2021 年到 2025 年累计的基本的增长量：

$$\sum_{i=1}^{n} d_i x_{it} \geqslant \prod_{t=2021}^{2025} (1+\eta_t) \times G_{2020} \tag{12.6}$$

其中，η_t 表示 t 年的 GDP 增长率，G_{2020} 表示 2020 年 GDP 的值。

（4）为保证经济系统稳定运行，i 产业的产值（x_{it}）应大于等于 2019 年 i 产业的产值（x_{i2019}）：

$$x_{it} \geqslant x_{i2019}, i = 1, 2, \cdots, n \tag{12.7}$$

假定在规划期内不会有旧的产业被淘汰，也不会有新的产业产生。为保证经济系统稳定运行，对各产业的产出下限进行约束。x_{i2019} 为 2019 年 i 产业的产值。

考虑到公式（12.5）是非线性约束，需要将其转化为线性表达式，以进行求解。转化结果如下：

$$\sum_{i=1}^{n} \left[b_i - R_{2020} \times (1-\sigma)d_i \right] \times x_{it} \leqslant 0 \tag{12.8}$$

产业转型多目标优化模型如下：

$$
\text{s. t.}
\begin{cases}
\min H_1(x) = \sum_{i=1}^{n} a_i x_{it} \\[2mm]
\min H_2(x) = \sum_{i=1}^{n} b_i x_{it} \\[2mm]
\max H_3(x) = \sum_{i=1}^{n} d_i x_{it} \\[2mm]
\sum_{i=1}^{n} a_i x_{it} \leqslant M \\[2mm]
\sum_{i=1}^{n} \left[b_i - R_{2020} \times (1-\sigma)d_i \right] \times x_{it} \leqslant 0 \\[2mm]
\sum_{i=1}^{n} d_i x_{it} \geqslant \prod_{t=2021}^{2025} (1 + \eta_t) \times G_{2020} \\[2mm]
x_{it} \geqslant x_{i2019} \\[2mm]
i = 1, 2, \cdots, n
\end{cases}
\tag{12.9}
$$

（五）相关算例应用

1. 数据来源

根据国家统计局公布的 2018 年全国投入产出表的部门，2018 年各产业的增加值，依据国民经济行业分类，以及《能源统计年鉴（2020）》分行业能源消费量的数据，将 153 个部门合并为八大产业，分别是①农林牧渔业，②采矿业，③制造业，④电力、热力、燃气及水生产和供应业，⑤建筑业，

⑥批发和零售业、住宿和餐饮业，⑦交通运输、仓储和邮政业，⑧居民生活及其他，并得到产业增加值系数，能源消费系数，2020年的能源强度。除此以外，根据前人测算出的中国实现"十四五"规划时的二氧化碳排放量，将二氧化碳排放约束中的 M 设定为106.2亿吨。"十四五"规划纲要提出"到2025年能源强度比2020年下降13.5%"，则 $\sigma = 13.5\%$。依据已有数据中基准情景的GDP增长率，对 $\eta_t(t = 2021，2022，\cdots，2025)$ 进行设定，测算出"十四五"规划末期中国GDP应达 $\prod_{t=2021}^{2025}(1+\eta_t)\times G_{2020} = 1322168.4$ 亿元。

2. 结果计算

此处采取线性加权方法对多个目标分别赋予权重，进行求解。由于三个目标函数的量纲不一致，所以分别以2019年的二氧化碳排放总量、能源消费总量以及GDP作为分母对其进行标准化处理。公式（12.9）多目标模型转变为：

$$\min H = \min\left[\mu_1\sum_{i=1}^{n}\frac{a_i x_{it}}{a_i x_{i2019}} + \mu_2\sum_{i=1}^{n}\frac{b_i x_{it}}{b_i x_{i2019}} + \mu_3\sum_{i=1}^{n}\frac{d_i x_{it}}{d_i x_{i2019}}\right]$$

$$(12.10)$$

$$\text{s.t.}\begin{cases}\sum_{i=1}^{n}a_i x_{it}\leqslant M\\\sum_{i=1}^{n}[b_i - R_{2020}\times(1-\sigma)d_i]\times x_{it}\leqslant 0\\\sum_{i=1}^{n}d_i x_{it}\geqslant\prod_{t=2021}^{2025}(1+\eta_t)\times G_{2020}\\x_{it}\geqslant x_{i2019}, i=1,2,\cdots,n\end{cases}\quad(12.11)$$

通过改变各目标函数的权重，设定4种情景。情景1：$\mu_1=1$，$\mu_2=0$，$\mu_3=0$；情景2：$\mu_1=0$，$\mu_2=1$，$\mu_3=0$；情景3：$\mu_1=0$，$\mu_2=0$，$\mu_3=1$；情景4：$\mu_1=\frac{1}{3}$，$\mu_2=\frac{1}{3}$，$\mu_3=\frac{1}{3}$。

为探索在上述约束条件下的最优解，特选用遗传算法求解，上述 4 种情景对应的原本的目标函数值见表 12.1：

表 12.1 多目标规划模型在 4 种情境下求解出的原目标函数值

情景	二氧化碳排放量 （万吨）	能源消费量 （万吨标准煤）	GDP （亿元）
1	1000987	529369.8	1322415
2	1016290	528626.6	1322168
3	1062000	619101.6	2076264
4	1007731	531362.9	1322186

由表 12.1 可以看出，中国在"十四五"时期：①若将二氧化碳排放量最小化作为主要目标，二氧化碳排放总量可以减少到约为 100.10 亿吨，相比较于约束值 106.2 亿吨降低了 6 亿吨以上。②若将能源消费量最小化作为主要目标，能源消费量能够降低到 528626.6 万吨标准煤，相较情景 1 而言，二氧化碳排放量有所增加，而 GDP 有所减少。③若将 GDP 最大化作为主要目标，GDP 能够达到 2076264 亿元，相较于其他情景 GDP 增加了一半以上，而 GDP 增长的代价是二氧化碳排放和能源消费的增加。④若将三个目标设定为同等地位，也可以得出符合约束的解，而且可以得到二氧化碳减排效果优于情景 2 和情景 3 的结果。

3. 情景分析

将测算的 2019 年八大产业的产值绘制如图 12.7 所示。

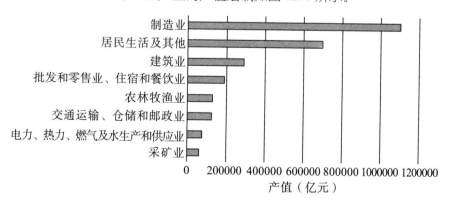

图 12.7 中国 2019 年各产业产值

由图 12.7 可知，2019 年的产业结构中，以产值计算，制造业居于首位，居民生活及其他产业居于第二，随后依次是建筑业，批发和零售业、住宿和餐饮业，农林牧渔业，交通运输、仓储和邮政业，电力、热力、燃气及水生产和供应业，采矿业。根据前文设定的 4 种情景，对多目标规划模型的具体输出结果绘制如下条形图，并进行分析。

由图 12.8 可知，在情景 1 中，考虑将二氧化碳排放量最小化作为最重要的目标时，与 2019 年的产业结构相比，建筑业发展减缓，产业结构转向批发和零售业、住宿和餐饮业，其他产业的发展相对稳定。所以，为实现二氧化碳排放最小化，应当减缓建筑业的发展。由图 12.9 可知，在情景 2 中，将能源消费量最小化作为最重要的目标时，相比较于 2019 年的产业结构，农林牧渔业的产值得到大幅提升，而建筑业发展减缓。所以，为实现能源消费总量最小化，应当加速发展农林牧渔业。

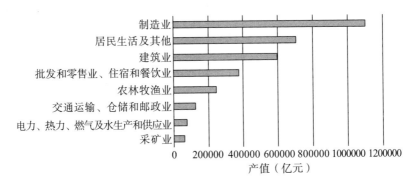

图 12.8　情景 1 对应的多目标规划求解结果

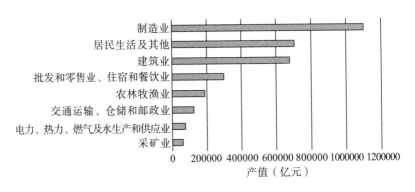

图 12.9　情景 2 对应的多目标规划求解结果

如图 12.10 所示，将 GDP 最大化作为最重要的目标时，批发和零售业、住宿和餐饮业得到大幅发展。所以，为了最大程度的经济增长，应当加速发展批发和零售业、住宿和餐饮业。如图 12.11 所示，在情景 4 中，将三个目标函数设置相等权重，到 2025 年八大产业的产业结构与 2019 年相比并未发生重大改变。这一结果表明，我国目前的产业结构相对良好。但是，要实现二氧化碳减排，达到环境－能源－经济和谐发展，还需要在此基础上进行优化。

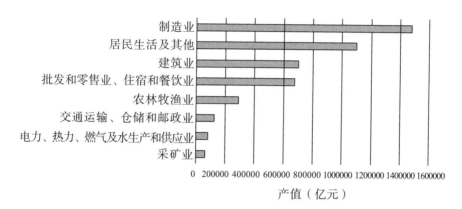

图 12.10　情景 3 对应的多目标规划求解结果

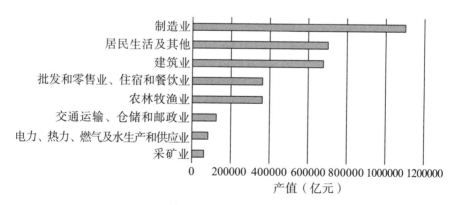

图 12.11　情景 4 对应的多目标规划求解结果

不难发现，为了保障经济增长达到一定的速度，在各种情景下，制造业的产值均位于前列；为了保障能源强度降低约束和二氧化碳减排约束的实现，交通运输、仓储和邮政业，电力、热力、燃气及水生产和供应业以及采矿业的产值排名均处于末位。

（六）本章小结

本章以各个产业的产值为决策变量，以二氧化碳排放量最小化、能源消费量最小化和 GDP 最大化为目标函数，构建多目标规划模型。通过对多个目标函数进行标准化和线性加权处理，设置四种情景。采用遗传算法进行求解，并对结果进行分析。从中观的产业部门层面，研究不同情景下中国二氧化碳减排的可选路径。

本章构建了多目标规划模型，设计了模型求解及情景分析、线性加权方法及遗传算法，探究我国二氧化碳的减排路径，以期为我国实现绿色低碳发展提供可实施的路径选择。本章研究发现主要包括：①优化产业结构能够减少二氧化碳排放与能源消费量，同时保障 GDP 的增长。与传统情景相比，产业结构优化下，四种情景下二氧化碳排放量，能源消费量与 GDP 虽有差异，但结果都更优。②双碳目标背景下，将能源目标设为主要目标或者三个目标权重相同更有利于我国经济绿色低碳发展。从产业角度具体来看，适当减缓建筑业发展，转向批发和零售业、住宿和餐饮业。总而言之，从工业转型向服务业有助于达成二氧化碳减排目标。以目前的产业结构转移形式来看，服务业增加值占比已经得到提升且仍会进一步提高，产业结构低碳化值得关注。

测试

案例讨论

第七篇

算法运筹

第十三章 智能算法：启发式算法的进化之路

学习目标

· 理解启发式算法提出的必要性

· 了解人工生命算法的基本思想

· 理解常见启发式算法以及群智能算法的基本原理

· 尝试运用启发式算法求解优化问题

在漫漫历史长河中，"算法"这个概念自从被提出后，一直在逐步进化，变得更加"智能化"。而这之中，启发式算法是其中的集大成者。启发式算法是一种基于经验和启示的计算方法，用于解决 NP 难问题等复杂的优化问题。与传统精确算法相比，启发式算法不会保证找到全局最优解，但是可以在合理的时间内找到接近最优解的结果。启发式算法包括模拟退火、遗传算法、蚁群算法等多种类型，它们都具有自适应性、并行性和鲁棒性等特点。启发式算法作为一种新型的计算方法，已经成为人工智能和机器学习领域中的重要研究方向。未来将有更多的人工智能技术和应用场景需要利用启发式算法来进行优化和决策。

大数据是人工智能的粮食，算力是人工智能的躯干，算法则是人工智能的大脑。

——陈鲸

一、P/NP 问题

算法（Algorithm）就是指导程序如何得出结果的步骤。启发式算法（Heuristic Algorithm）是相对于最优化算法所提出的概念。最优化算法能为我们找寻到一个问题的最优解，而启发式算法则是在可接受的消耗（包括运算的时间和空间）下，让我们找到待解决问题的一个可行解。

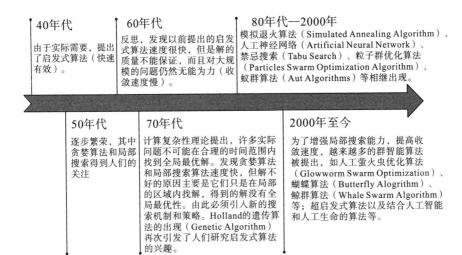

图 13.1 启发式算法发展情况

启发式算法发展至今，得到的解都只是近似最优解。既然这样，我们为什么还需要它呢？为了回答这个问题，我们首先来了解 P/NP 问题。很多问题可能永远都无法用简单的计算得到答案，即使对于目前最先进的计算机，解决这些问题所花费的时间也可能超乎我们的想象。于是人们给这些问题起了一个有些奇怪的名字：NP 问题。

1956 年，在库尔特·哥德尔（Kurt Gödel）与约翰·冯·诺依曼的通信中，首次出现了 P/NP 问题的身影。20 世纪 70 年代初，斯蒂芬·库克（Stephen Cook）和列昂尼德·莱文（Leonid Levin）独立提出 P/NP 问题，这是 P/NP 问题在学术界的首次亮相。随后，理查德·卡普（Richard

Karp）列出了包括旅行推销员难题在内的 21 个重要难题。此后，P/NP 问题成为计算机科学家们无法忽视的重要研究问题，他们的研究方向也在这一时期发生了戏剧性的转变。

　　P/NP 问题是克雷数学研究所提出的千禧年七大数学难题之一，为了激励研究，该研究所针对每个相关问题，都设立了 100 万美元的奖金。在七大数学难题中，只有 NP 问题是计算机领域的重大问题。那么，什么是 P 和 NP？P 与 NP 描述的是哪类问题呢？

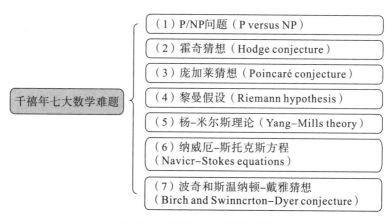

图 13.2　千禧年七大数学难题

（一）P 问题

　　能在多项式时间中解决的问题为 P（Polynomial）问题。广义的多项式是指有限个单项式的和，具体是指由变量、系数及其之间的加、减、乘、幂运算（非负整次方）所得的表达式。简单来说，P 问题是指那些计算机比较容易算出答案的问题，即能够在计算机所能承受的时间复杂度下解决的问题。

　　为了更好地理解什么是 P 问题，我们在这里举一个例子。

　　如果此时你想在 10 件衣服中选择其中一件购买，可以用几个简单的步骤来快速找出你心仪的衣服：

　　（1）选择第一件衣服，将其与第二件比较，选择出其中最满意的衣服；

　　（2）将目前最满意的衣服与下一件进行比较，选出其中最满意的衣服；

（3）重复第二个步骤，直到比较到最后一件衣服；

（4）最后一次比较中，更满意的那件衣服即为最终选择结果。

像这样对解题方案的非正式描述就叫算法，它是指导程序怎样得到结果的一系列步骤。上述算法能用 9 次比较得出最终结果。这种算法在计算机中能够高效解决选择问题，即使衣服的数量增加，也不会导致比较次数大幅增加。解决问题所需的计算量（或计算步骤）随着问题规模增加的速度被称为"时间复杂度"。时间复杂度是衡量算法效率的一种指标，本质上指的是计算量增长的速度而不是这个算法运行的时间。如果需要解决更复杂的问题，比如将所有衣服进行满意度排序，则可以使用更高效、时间复杂度更低的算法来进行计算。

（二）NP 问题

NP 问题，即 Non-Deterministic Polynominal，可译为非确定性多项式。有人可能会问：NP 问题就是非 P 类问题吗？事实并非如此。NP 问题是那些可以在多项式的时间里验证一个解是否正确的问题。

数独（Sudoku）就是一个典型的 NP 问题。如图 13.3 所示，在这 9×9 的盘面中，要求挑战者根据所有已知的数字，推理得到其他剩余未知的数字，使得从 1 到 9 的每个数字在每一行、每一列、每一宫内都只出现一次，因此数独又被称为"九宫格"。

6	4	5	9					3
7								
	3				6	8		4
				5			3	9
1		3		7				2
4	2		9					
2		4	8				9	
								5
5				9	4	1	6	

图 13.3　数独游戏

数独问题并没有固定的算法，求解更过多依靠推理与分析，需要花费较长的时间，但是当给定数独问题的解时（如图 13.4 所示），便可在很短的时间内的验证给定解的正确性。

6	4	5	9	1	8	7	2	3
7	8	2	5	4	3	9	6	1
9	3	1	7	2	6	8	5	4
8	6	7	4	5	2	1	3	9
1	5	9	3	8	7	6	4	2
4	2	3	6	9	1	5	7	8
2	1	4	8	6	5	3	9	7
3	9	6	1	7	4	2	8	5
5	7	8	2	3	9	4	1	6

图 13.4　数独的解

那么是不是计算机很难找到一个九宫格游戏的解呢？事实上普通计算机基于简单的回溯算法可以在短短几秒内找到一个有效解。但是如果问题规模变得更大，例如图 13.5 所展示的 25×25 新版本：要求在 625 个格子中每一行、每一列和每一宫中都填入从 A 到 Y 的字母且不重复，那么需要多长时间得到一个解呢？这次，普通计算机就得需要很长时间来进行计算了，而更大规模的数独游戏，或许目前最先进的计算机也无法直接计算出它的解。

NP 问题不仅仅在数独游戏中存在，在我们的日常生活中也很常见。例如，快递公司关注这样的问题：如何安排每个快递员的路线使得行驶距离最短，从而节省时间和燃料。事实上，这类"如何以最小的代价访问多个地点"的问题被称为旅行推销员问题（Traveling Salesman Problem，TSP），这也是经典的 NP 问题之一。

L			U		K			G				G	Q			I		X
	Q	H		R		K				V			A	M	T		V	K
D	A	B	H	I			C		X	T		F					V	K
U	V	X	W		D	J	E		I	R	A		O		C	H		
K			G		X	F		B	W	Q	D		L				O	
	Q	I	U				O		S			R				P	N	
	E		D	V	K		J		P	Q		L		A	M	I	Y	H
	F		C		R	A			N	U	G		I	W	S		B	
I	Q	H		O	Y		L			D		B		K	T		U	
M	G		W	C				T				J		R		D	V	
M	R		E	B				D		C		H		A		G	W	
	P	W		G		A	Y		E			X		N				
	K	Y		L			W	U	T		N	D						
H	L	T	S		W		V		K	X		F			Q	J		
N	B		H		S	Y	F	P		C	I	K		E		L		T O
L	Q		E		U	R		F			B	I		X	D		J	T
B		A		C			Y	S			U	V	P		X			
T		X	P		J			Q	A		W		E	R	Y		C	
	H		N	Y	Q		X	I		S	E		F		T		K	W A
	K	Y	F	T	A		G		P	N		J	O	Q	L			U
V	W		U		P		H		R	G	X			N	M		Q	
	G		O		T		F		X	B	N	M		K	C		E	Y
C	U		J		G	Y	N	O	S		I		V		F		B	
I			R	E		W	S	O		J			A			K		
	P		T	C		X	M	D		Q				Y	U	L	O	

图 13.5　大规模数独游戏

举个例子，假设你打算在国庆放假期间和朋友自驾旅游，计划从成都开始途经西安、兰州、重庆三个城市，最后再返回成都。各个城市间隔里程见表 13.1。为了节约时间，你要如何规划出行路线使得驾驶总路程最短呢？

表 13.1　各城市间隔里程

（单位：km）

	成都	西安	兰州	重庆
成都	0	622	612	265
西安	622	0	495	580
兰州	612	495	0	765
重庆	265	580	765	0

表 13.2　不同路线总里程

方案	线路	里程（km）
方案一	成都→西安→兰州→重庆→成都	622＋495＋765＋265＝2147
方案二	成都→西安→重庆→兰州→成都	622＋580＋765＋612＝2579
方案三	成都→兰州→西安→重庆→成都	612＋495＋580＋265＝1952
方案四	成都→兰州→重庆→西安→成都	612＋765＋580＋622＝2579
方案五	成都→重庆→西安→兰州→成都	265＋580＋495＋612＝1952
方案六	成都→重庆→兰州→西安→成都	265＋765＋495＋622＝2147

　　统计所有出行路线方案，从表 13.2 可知最短路程方案为方案三和方案五。但如果假期足够长，我们可以游览周边 10 个城市，又该怎样得到最优的游览路线呢？用最笨的方法——穷举所有可能路线方案，则需要计算的方案个数就是 10！＝3628800 种方案。因此，旅行推销员问题属于 NP 问题范畴，目前没有已知的有效算法可以快速解决这类问题。

（三）P 与 NP 的关系

　　之所以要对 NP 问题进行定义，是因为通常只有 NP 问题才可能找到多项式的算法。我们并不指望一个在多项式时间内都无法验证一个解的问题，能让我们寻找到某个解决它的多项式级的算法。

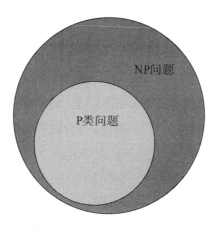

图 13.6　P 与 NP 问题的关系

如图 13.6 所示，可以看到 P 问题是 NP 问题的一个子类。也就是说，一个问题能在多项式时间内解决，那么也一定能在多项式时间内去验证一个解——因为有了正确解，其他任意给定的解只需要与正确解比较即可。然而，我们更想关注的是，所有的 NP 问题都是 P 问题吗？是否存在 P＝NP？

如果 P＝NP 被证实，这就意味着所有 NP 问题都可以像 P 问题一样找到有效算法解决，那么社会将发生巨大的变化，我们可以快速地解决所有问题，揭开世界万物的神秘面纱，绝症的治愈方法将被找到，甚至宇宙的本质都将被洞悉。在医学方面，无论是基因还是其他因素而引起的疑难杂症，计算机都可以快速针对个人的基因和病情精准推算，并研制出对应的药物，世间将再无绝症。在日常生活方面，当计算机接收到相应的信息后，不管是天气变化、股票走向还是交通事故等等，都可以提前预测出结果。

然而，这个看似美好世界的背后，隐藏着无法想象的黑暗面。如果没有什么是计算机不能完成和解决的，人们将没有隐私、丢掉工作机会。以信用卡为例，目前我们采用的公钥加密技术，可以在不经过初始化设置的情况下通过网络将信用卡号安全地传给交易公司。如果 P＝NP，那么就存在这样一种算法，能在瞬间破解公钥加密。更恐怖的是，计算机比你自己还了解你，它能用算法准确地预测出你打算走哪条路，听哪首歌，刷哪条视频。

虽然我们现在还无法得知 P＝NP 是否成立，但这些困难的搜索问题仍在那里等待我们找到答案。目前，计算机科学家们已研发出包括可能对很多问题奏效的启发式在内等诸多算法，以及能给出接近理想解的近似技术。

（四）NP 完全问题

1971 年，斯蒂芬·库克给出并证明了某一类问题具有下述性质：

（1）这类问题中任何一个问题至今未找到多项式时间算法，即 NP 问题。

（2）如果这类问题中的一个问题存在多项式时间算法，那么这类问题都有多项式时间的算法。

如果某一类问题满足以上两个性质，那么这类问题中的每一个问题就被称为 NP 完全问题，这个问题的集合简记为 NPC（NP－Complete）。

为什么说如果 NPC 中一个问题能在多项式时间内得到解决，则 NPC 中的每个问题都可以在多项式时间内得到解决呢？这里我们引入一种约化（或归约）的概念来理解。假设我们对一个问题已经足够了解，当新的问题出现时，如果新问题能够被转化为老问题，就可以利用老问题的解法来解决新问题。此时，新问题被约化为老问题。注意，这里的约化是指可"多项式时间归约"（Polynomial-time Reducible），即在多项式的时间里完成的转化。

结合传递性，如果不断地约化若干小 NP 问题去寻找更复杂的大 NP 问题，那么我们最后会找到一个时间复杂度最高，并且能解决所有 NP 问题的"Boss 级" NP 问题。也就是说，存在这样一个 NP 问题，只要解决了这个问题，那么所有的 NP 问题都能迎刃而解。难以置信的是，这种问题不止一个，它有很多个，它是一类问题。而这一类问题就是我们前面提到的 NPC 问题。

作为数学、计算机科学和运筹学等领域的重大研究问题，近几十年来，NPC 的研究热度只增不减。与哥德巴赫猜想的情况类似，人们投入了大量时间和精力，也没能解决 NPC 这个终极问题。

目前，被证实为 NPC 的问题已有 1000 多个，很多实际问题就摆在我们眼前，急需高效的算法去解决它们。因此，一些基于直观或经验构建的传统优化算法、借鉴人类解决复杂问题的技巧以及生物体本能的智能算法或者人工生命算法应运而生。

（五）传统优化算法

优化算法（或优化方法）可以理解为一种搜索的过程或步骤，旨在根据某种原理和机制，通过一定的规则来得到满足要求的问题的解。传统的优化算法主要以各类迭代算法为代表，例如非线性规划中的梯度法和线性规划中的单纯形法。

1847 年，法国科学家奥古斯丁·路易斯·柯西（Augustin Louis Cauchy）提出了梯度法（又称最速下降法），这是求解非线性规划问题的最简单方法之一。1947 年，由美国运筹学家乔治·伯纳德·丹齐格（George Bernard Dantzig）提出单纯形法，用于研究美国空军资源的优化配置。鉴于生产实践中的问题大多都可以转化为用线性规划问题，且在当时的问题规模下单纯形法是非常有效的，由此开创了用数学方法解决大型实际问题的先河。

传统优化方法是一类最重要的、应用最广泛的优化算法，具有高计算效率、较强可靠性和发展成熟等优点。虽然所求解问题的具体类型和求解方法各不相同，但这类方法都具有基本的迭代步骤。

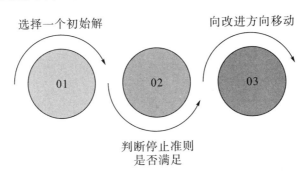

图 13.7　传统优化方法的基本迭代步骤

本质上，传统优化方法都是全局搜索算法，即通过搜索整个解空间来找到最优解。但是，传统优化方法无法解决 NP 问题，或者求解问题的时间复杂度超出了能承受的范围。有些学者提出放弃寻求最优解，只追求在有限的时间内找到满足需要的解（或满意解）。在此基础上，计算智能（或称为软计算）这一学科领域出现了，而智能优化方法则是该领域的重要研究内容。

（六）智能优化方法

自 20 世纪 80 年代起，一些创新优化算法开始受到人类解决复杂问题的技巧和生物体本能反应的启发。通过模拟或揭示特定的自然现象或过程，这些算法能够将复杂的问题求解过程简化，从而呈现出智能化的特质，因此被称为智能优化方法。

相较于成熟的传统优化方法，新兴的智能优化方法的理论框架显然还不够完备。但从实际应用的角度来看，这类算法对目标函数和约束条件没有严格的要求，有时甚至不需要解析表达式，具有很强的适应能力。因此，由于其全局、并行、高效、通用等优点，智能优化方法成为解决复杂问题的新思路和有效手段。目前，智能优化方法已成功应用于优化调度、运输问题、组合优化以及工程优化设计等多个领域。

典型的智能优化算法包括遗传算法、蚁群优化算法、粒子群优化算法、模拟退火算法和禁忌搜索算法等。这类算法通常具有以下特点：

（1）更注重计算速度和效率，达到最优条件或找到最优解并不是主要目标；

（2）对目标函数和约束条件的要求不严格，适应能力高；

（3）算法的基本思想来源于对自然规律的模仿，具备人工智能的特征；

（4）多数算法包含一个多体的种群，优化过程实际为种群的进化过程；

（5）算法的理论基础相对薄弱，通常不能保证收敛到最优解，甚至无法保证得到可行解。

基于以上特点，这些算法被赋予各种不同的名称。最早它们被称为元启发式方法，由于具有人工智能的特性，也可被称为智能计算或智能优化方法。由于不以精确最优解为目标，它们又被归类为软计算方法。考虑到种群进化的特性，也叫进化计算。从模仿自然规律的角度来看，近年来有人将它们称为自然计算。

二、人工生命

为什么可以模拟生物智能来求解计算问题？其学科基础来源于人工生命。这门学科探讨了生命系统的多个定义，从生物形态的进化、遗传、新陈代谢等概念中汲取灵感。通过模拟生物系统的进化过程、遗传机制和其他生物特征，人工生命学科提供了一种新的思路，即利用人工方法研究和解决计算问题。这种思路为智能算法的发展提供了基础。

（一）人工生命概述

人工生命（Artificial Life）是跨学科研究的热门领域，涉及生命科学、信息科学、系统科学和工程技术等多个学科。同时，它也是人工智能、计算机和自动化科学技术的热门研究趋势之一。

1987 年 9 月 21 日，被称为"人工生命之父"的克里斯托弗·朗顿（Christopher Langton）教授首次定义人工生命为"能够展示出自然生命系统特征的人造系统"，即具备自然生命特征如自我繁衍、进化、自组织等行为的系统。人工生命通常具备如图 13.8 所示的特点。

01 如生命组织一样采用自下而上的建模方法

02 局部控制的机理具有并行操作的特性

03 底层单元的行为较为简单，便于计算仿真

04 突现性行为过程反映进化仿真的特点

05 群体的动态仿真算法

图 13.8　人工生命的特点

由此可见，人工生命主要基于仿生学角度处理优化问题，更多借鉴生物特点来构造具有良好优化性能的计算机算法或仿真系统。

（二）人工生命优化算法

人工生命算法（Artificial Life Algorithm）是一种分布式优化技术，其基本思想源自对人工生命的定义。在人工世界（Artificial World）中，定义一个包含上下限的空间，目标函数搜索最优解被模拟为人工生命在空间的觅食过程。这个过程体现为个体向适应度水平较高的食物方向搜索，即向较优方向前进的搜索迭代。

人工生命优化算法的核心是将人工生命环境看作是一个优化问题的解空间，其中的智能个体能够在解空间中进行搜索。在聚类的过程中，个体与食物的坐标对应着问题的优化变量，每个个体都会向邻域中目标函数值较小的位置移动。因此，整体上在目标函数的优化解周围形成了突现的聚类。

以求解一个函数的最小值为例。只要赋予个体相应的搜索能力，它们就可以自适应形成与函数较小解空间相对应的区域的突现聚类。如图 13.9 所示，每个圆点代表赋予搜索能力的智能个体，在聚类过程中每个智能个体自适应地寻找较优方向并调整和移动。在一段搜索和调整过程后，智能种群整体上在目标函数优化解的周围形成了稳定的聚类簇。

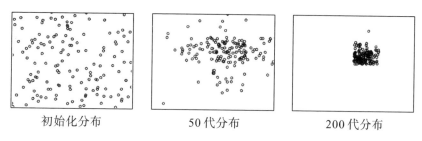

初始化分布　　　　　50代分布　　　　　200代分布

图 13.9　人工生命环境中的聚类过程

与传统设计方法有所不同，人工生命算法在融合传统优化方法的基础上，从具体的实施方法到总体的设计理念都为优化技术找寻了一种新的方向。

三、兔寻珠峰

你要找出地球上最高的山，而你手下只有一群有志气、听你指挥的兔子，你会怎么做?

（一）局部搜索

简单来看，局部搜索可以看作这样的一个过程：兔子发现了不远处的高峰并朝着它跳去，那里并不一定就是珠穆朗玛峰，但却是比现在更高的地方。因此，局部搜索不能保证局部最优值（不远处的高峰）就是全局最优值（珠穆朗玛峰），其简单的示意如图 13.10 所示。

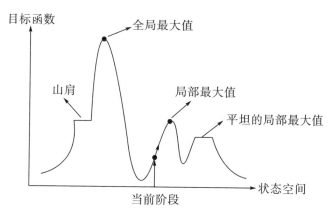

图 13.10　局部搜索

局部搜索的核心思想是在解空间中搜索附近的解，并通过反复迭代逐步改进目标函数，直至无法进一步优化为止。具体可以拆解为以下几个步骤：

（1）构造初始解 s；

（2）定义 s 的邻域 $\delta(s)$；

（3）在邻域 $\delta(s)$ 中搜索新的解 s'；

（4）令 $s = s'$，重复上述步骤直到满足停止条件。

（二）模拟退火

模拟退火可以通俗地描述成这样一个过程：兔子喝醉了，它漫无目的地跳了很长时间；在这段时间里，它可以往高处走，也可以在原地打转，但渐渐地，它醒来了，它朝着最高的地方跳去了。

1983 年，为了有效解决 TSP 问题并在较大范围内寻找最优解，有学者提出了模拟退火算法（Simulated Annealing Algorithm，SAA）。这一通用概率算法的基本思想源于物理退火过程，分为加温过程、等温过程和冷却过程三个阶段。在加温过程中，系统能量上升，从而使粒子分布更加均匀。当系统温度达到一定阈值时，固体被熔解成液体，避免了初始系统中粒子分布不均的影响，确保后续过程从均匀稳定的平衡状态开始。等温过程是指系统与外界交换热量以保持恒温的过程。在这个过程中，当自由能不能再减少时，系统达到平衡态。冷却过程通过一定速率对液体进行冷却，使粒子热运动减缓，粒子分布趋向有序，在每个温度达到平衡态，最终在常温时达到基态，能量减至最小，从而形成低能态的晶体结构。

其基本步骤如下：

（1）在算法的初始阶段，设定一个足够大的初始温度 T、初始解 S，以及每个温度值对应的迭代次数 L。这些参数在模拟退火的过程中起着关键作用，通过逐渐降低温度和一定次数的迭代，系统能够在解空间中搜索，最终趋向于稳定的状态，找到问题的潜在最优解。

（2）对 $k = 1, 2, \cdots, L$ 重复接下来（3）～（6）的四个步骤；

（3）产生新解 S'；

（4）计算评价函数的增量 $\Delta E' = C(S') - C(S)$，其中 $C(S)$ 为代价函

数；

（5）若评价函数的增量为负，则接受 S' 作为新的当前解，否则以概率 $\exp(-\triangle T/T)$ 接受 S' 作为新的当前解；

（6）如果满足终止条件，则当前结果为最优解，输出最优结果后算法结束；

（7）没有满足终止条件，温度逐渐减少，且趋近于 0，则转向步骤（2）。

模拟退火算法的流程图如图 13.11 所示。

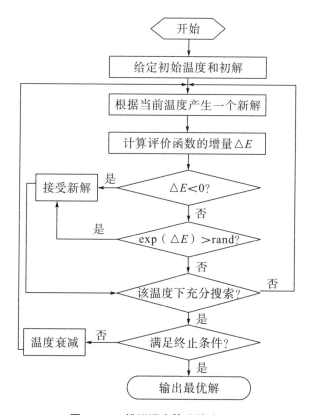

图 13.11 模拟退火算法的流程图

（三）遗传算法

遗传算法可以通俗地描述成以下过程：兔子们都失去了以前的记忆，并被送上了太空，然后从太空上随机地、分散地落在了地球的某个角落，由于失忆，它们忘记了自己要寻找珠穆朗玛峰的使命；但如果过一段时间，我们就消灭一部分处于低海拔地区的兔子，那么繁衍能力强的兔子们最终就能到达珠穆朗玛峰。使用"适者生存"的方法对兔子进行选择，促使兔子向着逐渐适应高海拔生活的方向发展，逐渐产生适合解决问题的，也就是"高海拔生活的种群"。最优的个体就是一代中的最优解。

20 世纪 70 年代，为了模拟自然界生物进化过程来探寻问题的最优解，美国学者约翰·霍兰（John Holland）提出了一种基于自然选择和遗传学机制的计算模型，这就是遗传算法（Genetic Algorithm，GA）。

遗传算法的基本思想很简单：在群体中找一对父母，让他们生育出子女。对子女进行修改，并加以评价。子女的评价也结合群体的评价，群体中评价最低的个体将被删除。如此循环直到群体达到最优。遗传操作包括以下三个基本遗传算子：选择（Selection）、组合交叉（Crossover）、变异（Mutation）。图 13.12 是遗传算法的一个简单示例。

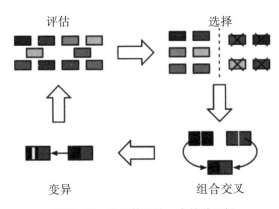

图 13.12　遗传算法的一个简单示例

遗传算法在工程、优化、机器学习等领域得到了广泛的应用。通过模拟自然进化过程，遗传算法能够高效地搜索问题的最优解，为解决实际问题提供了一种有效的方法。

遗传算法的基本步骤如下：

（1）将初始进化代数 G 设置为 0，将最大进化代数设置为 Gen，随机生成 M 个初始群体。

（2）通过计算群体中每一个个体的适应度来对个体进行评价。

（3）通过步骤（2）评估选择优化的个人，从而将优化的个体遗传给下一代。

（4）运用交叉算子，在群体内进行组合交叉这是遗传算法的核心。

（5）运用变异算子，对群体中的个体的某些基因值做出调整，从而产生下一代种群。

（6）终止条件的判定方式为：当算法达到预先设定的最大迭代次数时，系统会检查当前迭代过程中具有最大适应度的个体，将其视为最优解。随后，算法输出这一最优结果，并正式结束整个算法过程。

遗传算法的流程图如图 13.13 所示。

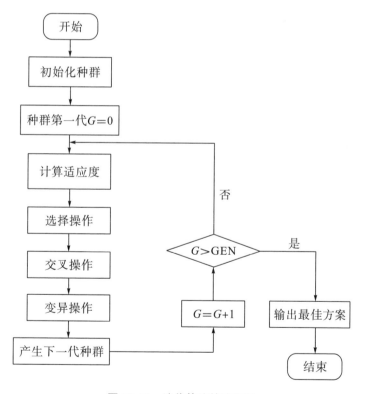

图 13.13　遗传算法的流程图

（四）禁忌搜索

禁忌搜索可以描述成这样一个过程：一只兔子的力量微不足道，因此为了找到珠穆朗玛峰，它们互通信息，合作共赢，所有去过的地方都派一只兔子留守作为标记，这样所有兔子都能知道哪些地方已经去过了，甚至它们还制定了下一步的寻找策略。

1986 年，禁忌搜索算法（Tabu Search 或 Taboo Search，TS）被首次引入。TS 被设计为对局部领域搜索的一种扩展，旨在全局范围内逐步寻找最优解。算法模拟了人类智能中的记忆机制，引入了一个灵活的存储结构和相关禁忌准则，以有效避免陷入循环式的搜索过程。通过藐视准则，TS 允许某些被禁忌的优良状态参与搜索，以确保系统能够进行多样化而有效的探索，最终实现全局的优化目标。

禁忌表（Tabu List）、禁忌长度（Tabu Length）和藐视准则（Aspiration Criterion）是禁忌搜索和一般搜索准则最大的区别，也是禁忌搜索算法优化的关键。如图 13.14 所示，我们可以这样理解，兔子们找到了华山，它们会派一只兔子留守，其他兔子继续寻找更高的山峰，找了一大圈以后，将这些山峰进行比较，就能找到最高的珠穆朗玛峰了。由于它们会互通信息，且有一只兔子在华山看守，因此在寻找过程中兔子们会避开华山。这就是禁忌表的含义。留守在华山的兔子在一定时间后也会重新归队，毕竟华山也是一个不错的选择，还有待重新考虑，这个归队时间就叫做禁忌长度。在寻找过程中，如果留守的兔子还未回归寻找最高峰的大部队，但目前找到的地方海拔都比较低，这时兔子们就会重新考虑华山。简而言之，藐视准则指的是当某地区的优势非常显著，超越了先前认定的"目前为止的最好选择"（Best So Far）的状态时，不再考虑是否有兔子留守，而是重新将该地区纳入考虑范围。

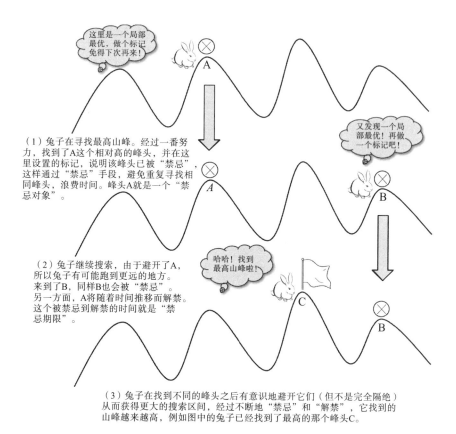

（1）兔子在寻找最高山峰。经过一番努力，找到了A这个相对高的峰头，并在这里设置的标记，说明该峰头已被"禁忌"，这样通过"禁忌"手段，避免重复寻找相同峰头，浪费时间。峰头A就是一个"禁忌对象"。

（2）兔子继续搜索，由于避开了A，所以兔子有可能跑到更远的地方。来到了B，同样B也会被"禁忌"。另一方面，A将随着时间推移而解禁。这个被禁忌到解禁的时间就是"禁忌期限"。

（3）兔子在找到不同的峰头之后有意识地避开它们（但不是完全隔绝）从而获得更大的搜索区间，经过不断地"禁忌"和"解禁"，它找到的山峰越来越高，例如图中的兔子已经找到了最高的那个峰头C。

图 13.14　禁忌搜索介绍

禁忌搜索算法的流程概括如下。首先，设定初始算法参数，随机生成初始解，并将禁忌表置为空。接着，判断是否满足终止准则，若满足则输出最优解并结束算法。在未满足终止准则的情况下，通过搜索当前解的邻域确定候选解。对候选解进行藐视准则的判断，若符合则更新当前解和最优解，并更新禁忌列表，然后执行终止准则判断。反之，则选择非禁忌对象的最优解作为新的当前解，再次判断是否符合终止条件。这一循环过程直至满足终止准则，最终输出最优解。禁忌算法的流程图如图 13.15 所示。

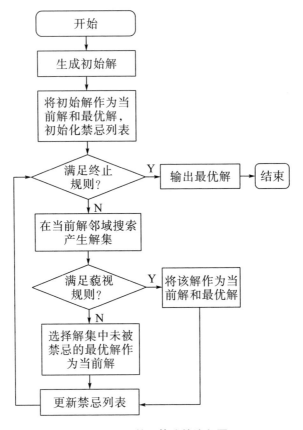

图 13.15　禁忌算法的流程图

四、群体模拟

在自然界，存在像鱼类、蚂蚁这样的生物，它们虽然个体简单且行为低级，但它们的群体行为引起了人们的关注。在问题优化中，生物个体为了找到最好的食物而搜索类似于最优解取代差解的优化过程。于是，群智能算法便慢慢形成了。群体智能优化算法是一类启发式优化算法，这类算法通过模拟生物体群体在求解问题时的协作和集体智慧来进行优化搜索。群智能算法自从提出以来，具有明显代表性的有蚁群算法、人工蜂群算法、蝴蝶优化算法。

（一）蚁群算法

1. 基本原理

蚁群算法（Ant Colony Algorithm，ACA）起源于 20 世纪 90 年代初期，灵感来源于蚂蚁在自然界中的觅食行为。算法的核心思想是模拟蚂蚁释放挥发性物质——信息素，其他蚂蚁通过感知这种信息素来引导自身的移动方向。正反馈机制是蚁群算法的内在机制之一，即最优路径上的信息素逐渐增多，而其他路径上的信息素则随时间逐渐减少，从而模拟了蚂蚁个体更倾向于选择信息素浓度较高路径的机制。此外，蚁群算法还涵盖了信息素交换机制，蚂蚁个体通过感知信息素浓度来交换路径信息，实现整个蚁群的协同合作。图 13.16 展示了蚁群的觅食行为。

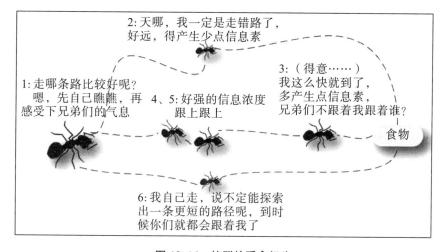

图 13.16　蚁群的觅食行为

蚁群算法的原理示意图如图 13.17 所示。在图中，F 代表食物的位置，N 代表蚂蚁巢穴位置，a 表示蚂蚁从巢穴出发的路径，b 表示蚂蚁携带食物返回巢穴的路径，蚁群频繁地往返于两地之间。

路径 1 表示第一只蚂蚁找到了食物，一边带着食物回到巢穴一边在经过的路上标记信息素的过程。

路径 2 表示巢穴中的蚁群根据第一只蚂蚁在路径上标记的信息素，搜索更短路径的过程。此时，各种长度的路径上都有蚂蚁分布。

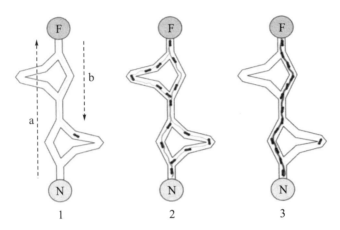

图 13.17　蚁群算法的基本原理

路径 3 表示蚁群在经过一系列的路径探索之后，找到了由巢穴通往食物之间最短路径的情形。此时，所有的蚂蚁都会沿着最短路径运动，其他非最短路径都被放弃。

蚁群算法源于蚂蚁寻找食物的过程，通过模拟这一行为演变而来。该算法具备分布计算、信息正反馈以及启发式搜索的特性，实质上是进化算法中的一种启发式全局优化算法。

2. 算法流程

旅行商问题（Traveling Salesman Problem，TSP）是一种经典的 NP 问题，它要求在给定一系列城市和每对城市之间的距离的情况下，找出一条最短回路，该回路必须经过每个城市一次且只能回到起始城市。下面以求解 TSP 为例，来描述蚁群优化算法的工作流程。图 13.18 描述了蚁群算法的基本流程。

首先，初始化一群蚂蚁，并为每只蚂蚁随机分配一个起始城市。接着，蚂蚁根据一定的规则，在城市之间进行移动，并根据路径长度和信息素浓度来选择下一个城市。

在蚂蚁进行移动的过程中，每只蚂蚁将根据城市间距离和信息素浓度来选择下一个城市。一方面，距离较短的路径更有可能被选择，因为它表示着更短的回路。另一方面，信息素浓度较高的路径也更容易被蚂蚁选择，因为蚂蚁在移动过程中会释放信息素，从而增加该路径被选中的概率。

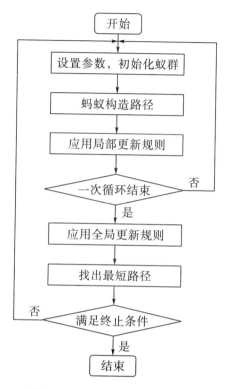

图 13.18 蚁群算法的基本流程

当所有蚂蚁都完成一次移动后，蚂蚁将根据其路径长度更新信息素浓度。路径长度越短的蚂蚁所经过的路径上的信息素浓度将会得到增强，而路径长度较长的蚂蚁所经过的路径上的信息素浓度则会减弱。通过这种方式，蚂蚁群体逐渐在搜索空间中寻找到更优的解。

重复执行上述步骤，直到达到停止条件。最终，我们将得到一条近似于最短路径的回路。蚁群优化算法通过模拟蚂蚁行为和信息素的交流来自适应地搜索解空间，从而有效地解决了 TSP 问题。

（二）蜂群算法

人工蜂群算法模仿蜜蜂协同搜索，通过集体协作和信息传递，迭代性地寻找最优解，为问题求解提供了一种自适应而高效的方法。人工蜂群算法以其强大的鲁棒性、易于实现以及简单的参数控制等优点而引起广泛关注和应用，已经成为新一代经典算法中备受推崇的一种。

1. 蜜蜂的任务分工

在自然界中，蜜蜂采蜜表现出高度的分工合作。在采蜜的过程中，它们通过信息交流，有效地分享蜜源的位置给其他成员。与此类比，人工蜂群ABC 算法（Artificial Bee Colony Algorithm）中的蜜源位置对应于搜索空间中的潜在解，而这一过程类似于寻找最优解的搜寻过程。蜜蜂的分工主要分为引领蜂、跟随蜂和侦查蜂，这取决于它们的年龄和角色分配；其中还包含两个关键操作：搜索食物源并将其信息分享给采蜜蜂，以及放弃已发现的食物源。

（1）食物源。食物源代表了蜜源，是算法中需要优化解的具体表示。蜂群算法主要针对这些食物源进行优化处理。食物源的质量由其适应度来评估，适应度越高，代表可行解越优良。

（2）雇佣蜂。又称为引领蜂，与食物源的位置一一对应。食物源的数量决定了引领蜂的数量，每个食物源都有一个相应的引领蜂。引领蜂的主要任务是搜索并获取与其关联的食物源信息。另外引领蜂还以一定的概率与跟随蜂分享所获得的信息。

（3）非雇佣蜂。包括跟随蜂和侦查蜂。它们在人工蜂群算法中扮演着关键的角色。跟随蜂在蜂巢的招募区域，通过引领蜂提供的蜜源信息筛选蜜源，并采用贪婪选择策略寻找新的潜在蜜源。未被更新的蜜源将转变为侦查蜂，其任务是在蜂巢附近寻找新的蜜源来替代原有的蜜源，以确保蜂群在不同搜索条件下灵活调整搜索策略，提高算法的适应性。

2. 蜜蜂的采蜜机制

为了能深入地理解蜜蜂群主要的采蜜过程，图 13.19 展示了蜜蜂的采蜜机制。

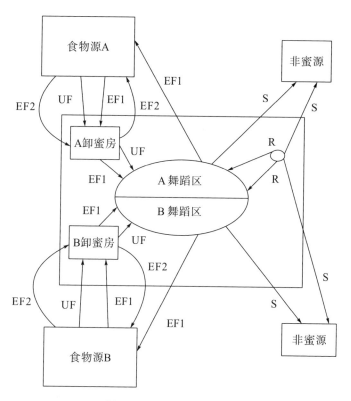

图 13.19　蜜蜂的采蜜机制

　　食物源 A 和食物源 B 代表已被蜜蜂寻找到的两个食物源。S 路径表示当非雇佣蜂充当侦查蜂时，它负责在蜂巢附近寻找新的潜在蜜源。R 路径则表示非雇佣蜂中的被招募者，在观察到摇摆舞后主动寻找新的食物源。当蜜蜂发现新的蜜源时，它会首先进行采蜜，并在此过程中记住蜜源的位置。随后，它将转变为雇佣蜂，表示它已经发现并准备分享这个新的食物源。一旦雇佣蜂返回蜂巢，它需要在三种选择之间做出决策：

　　（1）UF：选择放弃已经发现的食物源，转换成跟随蜂，可能由于发现有更优越的蜜源或其他原因。

　　（2）EF1：在采蜜之前，通过特定的舞蹈行为来吸引更多的蜜蜂前往同一蜜源区，以共同采集更多的蜜。

　　（3）EF2：选择独自采蜜，放弃当前的蜜源，并不直接招募其他蜜蜂。

　　值得注意的是，蜂群的蜜蜂最初并非全部从事采蜜活动。实验中引领蜂、侦查蜂和跟随蜂的数量存在一定的比例关系。

3. 算法流程

在基础版本中，每个雇佣蜂与一个特定的蜜源（解向量）相对应，负责在迭代中对蜜源的领域进行搜索。通过使用轮盘赌的方式，雇佣蜂会根据蜜源的适应值大小进行采蜜。若某蜜源多次更新后未显示改进，系统会放弃该蜜源。此时，雇佣蜂将被转变为侦查蜂，并开始随机搜索新的蜜源。图13.20描述了蜂群算法的基本流程。

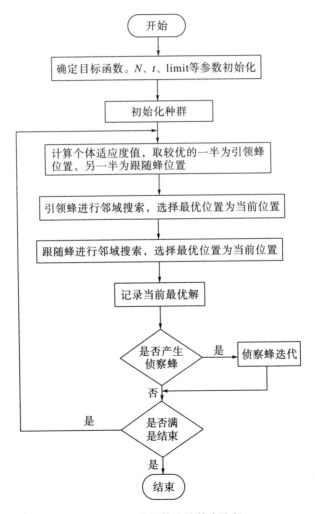

图 13.20 蜂群算法的基本流程

在人工蜂群算法的执行过程中，首先需要确定目标函数及参数（如 N、t、$limit$）的初始值。该初始化引领蜂和跟随蜂群体，并随机初始化它们的蜜源位置。评估每个蜜源位置的适应度，并优化引领蜂搜索较优位置。跟随蜂通过轮盘赌选择较优个体，并生成新个体拓展搜索空间。更新蜜源位置后，检查是否满足放弃条件，若是则引领蜂转为侦察蜂。迭代多次演化，灵活探索搜索空间，直至达到终止条件。引领蜂和跟随蜂的协同工作实现蜜源优化和搜索空间调整，最终有效优化目标。

（三）蝴蝶算法

1. 基本原理

蝴蝶，作为一类在全球都有广泛分布的昆虫，运用嗅觉、视觉、味觉、触觉和听觉等多种感觉来导航自身位置，这些感觉在其位置迁移中发挥着至关重要的作用。蝴蝶优化算法（Butterfly Optimization Algorithm，BOA）以蝴蝶觅食和求偶行为为灵感，通过模拟这些自然行为来实现对目标问题的求解。BOA 算法以蝴蝶的感知能力和位置导航机制为基础，通过群体智能的方式在搜索空间中寻找最优解。

在 BOA 算法中，蝴蝶个体充当搜索代理，其行为受适应性强度相关的香味的影响。蝴蝶位置的变化直接影响适应性。在算法的全局搜索阶段，当蝴蝶感知其他个体的香味时，它更倾向于移动到香味最强烈的蝴蝶位置，以促进全局范围内的搜索。相反，在局部搜索阶段，如果蝴蝶无法感知香味，它会选择进行随机移动，专注于深入探索局部区域。

2. 算法流程

蝴蝶优化算法的执行过程主要分为三个阶段：初始阶段、迭代阶段和终止阶段。每次执行蝴蝶优化算法时，首先执行初始阶段，然后根据初始化后的蝴蝶进行迭代，最后满足终止条件后，输出结果。图 13.21 描述了蝴蝶算法的基本流程。

在初始阶段，首先定义目标函数和解空间，以及蝴蝶优化算法中的常量。其次确定蝴蝶的数量，并随机在解空间中分散所有蝴蝶，通过蝴蝶优化算法初始化每只蝴蝶，计算其适应度值和散发出的香味值。

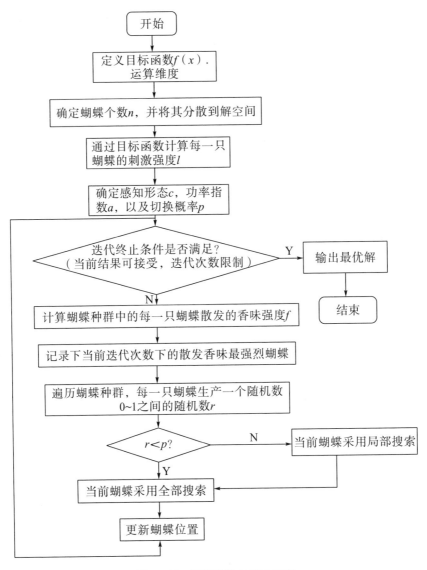

图 13. 21　蝴蝶算法的基本流程

　　初始阶段后是迭代阶段。在每次迭代中，蝴蝶在解空间的位置都会重新分布，所以每只蝴蝶的适应度值和香味值都需要重新计算。在大自然中，因为蝴蝶搜索食物包括全局搜索和局部搜索，所以蝴蝶优化算法也模拟了这两个搜索过程。在蝴蝶优化算法中常用一个常量——切换概率 p 来判断蝴蝶是在做全局搜索还是在做局部搜索，蝴蝶种群每迭代一次，每只蝴蝶都会产生一个 0 到 1 之间的随机数 r，若当前的随机数 $r < p$，则进行全局搜索；否则进行局部搜索。

当满足终止条件后，到达终止阶段，输出最终结果。一般常用的终止条件是迭代次数达到了一定次数、程序的运行时间，或是当前最优解满足某个容忍度。

五、算法发展

(一) 超启发式算法

随着对启发式算法的不断深入研究，研究者们不再满足于普通的启发式算法。既然可以用启发式算法解决问题，那么能否开发出找到启发式算法的一种算法呢？于是乎，超启发式算法（Hyper－heuristic Algorithms）应运而生。与一般启发式算法相比，超启发式算法的高等之处体现在其站在了更高的层次，对低层次启发式算法（Low Level Heuristics，LLH）有着统筹的功能。它就像一个管理者，根据问题背景以及要完成的目标，通过对手下的 LLH 的一系列排列重组来得到新的解决方案，这个解决方案就是我们所需的新的启发式算法。其原理如图 13.22 所示。

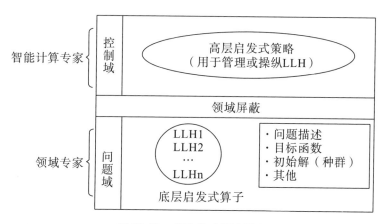

图 13.22　超启发式算法原理

上面说到，超启发式算法与启发式算法的关系就如同管理者与被管理者一般。超启发式算法承担了出谋划策的责任，需要通过管理一众启发式算法以得到新的启发式算法，而启发式算法属于超启发式算法的下级，众多启发式算法共同组成超启发式算法。当下学界研究并应用的超启发式算法主要分为4个类别：基于随机选择、基于贪心策略、基于元启发式算法、基于学习的超启发式算法。

1. 基于随机选择的超启发式算法

沿用之前的比喻，这一类超启发式算法的机制就像是管理者从身为下级的启发式算法中随机挑选，并将其组合起来成为一个解决方案。这种得到方案的过程是无比简洁的，正因如此，这种基于随机选择的超启发式算法相比于其他几类而言，实现难度要低了许多。

2. 基于贪心策略的超启发式算法

在基于贪心策略的超启发式算法里，管理者角色一改之前随意的态度，"他"的目标是最大化改进问题，所寻求的是最优化的解决方案。用专业的语言来说，基于贪心策略超启发式算法为得到最优化的启发式算法，每次都挑选启发式算法集合中能够最大化改进当前（问题实例）解的LLH，多次重复这一过程，遍历集合中所有LLH最终得到最优的启发式算法。与基于随机选择的超启发式算法相比，这类启发式算法的效率要低得多，完成难度也大了许多。

3. 基于元启发式算法的超启发式算法

元启发式算法属于启发式算法中的一种，其特点是尽可能搜索整个探索空间，并尽可能地利用有效的信息，通过逐步调整，一步步得到最优解，前文提到的模拟退火、遗传算法和禁忌搜索都属于元启发式算法。这一类超启发式算法对于元启发式算法的依赖程度很高，其发展过程与元启发式算法的发展息息相关。根据构建新启发式算法时所选择元启发式算法的不同，这一类超启发式算法可以细分为基于模拟退火、基于禁忌搜索、基于遗传算法、基于蚁群算法等。

4. 基于学习的超启发式算法

在这一类超启发式算法中，作为管理者的超启发式算法为了得到更合适的解决方案，需要综合考虑各种条件来选取下层的 LLH，而作出选择所依据的信息来源于各个 LLH 的历史表现，表现良好的 LLH 可以留下，而那些相对没那么好的则会被替换，一步步选优之后得到的便是所需要的启发式算法。

（二）启发式算法的未来

启发式算法的理论还在不断发展中，但在这个领域里，依然有很广阔的未知领域等待探索，短时间内仍然无法通过人力将其开发完全。当下学界关注的发展热点主要有：

（1）将现有的启发式算法相关研究成果仔细梳理，以这些分散的研究成果为基础，建立统一的算法体系结构。

（2）启发式算法的内核依赖于各种数学方法，因此可以说数学方法的创新便意味着启发式算法的新生，因此学界有不少研究者致力于在现有的数学方法（编码策略、马尔可夫链理论、复制遗传算法理论等）的基础上，开发新的数学方法，以此来推动启发式算法的发展历程。

（3）学界有部分研究者认为现有算法仍存在改进空间，他们致力于开发新的混合式算法，并对现有算法进行改进。

（4）在启发式算法研究领域，分布式优化算法的开发研究也是一大热点。分布式优化算法主要应用于自主体个数多的情况，其优势在于更快地优化收敛速度。

算法的迭代是无限的，相比于人类有限的学习能力，算法打破了固定的思维模式，在不断迭代中一步步成长，只要不停迭代下去，算法的发展之路可以说是无穷无尽的。

测试

第十四章　学习算法：Python 与机器学习入门

学习目标

- 了解 Python 的基本概念
- 掌握 Python 编程的基本操作
- 了解机器学习的发展历程
- 掌握机器学习的基本概念
- 了解机器学习的应用领域

人工智能一直助力着科技的发展，新兴的机器学习正推动着各领域的进步。在数智化时代，机器学习技术已融入千行百业，自动驾驶技术、大语言模型、数智医疗等应用场景不断拓展。当我们与银行交互、在线购物或使用社交媒体时，机器学习算法便会发挥作用，让我们获得高效、顺畅和安全的体验。目前，机器学习及其相关技术正迅速发展，Python 已经成为最热门的机器学习编程语言，如果我们计划利用 Python 来执行机器学习，那么对 Python 进行基本了解就显得尤为关键。在本章将重点介绍 Python 和机器学习的发展历程、基本概念和方法、应用实践，以神经网络为例介绍 Python 编程语言如何实现机器学习算法的应用，帮助读者在运筹思维的指导下，综合利用 Python 和机器学习算法解决实际问题。

　　每个人都应该学习一门编程语言，因为它将教会你如何思考。

——［美］史蒂夫·乔布斯

一、发展趋势

1991 年后的三十多年间，Python 技术不断更迭，生态环境也逐步丰富和完善，加上互联网、大数据、人工智能等浪潮的推动，Python 从曾经的小众编程语言，逐步成为现在的编程首选语言。Python 以其简单易学的特性，成为许多程序员初学者的首选。从历史发展的角度出发，我们可以看清 Python 崛起的偶然性和必然性。在本节将对 Python 的发展历程进行介绍，以便读者对 Python 的优势有一个初步的了解。

（一）Python 的起源

Python 的创始人是来自荷兰的吉多·范罗苏姆（Guido van Rossum）。吉多在阿姆斯特丹大学取得了数学和计算机硕士学位，攻读学位期间，他接触了很多的编程语言。他希望找到一种语言，既像 shell（一种脚本语言）一样可以轻松编程，又具备 C 语言（一种高级计算机语言）全面调用计算机功能接口的能力。不过这种语言，在那个年代并不存在。

图 14.1　吉多·范罗苏姆（1956—）

1989 年的圣诞节，吉多为打发无聊的时间，开发了一个全新的脚本解释程序，此后这个程序发展为今天我们所熟知的 Python。由于他个人喜爱在业余时间看喜剧电视节目《蒙提·派森的飞行马戏团》（Monty Python's Flying Circus），因而他给自己创作的编程语言命名为 Python。Python 的初版在 1991 年对公众公开发布。但是，这个编程语言最初只在非常小的范围内流行。

Python 2.0 在 2000 年正式推出，此后开始在更广阔的领域中得到使用。随着 Python 本身的不断完善以及生态圈的逐步拓展，它在数据分析、数据挖掘、人工智能等领域表现出了很高的效能。2008 年，Python 3.0 正式推出（我们当前使用的是 Python 3. x 版本），3.0 版本与之前的 2.0 版本语法无法兼容。2010 年，Python 2. x 系列发布了最后一个版本——Python 2.7，此后 Python 2. x 的版本停止了进一步的开发。这个时期，Python 凭借其特有的优势，吸引了大量开发者的加入。然而，真正使 Python 焕发光彩的，是人工智能领域的飞速发展。

（二）编程语言的分类

计算机本身并不理解人类的自然语言，因此，为了让计算机能精确地执行我们的要求，需要使用编程语言来向其发送指令。编程语言是根据预设的规则编写的语句集合，其分为两大类：低级语言和高级语言。

1. 低级语言

低级语言是一种与计算机的物理设备紧密关联，直接操纵底层硬件资源（计算资源、存储资源等）的编程语言，包括机器语言和汇编语言。机器语言以二进制形式表达指令，是可以被计算机物理设备直接识别和实现的编程语言，其优势体现在指令执行速度快且资源占用较少，但机器语言编写程序往往过于复杂且难以理解和修改（比如，CPU 的指令系统为：0000 0000 000000000001）。汇编语言利用助记词与机器语言的指令进行一对一映射，在计算机产生的早期阶段帮助程序员提升编程效率（例如，LOAD A, 1 代表 0000, 0000, 000000000001）。

2. 高级语言

高级语言是一种更接近人类自然语言的编程语言，它简化了表述和解决计算问题的手段。1972 年诞生的 C 语言是第一个被广泛使用的高级编程语言，之后的 50 年先后诞生了超过 600 种编程语言，但大多数由于应用领域狭窄而退出了历史舞台。

高级语言根据应用领域的不同可以分为通用编程语言和专用编程语言。通用编程语言可用来编写各种多用途的程序，Python、C++和 Java 等均属于这一类别。专用编程语言则包含一些针对特定应用的程序元素，适用场合相对狭窄，例如 MATLAB、SQL 等。

高级语言也可划分为动态语言和静态语言两大类，其中动态语言采用解释执行方式，静态语言采用编译执行方式。解释执行和编译执行的区别，可以类比为翻译一份外语文档和做现场同声传译，编译执行类似于翻译外语文档；而解释执行则似同声传译，需要源代码和解释器在每次运行程序时都在场。解释和编译的区别如图 14.2 所示。在高级语言中，C、Java 是静态语言，Python、JavaScript 则是动态语言。

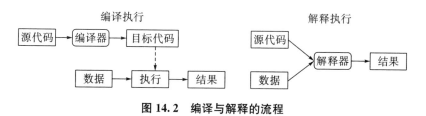

图 14.2　编译与解释的流程

（三）Python 的优势

Python 作为常用的通用编程语言之一，具有如下优势：

1. 免费开源

开源是指允许任何人都可以访问、学习、修改甚至发布源代码的理念。Python 编程语言就是开源项目的一个经典例子，它的所有解释器代码都是公开可见的。非营利组织"Python 软件基金会"持有 Python 2.1 及以后版本的版权。并且 Python 拥有一个健康活跃且能提供有力支持的社区，其中包括有大量的文档、指南、教程等等。使用 Python 进行开发或发布应用时，用户不需要担心费用和版权问题，即使是用于商业用途，Python 仍然是免费的。

2. 功能强大

Python 具有脚本语言中最丰富、最强大的库，可以实现所有常见的功能，覆盖了文件操作、网络编程、数据库访问等绝大部分应用场景。全球的开发者们通过开源社区提供了众多高质量的第三方函数库，扩展了 Python 在计算机技术各个领域的应用。同时，Python 具有的大量机器学习的代码库和框架可以被用于机器学习、人工智能系统等各种现代技术中，使其便于分析和处理数据。

3. 新手友好

Python 因其易于理解和学习、强制可读及对中文的良好支持，被视为最易学的编程语言之一。Python 有着简洁的关键字、明了的结构和清晰的语法，实现相同功能的代码行数仅为其他语言的五分之一甚至十分之一，给初学者带来了快速入门的可能。为了体现语句之间的逻辑关系，Python 强制要求使用缩进来表示代码块，显著提升了程序的可读性。从 Python 3.0 开始，Python 解释器统一采用 UTF-8 编码来呈现所有字符，因此可以表达英文、中文等各种自然语言。

4. 扩展性强

Python 的可扩展性体现在具有脚本语言中最丰富、强大的库或模块。在 Python 中调试可以快速进行，而且它还为其他语言提供了应用程序设计接口。例如，为了提高关键代码段的运行速度，可以用 C/C++ 语言编写，然后在 Python 中调用。Python 可在 Linux、Windows 以及 macOS 等多个操作系统跨平台运行。

（四）Python 的发展趋势

在编程语言的世界里，Python 于近些年获得了大量的关注和发展，成为最受欢迎的程序设计语言之一。Python 轻语法重应用的特性使得它非常容易上手，有助于初学者形成良好的编程习惯和思维。

IEEE Spectrum 杂志从 2014 年开始发布编程语言排行榜，2014—2021 年的排行榜如图 14.3 所示。从其列出的每一年 Top 10 的榜单中可以看出：

从 2014 年开始，Python 的排名始终位于前四，且 2017 年至 2021 年一直排名第一。从 2015 年开始，Python、C、Java 和 C＋＋始终排在前四，均拥有广大的用户群体。

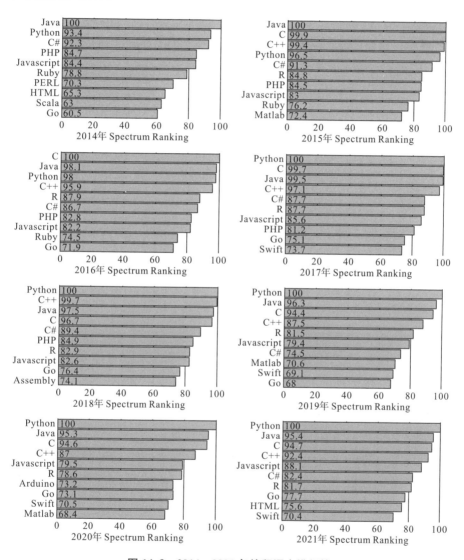

图 14.3　2014—2021 年编程语言排行榜

二、集成开发

在学习了上述关于 Python 的基础知识后，你是否对 Python 产生了学习的兴趣，想要自己动手体验一下 Python 强大的功能呢？在本节中，你将了解 Python 常用的集成开发环境，掌握如何为自己的计算机配置 Python 编程环境，并运行自己的第一个程序——hello world.py。

（一）集成开发环境

集成开发环境（Integrated Development Environment，IDE）是一种集代码编辑、编译、调试和图形用户界面等程序开发必需工具于一身，提供一站式的开发软件服务的应用程序。这些集成开发工具不仅支持程序语言的设计和开发，同时也能为软件开发提供项目计划、管理、测试等服务。

Python 官网列出了常用的 35 种 IDE，包括 Python 程序自带的基本 IDE，适用于初学者的 IDLE；功能强大，适合于大型项目开发，分专业版和社区版的 PyCharm；适用于数据分析的 Spyder；适用于教学、学习的 Thonny 等。

Python 的一个常用 IDE 是 Jupyter Notebook。Jupyter 本质上是一个网页应用程序，能方便地创建和分享编程文档，且支持实时代码编写和可视化等操作，支持 40 多种编程语言，其主页面如图 14.4 所示。它广泛应用在多个领域，包括数值模拟、统计建模、机器学习等。

Anaconda 是一个安装、管理 Python 相关包的软件，同时对环境可以统一管理。其自带 Python、Jupyter、Spyder 等，主页界面如图 14.5 所示。

图 14.4　Jupyter Notebook 主页面

图 14.5　Anaconda 主页面

（二）软件安装与运行

集成开发环境的学习只是入门 Python 的第一步，下面将以 IDLE 为例，介绍集成开发环境的搭建步骤，并通过创建 hello world 程序的方式介绍 Python 的使用及功能。

1. 搭建编程环境

Python 的官方主页汇集了所有与 Python 相关的资源。由于 Python 3. x

系列发布已达十余年，目前非常成熟且稳定，所有的标准库以及大多数的第三方库都对 Python 3.x 系列有良好的支持，因此，通常建议下载最新的 Python 3.x 版本解释器进行使用。

在按照指示完成安装过程后，Python 程序可以在计算机的"程序"目录中找到。IDLE 是 Python 编程环境中最常用的一种，Python 可通过 IDLE 方式启动。

2. 创建程序并运行

Python 有交互式和文件式两种运行方式。交互式运行方式指用户每输入一条代码，Python 会立即做出反应。IDLE 中，在提示符">>>"后输入语句，回车后，可以看到代码的执行结果。以 Python 用于输出的函数 print（）为例，输入 print（"Hello World!"）语句，可以看到在屏幕上打印出"Hello World!"。在 IDLE 中还可以进行简单的计算和赋值。交互式运行方式一般用于调试少量代码。IDLE 界面如图 14.6 所示。

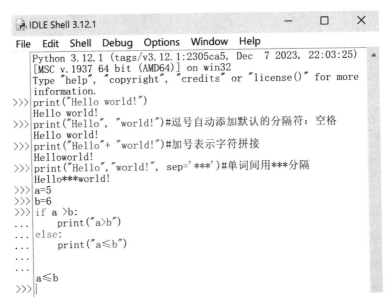

图 14.6　IDLE 界面

用户启动 Python 对存放在文件中的代码进行批量执行，这种运行方式被称为文件式运行或批量式运行。在 IDLE 中打开新文件输入代码后可保存为 py

格式的文件，运行结果会显示在 Python 交互界面中。在文件式中，需要使用 print（）函数来进行相关结果的输出。Python 的文件式界面如图 14.7 所示。

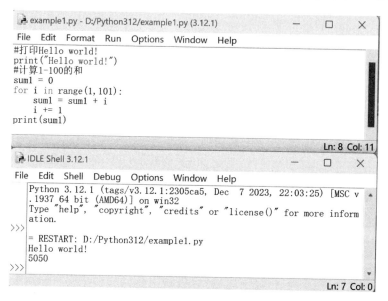

图 14.7 Python 文件式界面

（三）编程实践与操作

在了解了 Python 的基础知识后，下面通过两个例题来加深对 Python 的认识。

第一个例子：打印由 80 个分隔符组成的分割行，分隔符根据用户的输入决定。首先输入"∗"作为分隔符，观察程序运行结果。然后尝试输入"—"或其他分隔符查看输出结果。

代码及运行多次的结果如图 14.8 所示。

图 14.8 第一个例子代码及运行多次的结果

第二个例子：利用 Python 编写数字炸弹游戏的程序。先由代码随机生成一个 1~99 之间的数字作为"炸弹"，然后你与电脑分别作为游戏的玩家依次在 1~99 的数字范围内猜测，每次猜测都将范围缩小，猜中随机数字即会导致"炸弹"爆炸。

代码及运行一次的结果如图 14.9 所示。

图 14.9　第二个例子代码及运行一次的结果

三、机器学习

人工智能的目的是让计算机能够像人一样，对外界的环境做出反应。而机器学习，正是实现人工智能的一种方式，也是人工智能的核心。机器学习从字面上理解，就是让机器像人类一样，具备学习能力，具备举一反三的能力。人类可以通过大脑将感官收集到的信号，如文字、声音、图像等进行记忆和保存。这些信息的不断累积，使得当有类似的场景出现时，我们会做出一些特定的反应，比如常说的"一朝被蛇咬，十年怕井绳"。对于机器来说，要想具备举一反三的能力，就需要不断进行学习，形成一定的知识体系。

（一）机器学习的发展历程

机器学习是为了有效解决人工智能研究发展中存在问题的必然产物。在 1950 年就已有机器学习的相关研究，机器学习的可能在关于图灵测试的文章中也被提到过，在 20 世纪 80 年代，机器学习成为一个独立的学科。根据各个时段内所关注的问题和目标，可将机器学习的发展划分为五个阶段。

1. 第一阶段：奠基时期（1950 年代初期至 1960 年代中期）

这一阶段的奠基，为机器学习的未来发展提供了基础。该阶级主要研究"没有知识"的学习，即在没有任何先验知识的情况下让机器进行学习，研究系统的执行能力。在这个阶段，机器学习研究主要集中在探索理论方法和发展基础算法。通过改变机器环境及其相关性能参数并记录系统反应来进行学习，但这种早期的机器学习方式还不能满足人类的需要。

这一阶段的代表性研究，其一是 1952 年亚瑟·塞缪尔（Arthur Samuel）设计的跳棋程序，该程序通过学习对手的棋局和移动来不断提高下棋水平。另一个代表性研究，是 1958 年弗兰克·罗森布拉特（Frank Rosenblatt）基于神经网络"连接主义"提出的感知机。该模型使用一个简单的神经元模型，通过输入和权重的线性组合并经过阈值函数的处理来进行二元线性分类，来确定图像或其他数据是否属于某个类别。跳棋程序开创了机器通过与环境交互进行学习的思路，而感知机则引入了神经网络的概念，为后续神经网络的发展奠定了基础。

2. 第二阶段：停滞时期（1960 年代中期至 1970 年代中期）

机器学习在这一阶段主要研究如何将多领域知识植入到学习系统，出现了基于逻辑表示的"符号主义"学习技术，发展较为缓慢。研究者们意识到，单从系统环境出发无法获取长期过程学习的更深层次的理解。因此，他们尝试将专业人士的知识整合进学习系统，并通过实践证明这种方法具有一定的效果。

海斯·罗思（Hayes Roth）和帕特里克·温斯顿（Patrick Winston）的归纳学习系统和结构学习系统被认为是本阶段的代表性成果。他们的研究聚焦于如何通过构建结构化学习系统来获取并应用专家的知识。这种方法尝试将专家的知识转化为规则、图结构或其他形式的符号，以便机器能够理解和应用这些知识。然而，该方案只能处理单一概念，并未真正付诸实际应用。此外，这个阶段神经网络因其理论缺陷并未达到预期目标，随之进入低谷状态。

3. 第三阶段：复兴时期（1970 年代中期至 1980 年代中期）

在这一阶段，研究者们从探索学习单一概念扩展到了探索学习多元概念，同时尝试了各种不同的学习策略和方法，并开始将学习系统与多方面应用结合，取得了显著的进步，机器学习研究和发展的热情也被激发。机器学习研究在全球范围内蓬勃开展的标志是美国卡内基梅隆大学于 1980 年举办的首届机器学习国际研讨会。以后，机器学习开始被广泛应用于各领域。

莫斯托夫（David Joel Mostow）的指导式学习、道格拉斯·莱纳特（Douglas Lenat）的数学概念发现程序、帕特·兰利（Pat Langley）的 BACON 程序及其改进程序等是这一阶段备受关注的工作。指导式学习是指通过给学习者提供指导来帮助学习的机器学习方法。数学概念发现程序尝试模拟专家发现新数学定理的过程，通过比较不同定理之间的相似性和差异性，来推导出新的数学定理。BACON 程序用于自动从数据中发现规律。在这个程序中，数据被表示成一个逻辑形式的"谓词公式"，学习则是通过发现不同公式之间的相似性和差异性来实现的。

4. 第四阶段：成型时期（1980 年代中期至 2000 年代初期）

机器学习在这一阶段成为一门独立的学科。这一时期机器学习的主要特征如下：机器学习理论基础结合了生物学、数学、计算机科学等领域的知识；多种不同的学习方法被融入机器学习中，并且形式多样的集成学习系统开始出现和研究；各类学习方法应用领域逐渐拓宽，部分研究成果已经转化为实际产品。此外，与机器学习相关的学术活动空前活跃。

成型时期的代表性成果颇丰。20 世纪 80 年代中期，以决策树为代表的"符号主义学习"占据主流。1986 年，大卫·鲁梅尔哈特（David Rumelhart）等提出的反向传播算法推动了神经网络"连接主义学习"发展的第二次高潮。科尔特斯（Alexey Chervonenkis）和瓦普尼克（Vladimir Vapnik）于 1995 年提出的支持向量机成为"统计学习"的代表，在这一时期大放异彩。与此同时，以提升法、装袋法和随机森林等算法为代表的"集成学习"成为机器学习的关键分支。

5. 第五阶段：发展时期（2000 年初期至今）

这一阶段，机器学习经历了快速发展，取得了许多重要的突破和进展，包括深度学习和大数据驱动的学习等。在未来，强化学习、对偶学习、迁移学习、分布式学习等多种技术将成为机器学习重要的前沿方向，不同机器学习流派之间的合作将成为趋势，进入"人机协同"时代。在未来机器学习将更好地帮助人们解决实际应用中的复杂问题，推动人工智能技术的发展和创新。

（二）机器学习的定义

机器学习专注于如何通过计算方法，借助经验改进系统的性能。随着该领域的发展，机器学习已成为目前主要研究智能数据分析的理论和算法，因而我们需要对机器学习是什么有一个清晰的认识。

我们之所以能做出有效的预测，是因为我们拥有丰富的经验，并能运用这些经验对新的情况做出决策。1997 年，托马斯·米切尔（Thomas Mitchell）给出了机器学习的定义：为评估计算机程序在某类任务上的性能，假设采用指标 P 作为评估标准，如果该程序利用经验 E 在任务 T 中获得了性能改善，则关于任务 T 和指标 P，我们认为该程序对经验 E 进行了学习。

机器学习由三大核心组成：模型、策略和算法。模型一般是与数据相关的函数，策略是从这些函数中获取描述数据效果最优（由函数计算得出的预测值与真实值差距最小）的函数的方法，各种损失函数和风险函数是最常见的策略。寻找最优函数中未知参数的方法是算法，一般需要结合策略来确定最优模型。一旦获得了学习算法，我们就可以将经验数据输入其中，让它基于这些数据生成模型。当面临新情况时（比如遇见一个尚未切开的西瓜），这个模型可以给出适当的预测（比如判断西瓜是否成熟）。

机器学习的流程一般包括训练和测试两个阶段，如图 14.10 所示。训练阶段使用的训练数据集是带标签的，主要流程是通过特征提取并运用机器学习算法进行学习从而构建模型。在测试阶段将未知标签的测试集通过同类型特征提取方法获取特征，然后使用已训练好的模型来预测数据标签。

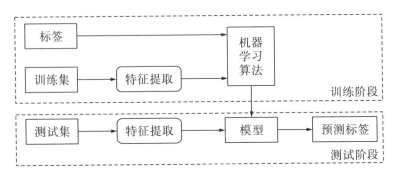

图 14.10　机器学习的流程

（三）机器学习的分类

机器学习算法是学习模型的具体方法，即求解模型最优参数的方法。根据训练样本和反馈方式的不同，机器学习算法可以划分为监督学习、无监督学习和强化学习。其中，监督学习是这三个领域中规模最大且最重要的一支。常见的机器学习算法及其分类见表 14.1。

表 14.1　常见的机器学习算法及其分类

机器学习 类别	机器学习 算法功能	机器学习算法
监督学习	分类	朴素贝叶斯、决策树、支持向量机、逻辑回归
	回归	线性回归、回归树、K 个最近邻居（K Nearest Neighbors，KNN）、神经网络
无监督学习	聚类	K-means、谱聚类、期望最大化算法
	降维	主成分分析、核主成分分析、t 分布-随机邻近嵌入（t-distributed stochastic neighbor embedding，t-SNE）
强化学习	基于值函数	Q-Learning、深度 Q 网络（Deep Q-Network，DQN）
	基于策略	策略梯度方法、深度确定性策略梯度

1. 监督学习

在监督学习中，训练样本与标签的对应关系是已知的，训练样本同时包含数据特征和数据标签。将每一个样本数据的输出与其实际的标签进行比较，然后将二者的误差值作为损失函数进行反向传播，多次迭代后得到最优的学习模型。测试时，面对只有样本特征而没有标签的数据，监督学习模型能够较为准确判断出其标签。常见的监督学习算法包括分类算法和回归算法。

例如，识别不同种类水果的图片需要一组已被人工标注水果种类的样本进行训练以得到一个模型。然后利用该模型判断未知种类水果的类型，这就是分类问题。分类算法回答的是"是什么"的问题，主要用来预测单个样本所属的类别。如果预测的结果是一个实数，则称为回归问题。回归算法回答的是"是多少"的问题，它根据一个样本预测出数量值，比如依据受教育程度、工作经验、所在城市和行业等特征来预测收入。

2. 无监督学习

无监督学习是一种对未标记训练样本进行处理的机器学习方法。"监督"的意思可以直观理解为"是否有标注的数据"。常见的无监督学习包括聚类和降维算法。聚类算法通过计算样本间和群体间距离将相似的数据聚在一起，形成不同的分组。例如，我们需要为抓取的 10 万个网页进行分类，而在这种情况下，我们并未事先定义任何类别标签，也没有预训练的分类模型。通过聚类算法，我们可以有效地为这 10 万个网页进行归类，确保同一类别的网页都涵盖相同的主题，而不同类别的网页主题则有所不同。即聚类算法回答的是"怎么分"的问题，需要保证同类样本相似，不同类样本之间尽量不同。降维算法在保持数据有效信息的同时压缩数据维度，减小后续计算量。

3. 强化学习

强化学习算法主要基于当前的环境状态来决定采取何种行动，而后进入下一个状态，如此循环往复，目标在于最大化获得的收益，这解决的是"怎么做"的问题。围棋游戏就是强化学习问题的一个经典例子，每一次移动，算法都需要根据当前的棋局状态来决定下一步的走棋策略，然后进入下一个棋局状态，循环执行，直到游戏结束，目标就是尽可能地赢得比赛，获取最大的奖励。

智能体、动作、环境、状态及奖励是构成强化学习的五个要素。假定在某一时刻 t，环境处在状态 s_t，智能体在当前状态执行动作 a_t 后，环境跳转至新状态 s_{t+1}，同时反馈给智能体一个奖励 r_{t+1}。通过强化学习，智能体能够知晓在哪种状态下应该执行哪种行动，以使得自己能够获得最大化的奖励。以上是智能体和环境根据状态、动作和奖励进行交互的过程，如图 14.11 所示。

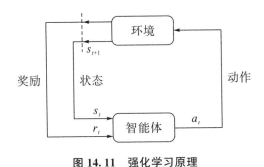

图 14.11　强化学习原理

四、主要概念

机器学习是一门专业性很强的技术，它大量地应用了数学、统计学上的知识，因此总会有一些蹩脚的词汇，这些词汇就像"拦路虎"一样阻碍着我们前进，甚至把我们吓跑。因此，认识并理解这些词汇是深入学习机器学习前的首要任务。在本节将介绍机器学习中常用的概念。

（一）数据集与样本

进行机器学习需要有数据。假定我们收集了一批与鱼品质有关的数据，见表 14.2。该批数据集中的特征主要有以下几种：鱼体大小、鳞片颜色、眼睛形状、嘴形状、鱼鳍形状、尾巴形状，且这几个数值都是离散数值。这样一组记录的集合称为一个"数据集"。在表 14.2 表示的数据集中，每行都是关于一个事件或对象（这里是一条鱼）的描述，称为一个"示例"或"样本"。

表 14.2 鱼品质数据集

鱼体大小	鳞片颜色	眼睛形状	嘴形状	鱼鳍形状	尾巴形状	好鱼
大	红色	圆形	尖形	尖形	扁平	是
中等	银色	椭圆形	方形	圆形	纺锤形	是
大	灰黑色	突出眼	管状	尖形	切割型	否
中等	灰黑色	球状	尖形	圆形	圆形	是
小	银色	突出眼	尖形	尖形	切割型	否
大	银色	球状	方形	圆形	纺锤形	是
中等	红色	圆形	管状	尖形	圆形	是

（二）属性与属性值

反映事件或对象在某方面的具体表现或性质的事项，例如在鱼品质数据集中，鱼体大小、鳞片颜色、眼睛形状、嘴形状、鱼鳍形状、尾巴形状，都称为鱼的"属性"或"特征"。所有属性的取值，例如"鱼体大小"取值为"大""中等""小"，都称为"属性值"。

（三）属性空间与特征向量

根据样本属性所构建的空间被称为"属性空间""样本空间"或者"输入空间"。例如，考虑鱼的三个属性：鳞片颜色、眼睛形状和嘴形状，当我们将这三个属性作为三个坐标轴，就定义了一个描述鱼的三维空间。在这个空间中，每个鱼的样本数据都具有自己对应的坐标与位置。因为空间中的每个点都唯一对应一个坐标向量，所以我们也习惯将一个样本称作一个"特征向量"。

（四）标记空间与标记

如果希望学习得到一个能帮助我们判断鱼是否是"好鱼"的模型，仅依赖前述的例子数据显然是不够的。为了建立这种预测模型，我们需要得到训练样本的"结果"信息。在表 14.2 的鱼品质数据集中，最后一列关于鱼是否为好鱼的信息，就是所需的结果信息，例如"是"，被称之为"标记"。所有数据标记的集合成为"标记空间"或"输出空间"。

（五）训练与训练集

在收集到相关数据之后就可以对数据进行"训练"。"学习"或"训练"是指从数据中获取模型的过程，通过使用特定的学习算法实现。"训练数据"是指训练过程中使用的数据，而其中的每个样本则被称为一个"训练样本"，由训练样本构成的集合称为"训练集"。

（六）测试与测试集

建立模型后，用该模型对标签未知的数据进行预测的过程叫"测试"，被预测的样本被称为"测试样本"。所有"测试样本"构成的集合被称为"测试集"。例如在学得从输入空间到输出空间的映射后，可以得到测试数据的预测标记。测试集只使用一次，即在训练完成后评价最终模型时使用。它既不参与学习参数过程，也不参与选择过程，而仅仅使用于模型的评价。值得注意的是，千万不能在训练过程中使用测试集，而后再用相同的测试集去测试模型。

五、应用实践

机器学习技术对众多交融科学领域有着极其关键的技术影响。下面将分别介绍机器学习在搜索引擎、计算机视觉、自动驾驶技术、自然语言处理的应用。

（一）搜索引擎

机器学习技术正在支撑着各种搜索引擎，并为搜索引擎的优化提供帮助。机器学习算法的应用，使得搜索引擎能够随着时间的推移从数据中学习，改进自己的搜索算法，提高每次查询返回相关结果的准确性。同时还有助于通过理解搜索中的上下文来提高相关性，例如，如果有人搜索"苹果"，那么它就会知道用户是在寻找关于计算机还是水果的信息。此外，机器学习中的预测算法允许搜索引擎根据先前的搜索或在其他网站、社交媒体平台上表达的兴趣，来预测用户可能对什么类型的内容感兴趣。例如，如果你最近一直在搜索食谱，那么当你在搜索引擎上执行新的查询时，预测算法可以推荐与食谱相关的内容。

搜索引擎正在使用机器学习进行模式检测，帮助识别垃圾站点或重复内容。通过插入低质量内容的共同属性，比如存在多个转到不相关页面的出站链接，大量使用关键词堆砌或同义词、其他变量等，搜索引擎可以对这类低质量内容进行屏蔽，极大地减少了人力的审查。主流云提供商如谷歌、亚马逊等已经部署了机器学习机服务。

（二）计算机视觉

让计算机像人一样能够识别视野范围中的目标，感知所处的环境，理解周围的世界，是计算机视觉技术一直致力于实现的目标。机器学习方法的发展为计算机视觉中关键问题的解决起到了推动作用。图像识别是计算机视觉中的典型应用，例如对摄像头中的图像进行物体识别，需要大量被标注的图像作为训练数据，并使用深度学习的方法从新的图像中识别出物体。具体来说，可以使用大量被标注的图像（明确表示出物体的位置和类别）来"教"机器学习模型识别新的未标注的图像中的物体。这些被标注的训练数据集使机器学习模型能够"学习"图像中物体的特征，从而识别新的图像中的物体。这正是监督学习的核心概念：基于已知的输入/输出对来训练模型，并在新的输入（未标注的图像）上进行预测。该技术正在用于进一步的分析，例如视觉检测、质量管理、人脸识别等。同时机器学习也正在被应用于解析诸如 X 射线、CT 扫描等医学图像，以辅助诊断癌症、阿尔茨海默病和其他病症。

此外，我们在手机或电脑中常用的图片转文字的功能，也是计算机视觉的应用。通过使用机器学习算法，计算机可以分析图像中的文字，并将其转换为可编辑或可搜索的文本格式。这种技术在手机或电脑中的图像识别和文字提取的应用中非常常见。

（三）自动驾驶技术

机器学习在自动驾驶技术中的应用，主要集中于无人车对环境的感知和行为决策。机器学习在环境感知中的应用，属于计算机视觉中图像识别的范畴；而机器学习在行为决策中的运用，一般属于强化学习的范畴。比如，一个无人驾驶汽车的任务是从一个地方移动到另一个地方。在这个情况下，强化学习的环境是周围的世界，代理是无人驾驶汽车。汽车通过传感器（如相机、雷达等）接收环境信息（如道路状况、其他车辆、行人、交通信号等），并根据这些信息进行行为决策（如加速、减速、左转、右转、停车等）。如果驾驶行为正确（安全、有效），那么就会获得奖励。反之，如果驾驶行为不当（如闯红灯、撞到障碍物等），那么就会受到惩罚。强化学习的目标就是找出一个策略，使得在整个行驶过程中，无人驾驶汽车获取的奖励最大。这样，无人驾驶汽车就能够学会怎样根据实时路况进行最佳的决策，实现安全而有效的驾驶。这就是强化学习在无人驾驶汽车中的应用。

（四）自然语言处理

机器学习在自然语言处理（Natural Language Processing，NLP）中的应用，主要围绕理解和生成人类语言文本的任务展开。机器学习在语言理解上的应用通常涉及监督学习，例如，在文本分类、命名实体检测或情感分析中，机器学习模型通常会使用已经被标注的数据进行训练，以便在遇到新的、未标注的文本时进行预测。

当涉及生成人类语言的任务，如文本生成、机器翻译或聊天机器人时，机器学习则主要采用了一种叫作序列生成的技术，其中的一个例子是生成式预训练转换器（Generative Pre－Training Transformer，GPT）。例如，OpenAI 的 ChatGPT 就是一个此类模型，它可以自动生成连贯、有趣味和有深度的文本。ChatGPT 通过学习大量的人类对话，理解并模仿人类的语言模式，并在给定一段对话历史后，能够给出合理的响应。这就是序列生成模型在自然语言处理中的一项重要应用。

测试

案例分析

第八篇

数智运筹

第十五章　数字乡村：新兴技术助力乡村振兴

学习目标

· 了解乡村振兴的现实需要

· 理解数字乡村中的关键问题

· 理解农业无人机喷洒策略优化方法

· 了解农业无人机喷洒策略优化方法的应用

· 理解乡村物流无人机与货车联合配送路径优化方法

数字乡村是乡村振兴的战略方向，也是建设数字中国的重要内容。"十四五"规划和2035年远景目标纲要提出"加快推进数字乡村建设"，2022年中央一号文件强调"大力推进数字乡村建设"。乡村建设内涵丰富，用新兴技术促进乡村产业发展和农民获利增收是数字乡村建设的重要着力点。本章将引导读者深入了解区块链、无人机、传感器等新兴技术在数字乡村建设中的运用，读者将在本讲学习中对数字种植中的关键问题有更加清晰的认识。我们还将专门介绍农业无人机喷洒策略优化方法与乡村物流无人机与货车联合配送路径优化方法及应用。

> 顺天时，量地利，则用力少而成功多。
>
> ——〔北魏〕贾思勰

一、乡村振兴

实施乡村振兴战略，是决胜全面建成小康社会、全面建设社会主义现代化国家的重大历史任务，是新时代"三农"工作的总抓手。习近平总书记在党的二十大报告中再次对推进乡村振兴作出了深刻论述和全面部署，不仅论述了乡村振兴在国家现代化建设全局中的地位和在工农、城乡总体布局中的位置，还明确提出了乡村振兴的总要求和总目标，就是"加快建设农业强国，扎实推动乡村产业、人才、文化、生态、组织振兴"。

乡村是具有自然、社会、经济特征的地域综合体，与城镇互促互进、共生共存，共同构成人类活动的主要空间。乡村兴则国家兴，乡村衰则国家衰。我国人民日益增长的美好生活需要和不平衡不充分的发展之间的矛盾在乡村最为突出，主要表现在：农产品阶段性供过于求和供给不足并存，农业供给质量亟待提高；农民适应生产力发展和市场竞争的能力不足，新型职业农民队伍建设亟须加强；农村基础设施和民生领域欠账较多，农村环境和生态问题比较突出，乡村发展整体水平亟待提升；国家支农体系相对薄弱，农村金融改革任务繁重，城乡之间要素合理流动机制亟待健全；农村基层党建存在薄弱环节，乡村治理体系和治理能力亟待强化。我国仍处于并将长期处于社会主义初级阶段，它的特征很大程度上表现在乡村。农业农村农民问题是关系国计民生的根本性问题。没有农业农村的现代化，就没有国家的现代化。全面建成小康社会和全面建设社会主义现代化强国，最艰巨最繁重的任务在农村，最广泛最深厚的基础在农村，最大的潜力和后劲也在农村。实施乡村振兴战略，是解决人民日益增长的美好生活需要和不平衡不充分的发展之间矛盾的必然要求，是实现"两个一百年"奋斗目标和中华民族伟大复兴中国梦的必然要求，是实现全体人民共同富裕的必然要求，具有重大现实意义和深远历史意义。

在推进乡村振兴过程中，需要运筹思维来解决一系列问题。首先，脱贫攻坚与乡村振兴需要有效衔接。脱贫攻坚是解决农村贫困问题的重要举措，而乡村振兴则是提升农民生活水平、促进农业现代化和实现城乡共同发展的长远目标。为了确保两者之间有机衔接，在制定相关政策时应考虑到不同地区、不同阶段的差异性，并采取相应措施加强对贫困地区和人口的扶持力度。其次，乡村振兴可以被视为一盘大棋。这意味着我们不能只看到单个方面或局部利益，而应从整体上谋划和推动各项工作。例如，在产业发展方面，要注重优势互补、多元化布局；在基础设施建设方面，则需统筹规划交通、水利等基础设施项目；同时还需要加强教育、医疗等公共服务领域改革与投入。此外，在运筹帷幄中还需注重科技创新与人才引进培育。通过引入先进技术和管理经验来提高农业生产效率，并鼓励年轻人回归乡村创业就业，以激发乡村经济活力和增加就业机会。总之，运筹思维在实现乡村振兴过程中起着至关重要的作用。只有通过科学合理地规划布局各项工作，并将其有机结合起来进行统筹推进，才能够真正实现我国广大农民群众美好生活愿景。

二、数字乡村

乡村振兴战略的实施，使得我国农业生产面临史无前例的发展机遇和挑战。科技兴农，为种业发展提供新兴技术"助推器"。随着科技的不断发展，农业行业也在迅速地变革，新技术如农业大数据、物联网、农业机器人、智慧农业和区块链技术正日益应用于农业生产，而这些农业新兴技术的发展前景也十分广阔。面向新农业、新农村、新农民，充分运用现代化技术手段，不断在农业科技核心关键实现创新、在"卡脖子"技术突破上取得重大进展。通过有机结合大数据、无人机技术、物联网和人工智能等相关数字技术与土地、劳动力、资本和信息等资源要素，以及农学、植物生理学、地理学和土壤学等基础学科知识，将所形成的数字信息作为新的生产要素与农业生产相融合，从而创造出创新的农业产业发展模式。这些新技术的出现，优化了农业生产流程、提高了生产效率、降低了劳动成本，同时也改善了农业生产环境，推动着我国农业走向更为高效、安全、环保的方向。

农业大数据是一种包含广泛来源、多样类型和复杂结构的数据集合，它由农业地域性、季节性、多样性和周期性等特征综合而成。这些数据具有潜在价值，并且传统方法难以对其进行处理和分析。农业大数据具有规模庞大、类型多样、价值密度低、处理速度快、精确度高和复杂性高等特征，同时也促进了农业内部信息的延展和深化。建构农业大数据体系主要包括四种要求：第一是以农业领域为核心，逐步扩展到相关上下游产业，并整合宏观经济背景的数据；第二是以国内区域数据为基础，借鉴国际农业数据作为有效参考；第三是不仅应该包括统计数据，还应涵盖涉及的经济主体基本信息、投资信息、股东信息等；第四则需要分步实施，在构建专业领域的数据资源之后再逐渐规划子领域的监测数据。

在农业领域中，物联网技术被广泛应用于各种设备。这些设备可以即时显示数据，或成为物联网自动控制系统中的参数，并进行自动化控制。物联网技术可以为温室提供科学依据，以实现精准调控，从而达到增加产量、改善产品质量、调节生长周期和提高经济效益的目标。物联网技术已经在农业生产的各个环节得到广泛运用，包括精确灌溉、精确施肥、病虫害防治、智能环境调控以及智慧水产和畜禽养殖等领域。

农业机器人是指通过机器人技术实现对农业生产的自动化和智能化管理。近年来，农业机器人的研发应用，为破解农业生产难题提供了重要方案。农业机器人以农产品为操作对象，是具备信息感知、灵活操控、可重复编程能力的柔性自动化或半自动化设备，可以有效化解劳动力不足问题，提高生产效率和作业质量。比如，农业机器人可以实现对农作物的自动化种植、采摘、除草等操作，减少人工成本，提高农产品的品质和产量。

智能农业可以有效改善农业的生态环境。该技术把农田、养殖场和水产养殖基地等生产单位及其周边的生态环境看作一个整体，通过精确计算它们之间物质交换和能量循环的关系，以保证农业生产活动对生态环境的影响维持在可承受范围内。例如，在施肥时定量控制肥料、粪便的使用量，使肥料不会导致土壤板结，粪便也不会造成水和大气污染，反而有助于提高土地肥力。此外，智能农业还可以显著提高农业生产效率。通过实时监测利用精准的传感器，并运用云计算、数据挖掘等技术进行多层次分析，再将分析结果与各种控制设备联动起来完成农业生产和管理任务，这样就可以让机械代替人类从事农活成为可能，解决了劳动力日益紧缺的问题。同时，智能化使得农业更加规模化、集约化和工厂化，并增强了应对自然环境风险的能力。因此，传统弱势的传统农业转变为高效率现代化产业。

近年来，区块链已经在农业和其他经济社会领域得到广泛应用，逐渐成为产业聚集发展中的重要生产要素、推动社会良性运行的关键技术要素以及引领认识观念变化的重要价值要素。区块链技术在农业领域的应用正在迅速扩展，有效地解决了农业生产要素分散、产品供求失衡、信息不对称以及农业与企业之间联系困难等问题。这给农业发展注入了无限活力。基于区块链技术的农产品溯源系统能够追踪和验证食品的来源、生产过程以及产品质量。通过把供应链数据存储到区块链上，参与者可以查看每个环节的信息，全面了解食品从生产到销售的整个过程，并提高企业对食品安全可控性的把握，提高消费者对农产品的信任度。

运筹思维在数字乡村中的作用是多方面的。首先，它可以帮助农业生产实现精准化管理。通过收集和分析大量的数据和信息，运筹思维可以为农民提供科学、准确的种植指导，包括土壤调理、施肥浇水、病虫害防治等方面。同时，通过优化资源配置和生产计划安排，可以最大限度地提高农产品质量和产量。

其次，在数字乡村建设中应用运筹思维还能够推动供应链管理的升级与优化。随着电子商务在农产品销售中的普及，物流配送成为农产品销售的一个重要环节。利用运筹思维方法来进行物流网络规划、车辆路径选择以及库存管理等工作，可以降低物流成本，并且保证商品快速到达消费者手中。

再次，在数字乡村建设过程中引入运筹思维还有助于促进农业科技创新与发展。通过对各类数据进行深入分析，并结合相关领域专家知识和经验进行模型建立与算法设计，可以探索出更加高效、可持续发展的农业生产方式。例如，在精准施肥方面，采用遥感技术获取土壤养分信息，并结合气象预报进行智能施肥调控；或者利用无人机巡查田间作物状况并及时预警病虫害等问题。

总之，运筹思维在数字乡村中的作用不仅体现在资源优化配置、决策效果提升以及推动创新与发展上，还涉及了社会经济层面，如精准扶贫和智慧城市建设等方面。因此，在中国传统乡村向现代化转型过程中，运筹思维将起到积极而持久有效的推动作用，并为实现全面小康社会目标做出重要贡献。

发展特色农业是乡村振兴战略中至关重要的一环，其独特之处在于其发展考虑到当地情况突出特点，并以提高农民收入为目标。然而，在推动乡村振兴进程中，特色农业需要寻找新的驱动力。为了实现可持续发展，实现规模化和标准化方面的突破，数字种植技术将成为关键支持手段。因此，数字种植作为一种创新方式，在提高效率、品质控制、品牌建设、精准扶贫等方面给予特色农业强大助力。将特色农业与数字种植相结合，有利于增加农民收入并缩小城乡收入差距，这也是我国符合国情的特色农业发展路径。

运筹思维对于数字种植而言，是一种重要的决策方法和管理理念，它通过系统性地分析、规划和优化资源配置，提高数字种植的效率和产出。首先，在数字种植过程中，运筹思维可以帮助农民或相关从业人员制定科学合理的播种计划。通过对土壤质量、气候条件、作物生长周期等因素进行全面考虑，并结合市场需求及经济效益评估，可以确定最佳的作物品种选择以及适宜的播种时间和密度。

其次，在数字化管理方面，运筹思维能够发挥巨大作用。利用现代信息技术手段如传感器、无人机等设备采集大量数据，并结合数学模型进行分析与预测，可以实时监控土壤湿度、养分含量、病虫害情况等关键指标，并根据结果调整灌溉水量、施肥方式以及防治措施，从而最大限度地减少资源浪费并提高产出。

再次，在供应链管理方面也能体现运筹思维在数字种植中的价值。通过建立完善的供应链网络并利用数据共享平台，各个环节之间能够实现信息互通与协同配合。例如，在销售环节上，基于市场需求预测和价格波动趋势分析来制定销售计划；在采购环节上，则可根据库存情况和供应商信誉评级来优化原材料采购流程；同时还可以通过智能物流系统实现货物追踪与配送路线优化。

总之，运筹思维不仅仅是一项技术手段或者工具方法，更是一套科学且系统性强的管理哲学。它将为数字农业领域带来更多可能性与机遇，并推动我国农业向着智能化、精准化发展迈进。

三、农业无人机喷洒策略

农业领域中，优化无人机喷洒策略是数字乡村建设的一个重要课题。随着科技和互联网的进步，传统农业正在逐渐迈入数字信息时代。无人机技术的成熟为农业生产提供了全新的手段和机遇，尤其是无人机喷洒技术的出现，彻底改变了传统农业喷洒方式的限制，并大幅提升了喷洒效果与精确度。

随着农业机械化、智能化和无人化的不断推进，无人机迅速成为农业航空作业中的一种重要平台。它具有高效率、低劳动强度和综合成本低等优点，在精量播种、植被检测和农药喷洒等各类农业航空作业中得到广泛应用。这些作业对于农作物生产过程至关重要，是推动现代农业科学发展的重要方面之一。利用无人机进行农药喷洒等操作可以实现高精度的农业工作，从而提高喷洒效率、防治效果以及降低综合成本。此外，使用无人机还可以避免传统喷洒方式存在的安全问题、资源浪费和效果差等情况。然而目前执行这些任务的无人机主要由操作员进行遥控操作，操作员的操作水平直接影响了实际任务完成效果。特别是随着无人机数量和任务数量增加，操作员承担的工作负担越来越沉重，往往导致实际任务遗漏率和重复率偏高。因此，在尽可能减少人为干预的前提下，利用自主飞行技术使无人机能够独立完成农业航空作业任务已经引起了广泛关注。

对农业无人机喷洒策略进行优化研究，可以更好地发挥无人机的优势。通过数据分析和模型仿真，可以优化农业无人机喷洒路径、喷洒剂量和时间等策略，提高喷洒效果，降低农药和肥料的浪费和富集，减少二次喷洒的可能性。此外，对农业无人机喷洒策略进行优化研究，也能推动农业生产的数字化和信息化进程，促进乡村振兴战略的实施。数字化和信息化的发展，使无人机喷洒的管理和监控更加精准、高效和智能化，提高了农业生产的生产率和质量，进一步推动了乡村经济的发展。因此，对农业无人机喷洒策略优化问题进行研究具有重要意义。

农业无人机喷洒策略优化问题实际上是对无人机路径规划问题的推广。在这个问题中，全局路径规划需要先建立环境模型。一般来说，我们可以采用不同的定量方法来处理真实地图，例如可视化图形法、自由空间法、拓扑法或栅格法等，将特定区域简化为易于表达的数学模型。通过这种方式，无人机操作更加精准，并且路径规划更加容易和有效果。在此方面选择使用栅格法进行建模，并利用序号法管理目标区域。栅格法通常会将无人机活动区域分为自由空间和危险空间两个不同的区域，具体取决于网格中是否存在障碍物。为了找到最优路径，无人机必须避免穿过危险空间而选择一条安全路径。

在实际应用中，首先对广阔的农田进行网格划分，并对这些小规模的农田进行网格化管理。监测无人机会将农作物缺药程度量化为具体数据。尽管相同土壤和相同作物，在不同地区可能存在不同程度的缺药情况。我们采用栅格法中的序号法来给每个网格编号，从上到下、从左到右依次为 1，2，3，$\cdots$，n，并与相应的农药短缺量对应起来。由于无人机续航能力有限，需要多次覆盖飞行以完成整个网格区域的监测任务。当某一区域出现严重农药短缺时，该区域被视为空间较大且需避免喷洒过量农药的地带；而农作物缺药程度较低的区域则尽量避让无人机，以确保喷洒适量的农药。在此之后，通过运筹建模将该问题抽象化并寻求解决方案。

将遗传算法应用于运筹建模后的解决方案的寻求。在设计染色体编码的基础上，通过选择、交叉和变异等操作对初始种群进行更新，并经过多次迭代得到一个满意解，如图 15.1 所示。

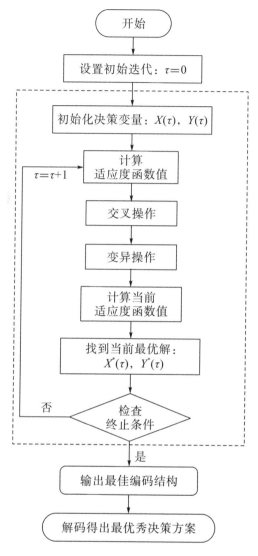

图 15.1　遗传算法流程图

　　根据农业无人机喷洒策略优化问题，我们开发了一款无人机精细灌溉模拟系统，以满足特定的系统需求。该系统引入了各种场景下的网格地图，并真实模拟了无人机在农田中进行灌溉飞行的情景。

　　图 15.2 是应用遗传算法得到的某示范田无人机喷洒农药的飞行路径图。

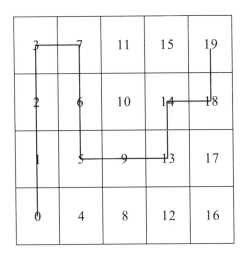

图 15.2　无人机飞行路径

四、乡村物流无人机与货车联合配送

由于其具有不受路面交通阻碍、速度快、成本低、低碳排放的优势，无人机近年来成为新兴的商业交通工具，一些物流公司选择采用无人机作为提升物流效率的突破口。2013 年末，亚马逊 CEO 杰夫·贝索斯提出 Prime Air 计划，即通过无人机在三十分钟或者更短的时间内完成配送服务。同年 4 月，谷歌宣布收购泰坦航宇公司，该公司专注于开发小型无人机配送技术。敦豪国际有限公司（DHL）作为四大国际物流巨头之一，也走在无人机物流研究的前沿。2013 年底，研发 DHL 包裹直升机的团队开始进行无人机投递测试。在当地政府的帮助下，DHL 宣布将于 2014 年开始，使用无人机向德国北海的尤斯特岛运配送物。2016 年，DHL 推出的第三代包裹无人机，飞行时速可达 80～126 千米，可携带 2.2 千克货物，航程可达 8.3 千米。同年，在拉斯维加斯举办的亚马逊 re：MARS 会议上，最新的 Prime Air 无人机设计回到人们的视野。这个最新的无人机设计在效率、稳定性以及最重要的安全性方面都取得了进步。它的连续飞行里程为 24 千米，可以携带约 2.3 千克的包裹，在 30 分钟内交付货物。在中国，无人机物流也有所发展，2015 年初，阿里巴巴集团旗下的淘宝网首次尝试无人机配送。2017 年 6 月，顺丰速运在江西赣州市南康区完成首次无人机业务运营飞行，并获得国内首个无人机物流合法飞行权。2019 年，京东物流在四川广安营业部正式启动无人机常规运营。

将卡车和一架或多架无人机组合在一起从仓库运配送物给客户，不仅可以使无人机得到更大的有效载荷可达范围，同时，还可以由驾驶员负责无人机的发射和充电。除了将卡车作为移动充电站之外，固定充电站也可以为无人机充电续航，从而扩大无人机的配送范围。应用无人机辅助的卡车配送可以优化环境和产生经济影响，这种模式下，卡车能够配送各种货物，并同时在路上为无人机的电池充电。此外，曲折的路线或交通堵塞加剧了卡车的运输时间成本、燃料消耗成本和碳排放成本，而无人机的直线飞行可以显著降低这些成本。城市地区有商圈和住宅群聚集的特性，多数情况下，城市内的快递、外卖等即时物流配送使用纯无人机即可完成；而乡村地区往往需要采用上述"无人机＋卡车"的形式以应对其复杂的地势和较远的配送距离。这种"无人机卡车"配送带来的路径变化如图 15.3 所示。

图 15.4 显示了卡车、无人机及充电站联合配送方式。该图包括三个不同的符号和两种类型的线。无人机与客车出发或最终到达的仓库用一个正方形表示。圆圈表示客户节点，可以分配给卡车或无人机。直线表示卡车路线，虚线表示无人机路线。无人机和卡车可以在发射节点分开，在会合节点会合。发射节点、会合节点和卡车路线上的所有节点都由卡车提供服务，而无人机节点则由无人机提供服务。三角形代表充电站，可以为无人机充电。由于在无人机配送过程中，无人机有足够的电池容量，所以 这条路线上没有充电站。虽然飞行距离与无人机配送的距离相近，但由于节点上的剩余电量不足以完成无人机配送的任务，因此无人机需要在充电站停一下进行充电。当无人机和卡车在节点分开后，它们分别沿着各自的配送路线行驶，并在节点相遇。无人机配送的时间超过了无人机的飞行时间，无人机需要降落在充电站上充电，以完成配送。这样一来，无人机就可以通过在充电站上的三次停留，成功访问节点并返回到节点。

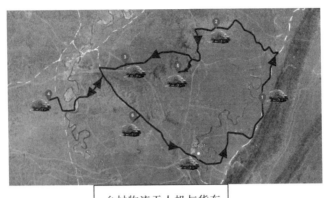

乡村物流无人机与货车
联合配送

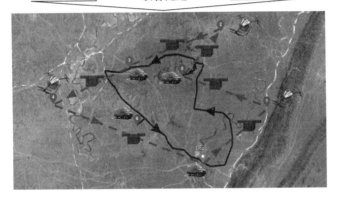

图 15.3　乡村物流无人机与货车联合配送路径变化

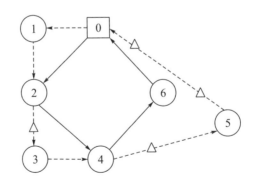

图 15.4　卡车、无人机及充电站联合配送方式

为了构建乡村物流无人机与货车联合配送路径优化问题的模型，我们采用了以下假设：首先，无人机只能在客户节点离开并与卡车会合，两者不返回已经访问过的客户节点。在收集完无人机后，卡车可以作为一个配送源，为下一次无人机配送装载和发射无人机。此外，当无人机离开卡车时，必须有一定的电量可用，这个电量被设定为无人机发射完成配送任务的标准。为了保护无人机，在降落到充电站时无人机必须保留部分电池电量。此外，对于单位时间内的固定充电率，充电时间受无人机着陆功率的影响。每公里的能量消耗也被认为是恒定的，不受天气条件、风速和风向、有效载荷重量和电池退化的影响。卡车和无人机必须在会合节点互相等待，以确保卡车和无人机配送的一致性。当这两者都返回到仓库时，整个配送就完成了。由此，可通过运筹建模以寻求乡村物流无人机与货车联合配送路径优化问题的解决方案。

进一步地，可以提出一种自适应大邻域搜索算法来进行求解。自适应大邻域搜索算法在邻域搜索的基础上，增加了对算子的作用效果和衡量，它的基础是通过反复地破坏和修复当前的解决方案，来逐步优化初始解决方案。破坏和修复的方法有许多，这些方法是根据以往迭代过程中的表现进行选择和权重的调整，且这些方法通常具有随机性，以便在遇到相同解的时候破坏掉解决方案中的不同部分或构建不同的解，从而使新解决方案的搜索多样化。每个破坏或者修复的操作都被分配了一个分数，当它改进当前最优解时，分数就会增加。简而言之，自适应大邻域搜索算法的核心思想是：破坏解、修复解、自适应过程，如图 15.5 所示。

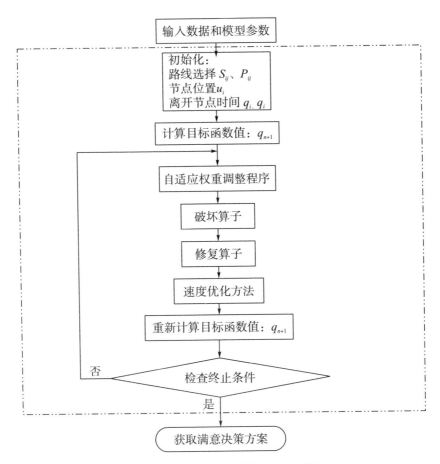

图 15.5　自适应大邻域搜索算法流程图

考虑到农村地区的实际道路和交通状况，假设卡车的时速为 25 公里，无人机的时速为 40 公里。无人机的电池寿命限制在 30 分钟内，在充电站的帮助下，无人机的单次运送最大距离为 40 公里。将无人机在充电站和卡车上充满电的总时间限制为 0.5 小时。选取四川某地区的仓库及配送需求节点作为例子，起始节点（0）和结束节点（6）是仓库，节点之间的距离数据来源于高德地图。通过计算，乡村物流无人机与货车联合配送时间为 4.79 小时，配送路径如图 15.6 所示。

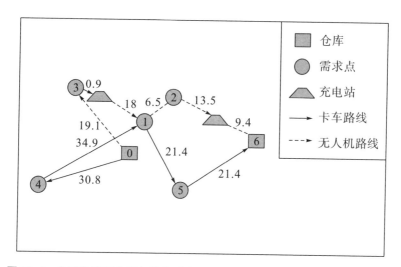

图 15.6 乡村物流无人机与货车联合配送路径优化问题案例的最优解决方案

随着农村电商市场的发展越来越多的物流公司开始投资无人机物流业务。与卡车相比，无人机的飞行速度更快，但其飞行续航能力受到电池的限制。此外，无人机需要保留一定的电量，以抵御天气、风力和其他环境因素等不确定因素。在乡村物流无人机与货车联合配送路径优化问题中，无人机可以为偏远的客户服务，无人机从卡车上起飞，并在沿飞行路线设置的充电站上充满电，以延长飞行距离。在实际运行中，由于农村地区的地理条件比城市更为复杂，因此在无人机配送中应充分考虑充电站的数量和实际位置，以获得实际配送的最优方案。

测试

案例讨论

第十六章 智慧城市：城市大脑中的运筹学逻辑

学习目标

· 了解智慧城市建设的发展机遇

· 理解智慧城市与城市大脑的联系

· 理解新兴技术背后的运筹逻辑

· 了解城市大脑智慧决策的应用

· 掌握智慧城市中的运筹方法

城市大脑依托云计算、AI 与大数据，实现城市实时分析，以数据驱动决策。运筹学作为智慧城市的核心，通过建模、决策和管理见解，为城市提供分析框架。未来，运筹学模型将助力解决交通、网约车、应急规划等问题，推动智慧城市发展。本章将对从城市大脑新技术的运筹支撑与协同两个角度剖析新一代信息技术中的运筹思维，以及运筹学如何赋能智慧城市应用场景，实现智能决策。

筑城卫军，造廓守民。

——〔东汉〕赵晔

一、智慧城市

2020 年 3 月，习近平总书记指出"运用大数据、云计算、区块链、人工智能等前沿技术推动城市管理手段、管理模式、管理理念创新，从数字化到智能化再到智慧化，让城市更聪明一些、更智慧一些，是推动城市治理体系和治理能力现代化的必由之路，前景广阔"。2021 年 3 月，《中华人民共和国国民经济和社会发展第十四个五年规划和 2035 年远景目标纲要》发布，明确指出"完善城市信息模型平台和运行管理服务平台，构建城市数据资源体系，推进城市数据大脑建设"。

　　智慧城市是一个经济可持续增长、生活质量高的城市空间，由人力和社会资本、物理和网络通信基础设施以及对自然资源的明智管理来实现。为了追求这种模式，全球各地的城市竞相推出智慧城市计划。印度、中国等亚洲国家，奥地利等欧洲国家，甚至一些历史上不发达的非洲国家，都在推出城市发展路线图或国家智慧城市战略。

　　智慧城市起源于 IBM 提出的"智慧地球"理念。IBM 认为城市是建立在人、商业、交通、信息交流、能源和水这六个系统之上的，并且这些系统相互关联、协同发展。我国将智慧城市建设作为重要任务纳入了城镇化战略中，智慧城市建设分为两个阶段：2012 年至 2015 年是试点阶段，而从 2016 年开始进入了新型智慧城市建设阶段，在此期间，智慧城市建设逐渐得到了国家层面政策的支持，并逐步成为国家战略。

　　智慧城市的建设通常从顶层规划开始，其中核心是设计城市大脑系统架构。"城市大脑"指的是随着 21 世纪互联网架构发展而实现类似人脑功能的过程，本质上是一个将机器云智能和人类群体智慧相结合的复杂巨型系统。我国对于城市大脑建设，源自 2016 年浙江杭州推行的"数字治堵"实践，并逐渐扩展到生产、生活等方面的"数字治城"和"数字治疫"等实践。智慧城市大脑可以为城市管理者的决策提供数据支持，帮助他们更好地了解城市运行状态，制定更科学、更准确的政策和计划。通过数据分析，可以发现问题、预测趋势，提前采取措施，实现城市管理的优化和创新。展望未来，智慧城市的发展将从以技术为导向转向以决策为导向，以最大限度地利用技术和资源为全市带来效益。

　　在这场宏大的智慧城市运动中，运筹学可以扮演什么角色？特别是，如何通过运筹学的视角来定义智慧城市？我们可以为促进智慧城市当前发展和塑造其未来做出什么贡献？

二、运筹逻辑

让城市真正智能的是决策方法、解决方案算法和管理洞察力，这些都包括城市规模的系统集成和数据爆炸。城市大脑智能管理与决策中枢主要包括大数据、云计算、物联网、区块链、人工智能五大技术。根据数字化生产的要求，大数据技术为数字资源、云计算技术为数字设备、物联网技术为数字传输、区块链技术为数字信息、人工智能技术为数字智能，五大数字技术是一个整体，它们相互融合，促进数据量呈指数级增长。

大数据的支持是城市智能化发展的基础，城市中散布着大量数据，这些数据涉及政府、企业、社会、环境和互联网等各个领域。只有通过科学算法模型和强大计算能力进行处理，才能有效地实现数据融合创新，并对城市运行状态进行整体感知、全局分析和智能管理决策。

人工智能的智慧源自大数据的积累。区块链技术可以为人工智能提供安全数据：①区块链可以加密现实生活中的重要数据，防止数据随意被篡改，还可以为现有的计算机编程和系统提供更多的安全保障，因此具有高冗余性。这样，系统上面的每个节点都可以按照链式结构存储完整的数据，就没有丢失数据的风险，保证了数据的准确性，数据的所有权也可以确定；②通过智能合同，数据的提供者和用户可以相互隔离，从而保护数据的隐私和安全性。

（一）区块链技术中的运筹问题

区块链技术类似于人体中的血管系统，它能够保障血液流动的安全性，可以确保城市大脑的数据安全。通过不可篡改和分布式存储数据，区块链使得数据能够安全地流通，并且不能被恶意使用，从而确保城市大脑更好地利用数据。区块链技术是多学科交叉的产物，涉及密码学、计算机科学、经济学、运筹学等多门学科。区块链技术中的关键问题用到了博弈论、图论、组合优化以及排队论等运筹学方法。

去中心化系统：一个典型的去中心化系统，就像战国时代纵横术所展示的那样。秦国在商鞅变法后迅速崛起，在战国七雄中占据主导地位。其他六国面对日益强大的秦国，有两种选择：一是连横，"以攻众弱而渔利"，即联合秦国攻击弱小国家以谋取自身利益；二是合纵，"合众弱之力当一强以图存"，即六国联手抵抗秦国。尽管六国多次组织反秦联军，但各自都怀有私心，特别是首倡合纵策略的赵魏楚三国受到了秦军重点打击。经过连横派不断分化瓦解和秦国采用远交近攻战略等因素影响，最终六国联盟瓦解，并被强大的秦国逐个消灭。

纳什均衡共识系统：从博弈论的角度来看，去中心化、具有分布式共识和交易权利均等的区块链系统实际上是一个达到纳什均衡的共识系统。博弈论可用于分析区块链中各个共识节点之间的策略和相互作用。比特币采用了节点竞争记账权的方式，即所谓"挖矿"，胜出者获得区块记账权并获得奖励。作为区块链技术最成功的应用，比特币系统应用工作量证明（Proof of work，PoW）的共识机制实现交易的不可篡改性和不可伪造性。

考虑这样一种情况，一个位于南半球的节点首先收到了甲矿工打包的区块，而几乎同时在中国西部的另一个节点，乙矿工挖掘到了同一高度的另一个合法区块。这两个不同的区块分别在网络上传播，并被不同的节点确认。由于去中心化网络中没有权威机构来判断两个区块生成的先后顺序，每个节点只能根据自己接收到区块的时间来确定应该接收哪个区块。在数字货币系统中，由于数据可复制性，可能会出现同一笔数字资产因不当操作而被重复使用的问题，即双重支付问题，如图 16.1 所示。然而，在我们生活中并不存在双重支付问题，因为日常生活中，我们购买东西时同时（通过中心化系统）就进行了支付。

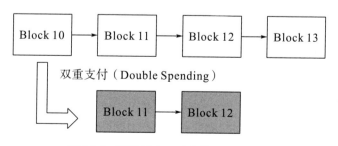

图 16.1　区块链中双重支付问题的博弈

甲乙两位矿工的决策行为有两种，一种就是诚实地在最长链挖矿，另外一种就是通过双重支付作弊追求个人利益。在 PoW 共识机制下，区块链系统认定最长链是唯一有效的链，没有记录在最长链的区块交易被认为是无效的。更重要的是，矿工挖到位于最长链的区块才能获得奖励。如图 16.2 所示，在最长链约束下，作弊追求双重支付需要矿工付出大量的成本（如硬件、电力、时间等），其成本高于双重支付的收益。因此，理性的矿工会选择"诚实"地记录数据，避免因为双重支付问题而造成工作量的浪费。

甲 \ 乙	诚实	作弊
诚实	（1，1）	（1，4）
作弊	（4，1）	（4，4）

（a）无最长链约束

甲 \ 乙	诚实	作弊
诚实	（1，1）	（1，-1）
作弊	（-1，1）	（-1，-1）

（b）有最长链约束

图 16.2　区块链最长链原则防篡改的博弈过程

博弈论在区块链中的重要作用之一，就是防止了比特币的 51% 攻击。所谓 51% 攻击，是指当某个实体掌握区块链网络中超过一半（51%）的算力时，该实体就可以使用算力优势撤销自己已经发生的付款交易。要实施 51% 攻击，攻击者首先要通过积累硬件、说服其他矿工等手段，积累大量的算力资源；而后便可以通过快速挖矿，使自己的区块链版本长度超过原链，从而使原链上的交易作废。然而，在挖掘比特币时，每挖掘一个区块便能获得 6.25 个比特币奖励，这属于正常的挖矿奖励。在最长链约束下，如果矿工们发现造假支付的收益低于挖矿收益，则会选择维持比特币系统而不是破坏它。

还请读者注意，比特币等虚拟货币的挖矿活动虽然是区域块链技术的一项应用，但相关活动在我国始终都是一种违法违规行为，是被明确禁止的。

此外，在区块链技术中还可以应用其他运筹学方法，如图论、组合优化和排队论。图论可用于分析区块链数据结构，并有助于提高效率和安全性。组合优化问题涉及矿池收益分配、矿工算力以及边缘算力分配等方面，并已设计出近似和启发式算法来解决一些复杂问题。排队论可用于模拟区块挖掘过程，并评估交易确认时间。

（二）大数据时代的决策"引擎"

通过智慧城市的感知基础设施，利用互联网、移动网络、物联网以及大量传感器、穿戴设备和 GPS 等技术，我们能够收集到海量数据。同时，存储和处理这些数据的能力也得到了巨大提升。在大数据时代，取胜的关键已经不再是拥有大量的数据，更加重要的是关注通过大数据分析来支持决策。如何从海量数据中挖掘出有效信息，并高效地应用于指导决策过程，这正是运筹学专门研究的内容——从数据到决策。

《琅琊榜》是一部武侠剧，其中有一个高端神秘的"大数据公司"——琅琊阁。每年，该"公司"会发布武术高手排行榜，并向各方提供及时的情报服务。所谓"琅琊榜首，江左梅郎"是也，该"公司"的"CEO"梅长苏则以其华丽丽的形象占据了排行榜首位。

要理解大数据技术，就需要了解琅琊阁的这些排行榜是如何生成的。现代各种排行榜都是基于海量数据进行统计分析得出的结果。琅琊阁地宫，位于青山绿水之间，充当着一个庞大的数据中心（采用分布式存储技术）。江左盟广泛分布在天下各地，扮演着数据采集端（包括手机、网站和传感器），而飞鸽传书则成为高速的数据传输通道（利用物联网和移动互联网）。当然，在背后还有一支隐秘的数据科学家团队（负责智能预测建模），正是因为他们存在，才使得广为人知的麒麟之才——梅长苏取得成功。他的成功，关键不在于个人英雄梅长苏本身，而在于他背后神秘董事长所属公司——老阁主领导下运作的琅琊阁。

大数据分析是一种处理和解读大量结构化数据（如数据库中的表格数据）和非结构化数据（如文本、图像、音频等）以从中提取有价值信息的方法。大数据为机器学习和深度学习提供了丰富的训练与学习材料，而这些技术又是建立人工智能系统所必不可少的组成部分，通过算法从数据中获取知识并做出预测或决策。大数据与人工智能之间存在着密切合作关系。利用人工智能进行更精准的数据分析可以优化大数据分析过程。反过来，人工智能需要充足的样本来进行学习与改进决策流程，而大数据便可以提供这些数据。

（三）人工智能与运筹学的协同

人工智能（Artificial Intelligence，AI）是研究使计算机来模拟人的某些思维过程和智能行为（如学习、推理、思考、规划等）的学科，包括计算智能，感知智能，认知智能。

最优化问题是应用数学的一个分支。顾名思义，"最优化"是指在一定的约束条件下，选取某种方案使得目标达到最优的一种方法。许多科学工程领域的核心问题最终都归结为最优化问题。随着大数据、机器学习和人工智能的迅猛发展，最优化问题作为这些应用问题的核心数学模型，遇到了千载难逢的发展机遇。

但随着数据量的增大，问题复杂性提高，最优化方法的研究也面临着巨大的挑战。传统最优化方法主要是通过传统的串行计算实现的，无法与硬件的并行架构完美兼容，这使传统最优化方法不能很好地适用于大数据相关领域，限制了求解来源于相关应用领域的最优化模型的精度和效率。为了突破这一困境，以分布式存储为基础，以并行计算为核心的分布式优化应运而生，这也使得最优化方法得到了比以往任何时候都更加广泛的应用。

在许多人工智能问题上，深度学习方法突破了传统机器学习方法所面临的限制，并推动了人工智能领域快速发展。如图 16.3 所示为机器学习、深度学习以及人工智能之间的关系。

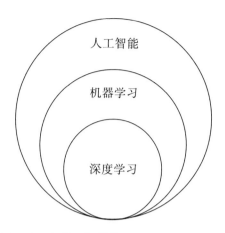

图 16.3　人工智能、机器学习、深度学习之间的关系

目前图像识别、目标检测、语音识别等算法在准确性上所表现出的显著提高，离不开机器学习及其对大数据的训练方法。机器学习、深度学习最终都归结为求解最优化问题；两者求解的效率，都取决于优化算法的求解速度。

而所谓的"训练方法"，主要是指利用训练数据集找到一组参数，使得由这组参数决定的函数或映射能够尽可能匹配训练数据的特征标签，同时能在一定范围内对其他数据的特征做出预测，给进一步决策提供参考。这里的参数估计问题，就是一个以拟合度为目标的最优化问题。机器学习则通过算法将数据转化为模型，并对模型性能进行评估。如果评估结果符合要求，则使用该模型来测试新数据；如果结果不符合要求，则需要调整算法重新构建模型，并再次进行评估。如此循环迭代，直至获得满意的结果。

机器学习的任务主要涵盖分类和回归。这两种方法都属于监督学习，即通过建立模型或规则来识别或预测新数据，其中模型或规则是基于带有目标值的训练数据形成的。与监督学习相对应的是无监督学习，它不需要指定目标值或提前了解目标值。无监督学习可以将相似或相近的数据划分到同一组中，聚类就是实现这种划分步骤的一种方法。除了最常见的监督学习和无监督学习外，还存在半监督学习、强化学习等其他方法。

深度学习是机器学习的一个分支，它不仅可以学习特征和任务之间的关联，还能自动从简单特征中提取更加复杂的特征。例如，在深度学习中使用神经网络模型时，需要定义损失函数，并通过梯度下降等优化方法来求解该损失函数。

机器学习和深度学习的效率都受到最终优化问题求解速度的影响。当优化求解器运行速度较快时，问题将能够更快地得到解决。作为研究优化理论和算法的科学领域，运筹学为人工智能领域提供了优化理论、算法以及相应的求解器。最优化方法同人工智能的关系如图 16.4 所示。

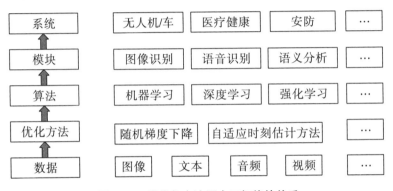

图 16.4 最优化方法同人工智能的关系

人工智能和运筹学长期以来一直紧密相连。人工智能中包含了运筹学的重要组成部分。例如，机器学习模型通常通过解决优化问题进行训练，这些问题从回归模型的最小二乘法和最大似然估计，到深度神经网络的高维非凸优化问题都有涉及。在训练人工智能模型时，常用的优化算法（如梯度下降、组合优化、局部搜索、元启发式等）是运筹学研究者不可或缺的工具之一。

同时，在运筹学中也存在着人工智能的元素。解决现实世界问题的常见方法之一是先进行预测，再进行优化。这意味着在求解优化模型之前（或同时），可以利用机器学习来预测关键参数值。

人工智能的最终目标是实现智能决策，而运筹优化为此提供了重要的理论支持和实用技术。在智慧城市管理中，人工智能主要应用于以下几个方面：

（1）解决优化问题。通过遗传算法、模拟退火算法等方法，人工智能可以求解运筹学中的最佳方案问题。

（2）处理决策问题。借助人工智能，我们可以模拟人类的决策过程，并根据设定的目标和约束条件自动找到最佳决策方案。

（3）预测未来情景。利用数据挖掘和机器学习算法，人工智能可以对未来进行预测，从而帮助决策者做出更加准确的判断。

解决智慧城市的运筹学问题不可避免地推动了数据驱动建模和决策方法的发展。一方面，智慧城市整合了不同结构、动态和利益相关者的系统。描述它们的耦合关系引出新的运筹学建模方法。另一方面，智慧城市以大数据为特色，数据转换将成为一种科学合理的业务模型，通过利用数据来帮助城市进行思考、决策和运营，实现对城市管理和社会治理的精细化管理，以解决城市管理中存在的难题。目前，已经成功地在交通治理、环境保护、城市精细化管理等领域中整合了交警、交通、城管、医疗、应急、环保和消防等多个部门的数据，并取得了许多有效探索。

三、应用场景

几十年来，管理学科促进了对交通、物流、供应链、能源系统和共享经济商业模式的理解，这些都是智慧城市的基石。随着外部环境变得越来越复杂且变化速度加快，经典决策优化面临着处理不确定性问题存在困难和大规模求解响应速度不够快的局限性。为了弥补这些局限性并提高决策速度和质量，城市大脑引入了大数据、区块链、人工智能和云计算等技术，并构建了数学模型与数据模型双引擎新型智能决策体系。利用大数据可以提供更多资源和可能性，给运筹学带来新的发展机遇，例如利用云计算和分布式计算提升计算能力，利用机器学习和数据挖掘发现新的规律与模式，并通过社交网络和物联网获取更多有价值的数据与反馈信息等。

（一）智慧交通

习近平总书记在第二届联合国全球可持续交通大会上强调要"大力发展

智慧交通和智慧物流，推动大数据、互联网、人工智能、区块链等新技术与交通行业深度融合，使人享其行、物畅其流"。

智慧城市的起点是什么？数十位业内专家几乎一致认为：智慧城市的起点是智慧交通。智慧交通是利用物联网、大数据分析等多种技术来解决交通拥堵、能源消耗和环境污染等问题，实现交通智能化的过程。杭州市政府于 2016 年 10 月 13 日公布了"城市大脑"计划，通过 5 万多个道路摄像头收集信息，并将相关数据传输到后台进行处理与交换，然后由人工智能系统做出算法决策，并传回到交通设施上执行。阿里巴巴的交通大脑实际上就是城市大脑最核心的业务，而阿里巴巴也是最早进入智慧城市领域的先驱者。

5G、人工智能、大数据和云计算等新一代信息技术的广泛应用，推动了智能交通的快速发展，并加速了便民利民的进程。城市大脑将运用运筹学模型来合理引导车流，对无人驾驶车队进行多车调度，以缓解城市交通拥堵问题。例如通过物联网技术实时监测公交车位置并进行规划调度，实现智能排班；同时，网约车平台订单分配可以转化为司机与顾客之间双向图匹配问题。

智能交通领域涉及许多经典运筹问题，这些问题都需要依赖于运筹优化理论的支持。例如，路径规划问题要求找到起点和终点之间最短距离或最短旅行时间的路径。旅行商问题则是寻找最短旅行距离的挑战。

车辆路径问题是指在一定约束条件下，通过组织车辆路线来实现诸如最小路程、最低成本、最少时间等目标。近年来，随着云计算和交通边缘设备的快速发展，越来越复杂的优化运筹模型开始应用于智能交通实践中。

还有交通领域中的时刻表排班问题，也需要运筹学进行解决。例如火车时刻表排班问题：如何根据当前国内铁路网络和各大城市人流预测，来安排不同城市之间的列车频率、车厢数量、中途停靠站点以及每个车站的停留时间？在满足同一时间、同一站台只有一辆列车的限制条件下，如何减少空载率并最大化铁路运行效率？当发生极端恶劣天气、地质灾害或设备故障等突发情况时，如何规划和调度受影响的列车，以尽快恢复正常的铁路运营秩序？所有这些都可以通过建立运筹学整数规划模型来解决，将列车发车顺序、停靠站点和到达时间段等作为数学问题中的变量或约束条件，并进行求解，就可以得出最终的列车时刻表。

智能共享出行的发展，也离不开运筹学。智能共享出行已成为当前国际城市发展的热点方向。具体而言，智能共享出行是指在共享出行方式基础上，以具备部分自动驾驶（L2）及以上智能化水平的电动汽车为载体，通过与智能化道路交通基础设施、信息与通信基础设施进行高效协同，实现高等级智能化载运工具的出行供给与交通出行需求的高效连接、实时匹配，进而形成"出行即服务"的新型出行生态系统。

1. 共享单车调度优化

共享单车调度，是共享单车运营企业在掌握运营范围内人群特征和区域属性后，对历史骑行数据和出行规律进行分析完成骑行需求的预测，从而对共享单车的投放方案和调度方案做出优化调整。共享单车调度优化可以概括为需求预测，供需匹配调度以及调度路径优化运筹学问题。

基于人工智能的共享单车需求预测涉及多个因素，包括技术差异、运营模式、用户特征属性、通行距离、气候条件和时点等。目前，需求预测方法主要分为传统时间序列建模方法、机器学习和深度学习。通过利用共享单车停车点位数据、订单数据和客流数据，并结合地图数据等信息，可以设计出有效的需求预测模型。

共享单车的调度问题可以概括为：在某个运营周期内，由于区域内急剧增加的单车需求超过了该区域所投放的单车数量，造成供不应求，并引发对调度的需求。为满足各站点的调度需求，调度人员会根据一定约束条件规划最佳路线进行单车调配，并在完成任务后返回起始调度中心。在调度路径规划问题中，可以将其分为静态和动态两类进行路径优化。不同状态下的路径优化需要考虑不同因素，并且相应的调度算法也会有所差异。在静态下的路径优化过程中，假设流动模型处于静止状态，各个调度点的需求保持不变。常用启发式算法来解决这类问题。而在动态下的路径优化过程中，随着优化过程进行，各个调度点的需求会实时变动。这种需求变动会对调度方案产生影响，包括调度量和调度去向等方面。因此，在解决这类问题时通常采用实时的优化方法来求解算法。

共享单车调度优化的决策分析流程如图 16.5 所示。

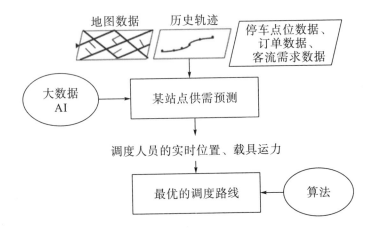

图 16.5　共享单车调度优化的决策分析流程

2. 滴滴派单组合优化

当前滴滴网约车的派单方式是在派单系统考虑接驾距离、道路拥堵情况等因素，自动将订单分配给最适合的司机接单，以实现全局乘客接驾时间最短。这种派单可以被看作 N 个乘客、M 个司机之间的匹配问题，如图 16.6 所示。

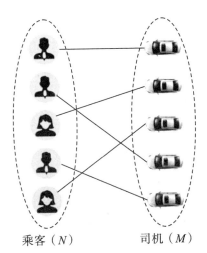

图 16.6　网约车派单乘客司机匹配问题

（二）智慧应急

我国常年处理各种突发自然灾害，各种灾害类型繁多、分布广泛。此外，城市不断扩张、城镇化进程迅速推进，各类事故隐患和安全风险交织叠加，对公共安全产生的影响也越来越大。特别是在后疫情时代，在新型智慧城市建设中如何建立完善的应急管理体系，并有效地应对突发公共事件、减少灾害损失成为城市管理者面临的严峻挑战。图 16.7 中展示的，便是在城市应急管理中所涉及的运筹学问题。

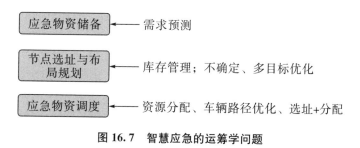

图 16.7　智慧应急的运筹学问题

基于云计算、大数据、互联网和人工智能等信息技术在城市大脑架构中的推动作用，"智慧应急"得以实现。在城市智慧应急管理中涉及应急物资储备的需求预测、应急物资储备点选址与布局规划，以及应急物资调度等运筹问题。作为应急管理的核心，大数据技术支持的应急指挥决策成为确保防疫成功的"智慧中枢"。在新冠疫情防控过程中，大数据技术在预测疫情传播、追踪感染人员、管控人员流动和物资调配等方面发挥了重要作用。面对巨灾和断路断网断电等极端条件时，保障应急通信是救援指挥工作所面临的一项艰巨任务。因此，应急管理部创新性地构建了应急战术互联网，并开发了数字化现场指挥调度平台，有效提升了重特大灾害应急通信保障、指挥决策和力量调度等实战能力。

1. 应急资源配置

与普通城市管理问题相比，应急管理特点鲜明，不仅具有突发性、紧急性、不确定性、弱经济性，而且以追求时间空间效益最大化为目标，具有政府参与性强等特点。

资源配置与调度机制是应急预案中的重要内容，它直接影响应急工作的效果和成效。面对突发情况，应急资源配置决策需要解决以下重要问题：

（1）应急资源配置的不确定决策问题。决策者要考虑一个或多个灾情信息的不确定性，并建立应急资源配置决策的不确定规划模型，进而考虑不确定灾情信息动态更新情况下的应急资源配置问题。

（2）兼顾效率与公平。突发公共事件的影响和涉及的主体具有社群性，这就要求应急资源配置决策考虑道德准则，特别是公平问题，建立应急资源配置的公平模型；同时，应急资源配置也要兼顾效率，权衡效率与公平之间的关系。

（3）动态、复杂应急资源配置决策问题。考虑到灾害演变的时间动态性和空间扩散性，要求应急资源配置决策模型考虑基于复杂路网结构的动态应急资源配置模型。

2. 内涝管网优化

城市排水系统是城市的生命线，智慧排水是智慧城市的重要组成部分。在改革开放以来的快速城镇化建设过程中，我国的管网基础设施建设严重滞后。一方面，建成区排水管网密度偏低；另一方面，已建排水管道破损、混接等状况突出，管网实际污水收集能力低。这些因素导致城市内涝频发以及大量污染物未经收集直排河道。

针对这个问题，我们可以利用数值化模型进行内涝风险评估，并通过机器学习模型实现降雨实时预报和局部积水深度快速预报。此外，在控制溢流污染方面，我们可以采用多目标优化算法、数值模型和机器学习相结合的方法来优化排水系统调度。为了确保智慧排水决策的可靠性，我们还应该关注管网水量来源定量解析以及排水系统内涝风险预警和运行调度的融合。

（1）预测算法：为了提供排水系统的快速响应时间和在线调控功能，我们使用算法实时预测来估计未来降雨情况，以及管网出流水量和水质。

（2）物联网技术：这类技术可以用于获取实时降雨数据以及与管网同步监测的水位、流量和水质信息。通过机器学习分析降雨量与管网监测数据之间的关系。

（3）优化调度模型：可以用于最大化排水系统空间各单元截流输送能力和污染物截流量，从而有效控制管网溢流污染并防治内涝问题。

（三）智慧物流

随着智慧城市的不断发展，人们越来越关注智慧物流的重要性。智慧物流是一种基于信息技术的系统，能够在各个环节实现全面感知、综合分析、及时处理和自我调整功能。通过数据连接、流动、应用与优化组合，实现高效配置物流资源与要素，从而提升物流服务质量和效率。

随着我国智慧城市发展水平的不断进步，无人化和智能化技术在物流末端服务方面得到了广泛应用，成为智慧城市物流系统建设中备受关注的重点领域。无人机、自动驾驶车辆等设备的研发和应用已经成为物流领域投资和科研的重要领域，推动着城市末端配送向智能化和高效化方向迅速发展。

1. 无人车配送路径优化

校园物流无人车路径规划是指在一定的路径环境下，规划起始点到终点两个指定位置之间的路径，须满足路径无碰撞且符合一定的优化准则，而这类准则通常为路径最短。

将物流机器人任务分配转化为 VRP 模型进行求解。现实中的物流机器人配货，具体可以描述为机器人从一个中心出发，按照一定的目标约束依次将货物送到不同位置的客户，在完成所有任务后再返回中心。在社区或学校末端建有集中配送中心，如菜鸟驿站等，在订单任务到达配送中心后需要利用机器人进行短距离点对点配送。根据客户目标点位置、机器承载容量和距离最短等条件，合理地将订单任务分配给物流无人车。

校园物流无人车送货的流程如下：

（1）无人车接收配送中心的指令，准备开始送货。

（2）工作人员将订单快件放入无人车的快件箱内。

（3）按照任务分配顺序进行派送。

（4）根据任务分配顺序，依次到达指定地点等待客户取件。

（5）客户扫码取件时，无人车会打开箱门并等待客户取走快件。

（6）客户完成取件后，关闭快件箱门，并将有关快递被取走的信息反馈给配送中心。

（7）所有快递都成功派送完毕后，无人车返回配送中心，本次配送结束。

2. 外卖配送订单分配

在外卖配送的情境下，用户使用外卖平台进行点餐后，订单信息会被发送给商家，商家确认接单后，进入履约阶段。在实际的配送过程中，顾客通常希望能够快速到货；商家需要保持稳定并及时准备食物；而骑手则期望能够按照预估的时间窗口尽快从商家处取货，并将商品交给相应的消费者。基于大数据系统的外卖即时订单分配与配送路径优化的框架如图 16.8 所示。

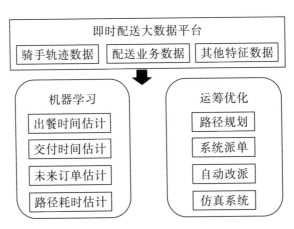

图 16.8 基于大数据的外卖配送运筹优化

调度系统负责指派和规划路径来处理订单，外卖配送员根据指派完成取餐和送餐任务。外卖配送路径优化问题属于带有取送货和时间窗口的车辆路径规划问题，这类问题源自旅行商问题。在 TSP 的基础上，外卖配送路径优化问题增加了车辆容量、时间以及取送货限制，从而更符合实际情况。在外卖配送中，路径规划是一个基本且至关重要的环节，它直接影响骑手服务路线的长度和时间，并对订单准时率和客户满意度产生重要影响。

假设 1 个骑手配送至多个客户的情况，如图 16.9 所示。1 个骑手需到 3 个餐厅取餐并完成 3 个订单，总的路径为骑手到餐厅取餐的距离加上他送餐至顾客处的距离。总的时间为骑手到各个餐厅和顾客位置的时间，加上骑手在餐厅等待取餐的时间。

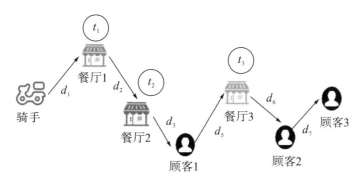

图 16.9　外卖配送路径规划

为了更加贴合现实情况，该模型还要考虑到多个骑手与多个客户的情形，并引入取送时间窗口作为限制条件。每个客户的订单包含一个取货点和一个送货点，骑手按照规定顺序访问这些节点以完成订单服务，并实现某些目标函数（如总行驶距离）的最优化。配送场景的路径优化问题对算法时效性要求极高，外卖配送优化算法也是运筹学重要应用领域之一。

在即时配送调度场景下，决策变量包括各个订单需要分配的骑手，以及骑手的建议行驶路线。即时配送订单分配问题的优化目标一般包括用户的单均配送时长尽量短、骑手付出的劳动尽量少、超时率尽量低等。该优化问题是多目标的，且各个目标在不同时段、不同环境下会有差别。研究表明，当骑手提供在线午餐订单时，将 TSP 路线分配给他们并不是最优的。骑手对不同社区的当地了解程度不同，这会影响他们的送货速度。因此，在分配送货行程时，最好从历史数据中了解他们的个体差异。

　　但有时也有不同的场景，经验丰富的调度员希望在负载较低的空闲时段，将订单派给那些不熟悉区域地形的骑手，以锻炼骑手能力；在天气恶劣的情况下，希望能够容忍一定的超时率更多地派顺路单，以提高订单消化速度等。这些考量有其合理性，需要在优化目标中予以体现。

测试　　　　　　　　　　　案例讨论

全书索引、缩写及符号说明

跋

这是一个数据的时代，也是一个运筹的时代。要解决当今社会的许多难题，数据是基础，运筹是核心。但是，运筹学因自身系统性强、数学要求高、学习难度大，在大多数高校中，运筹学课程往往仅作为经管类、数学类学生的专业课程开设。由于没有专门课程，许多文科、理科、工科、医科类专业的大学生，缺少运筹思维的训练。运筹思维可以帮助我们在面对多种选择和各类困局时做出明智的决策，是新时代大学生的必备素养，运筹思维教育是培养适应数智化时代所需高素质人才的重要途径。因此，面向全体大学生开设运筹思维通识课程，使其了解运筹知识、学会运筹方法、增强运筹能力，对培养德智体美劳全面发展的社会主义建设者和接班人，具有重要意义。

自1998年讲授"管理数学"、2002年教授"管理运筹学"开始，我便着手编写运筹学教材。2003年至今，在教育部高等学校优秀青年教师教学科研奖励计划等一系列教研教改项目的持续支持下，我带领团队，在科学出版社出版了6本面向大学生的运筹学教材，包括《运筹学（Ⅰ类）》《运筹学（Ⅱ类）》《中级运筹学》《运筹学——数据·模型·决策》《运筹学——线性系统优化》和《运筹学——非线性系统优化》；同时还构建了含教学方案、教师手册、习题案例集、多媒体课件、教学案例库、考试测评系统、在线教学支持在内的立体化教学包。其中，《中级运筹学》《运筹学——数据·模型·决策》入选中国科学院规划教材，《运筹学》入选普通高等教育"十一五"国家级规划教材，现已更新至第四版。通过精准把握学情、严谨打造教材，在高校运筹学教育方面，我们积累了丰富的经验。

我们也注意到，以往的经验主要集中在专业教育领域，如何提高"非专业"学生们的运筹思维，是一个难题。为此，我组建了由15名教师构成的

运筹思维：谋当下胜未来

跨专业、跨学科教研组，顺应时势、攻坚克难，探索和推动运筹思维的通识教育。2023 年 8 月 13 日，我们在新疆乌鲁木齐举办的中国运筹学企业运筹学分会第十六届学术年会上，组办了"《运筹学》教学实践与人才培养"分论坛。教研组李小平、姚黎明、曾自强、李宗敏四位老师，分别围绕思政元素融入运筹思维课程、数智化运筹学教学体系改革、运筹思维核心通识课程建设、运筹类线上线下混合课程设计等，做了专题报告，阐述教研组在运筹思维通识课程建设和教学改革上的思考和实践。天津大学管理与经济学部解百臣教授、广西科技大学研究生院廖志高院长、成都信息工程大学应用数学学院吴泽忠副院长、华为公司龚俊华女士、四川华西集团江军先生、成都市东部新区投资促进局产业研究处钟琳副主管，从学校、企业、政府的多维角度，就"如何培养具备运筹思维的复合型人才"这一问题，分享了各自的观点和经验，进行了深入的交流和探讨。通过论坛上的观点交流、经验探讨和思想碰撞，大家形成共识，必须尽快开展大学生运筹思维通识教育。

2023 年 9 月，在四川大学教务处的支持下，我们面向全校本科生开设通识教育核心课程——"运筹思维：谋当下胜未来"。首期学生横跨艺术、经济、哲学、物理、化学、电子、电气、材料、计算机、商学等十个学科，真正做到了面向不同专业背景的通识教育教学；课程也得到了学生的高度评价，他们认为我们的课程"开拓视野""内容新颖""通俗易懂""生动有趣""对未来的学习生活有极大的帮助"。期末的评教结果，我们的课程在全校 70 门通识课程中总分排名第 5，推荐率达到 100.00%，排名第 1。教研组同步录制在线课程，将在中国大学慕课（爱课程）平台和学堂在线平台上线，为所有对提升自身运筹思维能力有兴趣的大学生、有需求的工作者提供开放学习的资源。

除了通识课，还有公开课。2023 年 12 月 23 日，我以四川大学江安校区水上报告厅为主课堂，讲授《运筹帷幄、决胜千里：时代演进中的运筹学思想发展》的公开课，线上线下、国内国外听众共 7000 余人。在互动环节，我还以视频连线、现场对话方式，回答了清华大学、中国民航飞行学院、西南财经大学、四川大学等高校 10 余位师生的提问。现场听众表示，他们对运筹学历史和知识有了更加深入的了解，对为何培养运筹思维、如何提升运筹能力有了更加深刻的认识。线上观众也纷纷给出了"有广度也有深度""运筹和思政的完美结合"等积极评价。这堂课得到人民网、新华社客户端、中国经济网、中国新闻网、中国科技网、国际在线、腾讯网、今日头条等主流媒体报道。

在教学过程中，我们遇到的突出问题是缺少与课程配套的合适教材。现有的运筹学教材往往更加偏重数理知识和逻辑抽象，数学理论和数学公式较多，学生理解困难、掌握费力，不同学科、不同基础的学生在短期内难以快速吸收、有效内化；同时，现有教材重知识传授、轻人文熏陶，又较少涉及ChatGPT等新兴人工智能技术和Python等智能化实践方式，难以激发不同专业背景学生的学习兴趣。为此，教研组采用"边备课边总结，再授课再提炼"的方式，以课程讲义为基础，以学生反馈为依据，协同攻关、集体编写《运筹思维：谋当下胜未来》的通识课程配套读本。在每一章的内容中，设计故事导引、知识梳理、案例分析等栏目，力求深入浅出、通俗易懂，帮助学生理解运筹的内涵与思维的外延，促使学生谋当下、胜未来。

编写小组由我担任主编，负责全书的统筹策划、结构安排和内容组织；曾自强、姚黎明、卢毅、李小平担任副主编。"运筹思维：谋当下胜未来"核心通识课程的授课教师吴志彬、吕程炜、李宗敏、陶志苗、邱瑞、范露容、侯淑华、王凤娟、孟致毅、师意等参与了本书的编写工作。在初稿形成和稿件修订过程中，我们召开了12次撰稿会和审稿会，不断推敲，反复锤炼。本书共十六章：第一章"孔孟之道"由曾自强撰写和修订；第二章"合纵连横"由曾自强主笔，李小平参与修订；第三章"欧拉定理"由曾自强主笔，王凤娟参与修订；第四章"四色猜想"由吕程炜和曾自强合作撰写和修订；第五章"投资组合"由姚黎明撰写和修订；第六章"囚徒困境"由陶志苗撰写和修订；第七章"决策心理"和第八章"决策分析"由吴志彬撰写和修订；第九章"优选统筹"由吕程炜和曾自强合作撰写和修订；第十章"库存问题"由姚黎明撰写和修订；第十一章"两弹一星"由卢毅撰写和修订；第十二章"双碳目标"、十三章"智能算法"、十四章"学习算法"、十五章

"数字乡村"、十六章"智慧城市"分别由范露容、李宗敏、曾自强、邱瑞和侯淑华撰写和修订。全书成稿后，由曾自强、王凤娟负责审核校对，并由我对全部书稿再次核验后定稿。

本书的出版，不仅是我们教研组的创新之举、创作之旅，还要特别感谢四川大学教务处和四川大学出版社的各位同仁在多次审稿会中给予的宝贵意见、改进建议。相信本书可以为推进和推广大学生运筹思维通识教育做出一定的贡献。运筹思维教育是国民素质教育，涉及面广、体系性强，非一本教材能完全覆盖，如有不足，恳请广大读者批评指正，提出宝贵意见。

徐玖平

2024 年 2 月

四川大学诚懿楼

图书在版编目（CIP）数据

运筹思维：谋当下胜未来 / 徐玖平主编． -- 成都：
四川大学出版社，2024.8. --（明远通识文库）.
ISBN 978-7-5690-7012-5

Ⅰ．O22

中国国家版本馆 CIP 数据核字第 2024S5P764 号

书　　　名：运筹思维：谋当下胜未来
　　　　　　Yunchou Siwei：Mou Dangxia Sheng Weilai
主　　　编：徐玖平
丛　书　名：明远通识文库

出　版　人：侯宏虹
总　策　划：张宏辉
丛书策划：侯宏虹　王　军
选题策划：蒋姗姗　张桐恺
责任编辑：蒋姗姗
特约编辑：张桐恺
责任校对：周维彬
装帧设计：墨创文化
责任印制：李金兰

出版发行：四川大学出版社有限责任公司
　　　　　地址：成都市一环路南一段 24 号（610065）
　　　　　电话：（028）85408311（发行部）、85400276（总编室）
　　　　　电子邮箱：scupress@vip.163.com
　　　　　网址：https://press.scu.edu.cn
印前制作：四川胜翔数码印务设计有限公司
印刷装订：四川省平轩印务有限公司

成品尺寸：165mm×240mm
印　　张：21.5
字　　数：343 千字

扫码获取数字资源

版　　次：2024 年 9 月 第 1 版
印　　次：2024 年 9 月 第 1 次印刷
插　　页：4
定　　价：78.00 元

四川大学出版社
微信公众号